21世纪高等院校规划教材

计算机图形学

（第二版）

银红霞　杜四春　蔡立军　编著

U0201749

中国水利水电出版社
www.waterpub.com.cn

内 容 提 要

本书详细地介绍了计算机图形学的基本原理、理论、数学方法、算法及计算机图形系统。用典型例题说明重要知识点，让读者全面透彻地理解和掌握相关概念。全书共 8 章，主要内容包括：计算机图形系统、计算机图形学的基本算法、裁剪与变换、自由曲线和曲面、几何造型、隐藏线和隐藏面的消除、真实感图形显示等。每章最后都有适量的习题，覆盖面广，难易适中，使读者能举一反三，灵活运用理论知识解决实际问题，并检验知识的掌握程度。书后有 4 个附录，内容包括图形变换的数学基础、Turbo C 绘图功能、三套模拟试题及参考答案、课程实验指导和课程实验参考解决方案。

本书可以作为高等学校计算机及相近专业的教材，或作为计算机图形学的培训、自学教材；也可供从事计算机图形学或相关领域研究的技术人员参考。

本书配有电子教案，读者可以从中国水利水电出版社网站和万水书苑免费下载，网址为：http://www.waterpub.com.cn/softdown/和 http://www.wsbookshow.com。

图书在版编目（CIP）数据

计算机图形学 / 银红霞，杜四春，蔡立军编著. --
2版. -- 北京 : 中国水利水电出版社，2015.6（2022.1重印）
21世纪高等院校规划教材
ISBN 978-7-5170-3249-6

Ⅰ．①计… Ⅱ．①银… ②杜… ③蔡… Ⅲ．①计算机
图形学－高等学校－教材 Ⅳ．①TP391.41

中国版本图书馆CIP数据核字(2015)第128824号

策划编辑：雷顺加　　责任编辑：张玉玲　　加工编辑：鲁林林　　封面设计：李　佳

书　　名	21世纪高等院校规划教材 计算机图形学（第二版）
作　　者	银红霞　杜四春　蔡立军　编著
出版发行	中国水利水电出版社 （北京市海淀区玉渊潭南路 1 号 D 座　100038） 网址：www.waterpub.com.cn E-mail：mchannel@263.net（万水） 　　　　sales@waterpub.com.cn 电话：（010）68367658（发行部）、82562819（万水）
经　　售	北京科水图书销售中心（零售） 电话：（010）88383994、63202643、68545874 全国各地新华书店和相关出版物销售网点
排　　版	北京万水电子信息有限公司
印　　刷	北京建宏印刷有限公司
规　　格	184mm×260mm　16 开本　19 印张　480 千字
版　　次	2005 年 5 月第 1 版　2005 年 5 月第 1 次印刷 2015 年 6 月第 2 版　2022 年 1 月第 2 次印刷
印　　数	4001—4500 册
定　　价	38.00 元

第二版前言

计算机图形学是近 50 年来发展迅速、应用广泛的新兴学科，各种新媒体技术的蓬勃发展大大促进了计算机图形学在各领域的应用和推广，计算机图形方法普遍地应用于产品设计、音乐视频、广告、动画、模拟培训、数据分析、科学研究以及其他应用之中。

计算机图形学主要研究计算机及其图形设备输入、输出、生成、表示、变换的原理、算法和系统，涉及数学、物理、工程图学、计算机科学等多门学科。本书主要介绍计算机图形的生成、表示和图形变换的原理、数学方法和算法。

本书从提高广大读者计算机图形学的应用水平出发，深入浅出、循序渐进，内容涵盖了计算机图形学的基础理论和基本算法。全书共 8 章，主要内容包括绪论、图形系统、基本图形生成算法、图形变换、曲线和曲面、几何造型、消隐、真实图形。并有 4 个附录，内容包括图形变换的数学基础、Turbo C 绘图功能、三套模拟试题及参考答案、课程实验指导和课程实验参考解决方案。

本书在继承第一版特色的基础上，结合作者多年的教学经验和体会，特别根据近几年对人才培养的高标准要求以及教学改革的实践，对第一版内容做了进一步的优化、补充和完善，使理论部分更通俗易懂，同时实践部分更易于实施。第二版在第一版的基础上做了如下修订：第 1 章充实计算机图形学的研究内容和应用领域；第 2 章适当增加一些图形设备介绍和图示说明，完善图形软件标准的介绍；第 3 章对基本图形生成算法的文字叙述或公式推导进行了修改完善，增加平面图形绘制的若干实例源程序；第 4 章增加左手坐标系和右手坐标系的变换矩阵推导；第 5 章增加了如何反求 Bezier 曲线控制点的讨论；第 6 章完善形体模型的定义方法，增加点云表示方法；第 7 章增加新的一节"区域分割算法"；第 8 章对光照模型的文字叙述进行了修改和补充。各章均补充适量的习题，便于读者举一反三，灵活运用理论知识解决实际问题。附录中增加新的一节"Turbo C 绘图功能"，便于读者理解各章节的例题，并能够用 C 语言绘图及开发图形软件，同时在"课程实验指导"一节中完善课程实验解决方案。

本书选题适当，以必需、够用为度，讲清概念、结合实际、强化训练，突出适应性、实用性和针对性，有利于学生学以致用，解决实际工作中遇到的问题，是一本计算机图形学的实用教材。

本书具有教材和技术资料的双重特征，既可以作为高等学校计算机及相近专业教材，也适合作为计算机图形学的培训、自学教材，同时也是从事计算机图形学及相关领域研究的工程技术人员的技术参考资料。建议课堂讲授 48 课时，上机实践 32 课时。各院校可根据教学实际情况适当增删。

本书编写过程中，编者参阅了许多计算机图形学的参考书和有关资料，现谨向这些参考文献的作者和译者表示衷心的感谢。

　　本书主要由银红霞、杜四春、蔡立军编写。参加本书编写大纲讨论与部分编写工作的还有李根强、贾宜、雷飞跃、张晓萍等，李向军、杜炎、李武、张宏宇、李晓杰等承担了本书的文字录入和图表制作工作，在此向他们一一表示感谢。

　　由于作者水平有限，书中不足之处在所难免，欢迎读者批评指正。

编　者
2015 年 4 月于长沙岳麓山

第一版前言

计算机图形学是近 30 年来发展迅速、应用广泛的新兴学科。它主要研究计算机及其图形设备输入、输出、生成、表示、变换的原理、算法和系统，涉及数学、物理、工程图学、计算机科学等多门学科。本教材主要介绍计算机图形的生成、表示和图形变换的原理、数学方法和算法。

本书从提高广大读者计算机图形学的应用水平出发，深入浅出、循序渐进。内容涵盖了计算机图形学的基础理论和基本算法。全书共 8 章，主要内容包括绪论、图形系统、基本图形生成算法、图形变换、曲线和曲面、几何造型、消隐、真实图形。并有 4 个附录，内容包括图形变换的数学基础、三套模拟试题及参考答案、课程实验指导和课程实验参考解决方案。

本书选题适当，以必需、够用为度，讲清概念、结合实际、强化训练，突出适应性、实用性和针对性，有利于学生学以致用，解决实际工作中遇到的问题，是一本计算机图形学的实用教材。

本书具有教材和技术资料的双重特征，既可以作为高等学校计算机及相近专业教材，也适合作为计算机图形学的培训、自学教材，同时也是从事计算机图形学及相关领域研究的工程技术人员的技术参考资料。建议课堂讲授 48 课时，上机实践 32 课时。各院校可根据教学实际情况适当增删。

本书编写过程中，编者参阅了许多计算机图形学的参考和有关资料，现谨向这些书的作者和译者表示衷心的感谢。

本书主要由银红霞、杜四春、蔡立军编写。参加本书编写大纲讨论与部分编写工作的还有阳斌、李根强、贾宜、谢月娥、雷衍凤、陈燕、雷飞跃、张晓萍等，李向军、杜炎、李武、张宏宇、李晓杰等承担了本书的文字录入和图表制作工作，在此向他们一一表示感谢。

由于作者水平有限，书中不足之处在所难免，欢迎读者批评指正。

编　者
2005 年 1 月于长沙岳麓山

目　　录

第1章 绪论

使用计算机建立、存储、处理某个对象的模型，并根据模型产生该对象图形输出的有关理论、方法与技术，称为"计算机图形学"（Computer Graphics）。计算机图形学是利用计算机研究图形的表示、生成、处理、显示的学科。经过近50年的发展，计算机图形学已成为计算机科学中最为活跃的分支之一，越来越多的问题需要使用计算机图形来表示和解决。比如计算机游戏、计算机动画、多媒体教育、电子邮件等，都是计算机图形学的应用领域。可以说，计算机图形无所不在。本章将从计算机图形学的研究内容、计算机图形学和图像处理的关系、计算机图形学的发展、计算机图形学的应用领域等方面概括性地介绍计算机图形学的有关内容，以及一些基本概念。

1.1 计算机图形学的研究内容

计算机图形学（Computer Graphics）简称CG，是研究怎样用数字计算机表示、生成、处理和显示图形的一门学科。主要核心技术是如何建立所处理对象的模型并生成该对象的图形。其主要研究内容大体上可以概括为如下几个方面：

（1）几何模型构造技术（Geometric Modelling）。例如各种不同类型几何模型二维、三维的构造方法及性能分析，曲线与曲面的表示与处理，专用或通用模型构造系统的研究等等。

（2）图形生成技术（Image Synthesis）。例如线段、圆弧、字符、区域填充的生成算法，线/面消隐、光照模型、明暗处理、纹理、阴影、灰度与色彩等各种真实感图形的显示技术。

（3）图形操作与处理方法（Picture Manipulation）。例如图形的裁剪、平移、旋转、放大缩小、对称、错切、投影等各种变换操作方法及其软件或硬件实现技术。

（4）图形信息的存储、检索与交换技术。例如图形信息的各种内外表示方法、组织形式、存取技术、图形数据库的管理、图形信息的通信等。

（5）人机交互及用户的接口技术。例如新型定位设备、选择设备的研究，各种交互技术如构造技术、命令技术、选择技术、响应技术等的研究，以及用户模型、命令语言、反馈方法等用户接口技术的研究。

（6）动画技术。研究实现高速动画的各种软、硬件方法，开发工具，动画语言等。

（7）图形输出设备与输出技术。例如各种图形显示器（图形卡、图形终端、图形工作站等）逻辑结构的研究，实现高速图形功能的专用芯片的开发，图形硬拷贝设备（特别是彩色硬拷贝设备）的研究等。

（8）图形标准与图形软件包的研究开发。例如制订一系列国际图形标准，使之满足多方面图形应用软件开发工作的需要，并使图形应用软件摆脱对硬件设备的依赖性，允许在不同系统之间方便地进行移植。

（9）山、水、花、草、烟、云等自然景物的模拟生成算法。

（10）科学计算可视化和三维数据场的可视化，将科学计算中大量难以理解的数据通过计算机图形显示出来，从而加深人们对科学过程的理解。例如有限元分析的结果，应力场、磁场的分布，各种复杂的运动学和动力学问题的图形仿真等。

总之，计算机图形学的研究内容十分丰富。虽然许多研究工作已经进行了多年，取得了不少成果，但随着计算机技术的进步和图形显示技术应用领域的扩大和深入，计算机图形学的研究、开发与应用还将得到进一步的发展。

1.2　计算机图形学与图像处理

计算机图形学的基本含义是使用计算机通过算法和程序在显示设备上构造出图形，即图形是人们通过计算机设计和构造出来的，它可以是现实世界中已经存在的物体的图形，也可以是完全虚构的物体。因此，计算机图形学是真实物体或虚构物体的图形综合技术，其实质就是输入的信息是数据，经计算机图形系统处理以后，输出的结果便是图形，如图1-1所示。

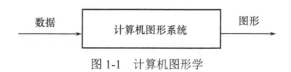

图 1-1　计算机图形学

与此相反，图像处理是景物或图像的分析技术，是将客观世界中原来存在的物体影像处理成新的数字化图像的相关技术，它所研究的是计算机图形学的逆过程。包括图像恢复、图像压缩、图像变换、图像分割、图像增强、模式识别、景物分析、计算机视觉等，并研究如何从图像中提取二维或三维物体的模型。计算机图像处理系统的输入信息是图像，经处理后的输出仍然是图像，如图1-2所示。

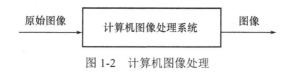

图 1-2　计算机图像处理

从表面上看，计算机图形与计算机图像都与图相关，使人们容易混淆，但实际上它们有着本质的不同，表现在以下几个方面：

（1）计算机图形是矢量型的，而计算机图像是点阵式，或者说是由像素组成的。

（2）计算机图形系统是从数据到图形的处理过程，而计算机图像处理系统则是从图像到图像的处理过程。

（3）计算机图形与计算机图像有一定的联系，经过处理可以相互转换，如用着色算法对计算机图形着色（Render）后即生成一幅计算机图像，反之对一副计算机图像进行矢量化即可得到该图像中的一些轮廓图形。

图1-3简要地表示出计算机图形学和图像处理的区别与联系。

尽管计算机图形学和图像处理所涉及的都是用计算机来处理图形和图像，但长期以来却属于不同的两个技术领域。近年来，由于多媒体、计算机动画、三维空间数据场显示及纹理映射等技术的迅速发展，计算机图形学和图像处理的结合日益紧密，并相互渗透。例如，将计算机生成的图形与扫描输入的图像结合在一起构造计算机动画；用菜单或其他图形交互技术来实现交互式图像处理；通过一系列图像重建出物体的三维图形等。

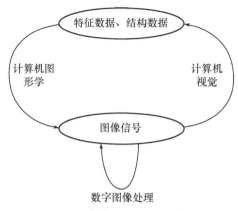

图 1-3　计算机图形学与图像处理

1.3　计算机图形学的发展

　　计算机图形学的应用要追溯到 20 世纪 50 年代初。麻省理工学院（MIT）旋风 1 号（Whirlwind 1）计算机的附件——图形显示器诞生了。它用一个类似于示波器所用的阴极管（CRT）来显示一些简单图形。当时的计算机多用电子管组成，用机器语言编程，主要应用于科学计算，所以这些为计算机所配置的各种图形输出设备仅具有图形输出功能。

　　1962 年，美国麻省理工学院林肯实验室的伊凡·萨瑟兰德（Ivan E.sutherland）发表了一篇题为"图板：一个人一机通信的图形系统"的博士论文，其中首次使用了"计算机图形"（Computer Graphics）这个术语。此论文指出交互式计算机图形学是一个可行的、有用的研究领域，从而确立了计算机图形学作为一个崭新的学科分支的独立地位。

　　1964 年，孔斯（S.Coons）提出了用小块曲面片组合表示自由曲面，使曲面片边界上达到任意高阶连续的理论方法，称为孔斯曲面。此方法受到了工业界和学术界的极大重视。法国雷诺公司的贝塞尔（P.Bezier）也提出了 Bezier 曲线和曲面，因此，孔斯和贝塞尔被称为计算机辅助几何设计的奠基人。

　　20 世纪 70 年代是计算机图形学发展过程中一个重要的历史时期，计算机图形技术的应用进入了实用化阶段，交互式图形系统在许多国家得到应用；许多新的、更加完备的图形系统不断被研制出来。除了在军事上和工业上的应用之外，计算机图形学还进入了教育、科研以及事务管理等领域。

　　作为计算机图形学中关键的设备——图形显示器，也随着计算机技术的发展不断完善。光栅显示器的产生，使得在 20 世纪 60 年代就已萌芽的光栅图形学算法迅速发展起来，区域填充、裁剪、消隐等基本图形概念及其相应算法纷纷诞生，图形学进入了第一个兴盛时期，并开始出现实用的 CAD 图形系统。因为通用、与设备无关的图形软件的发展，图形软件功能的标准化问题被提了出来。这些标准的制定，对计算机图形学的推广、应用，资源信息共享起了重要作用。

　　由于图形设备昂贵、功能简单以及缺乏相应的软件支持，直到 20 世纪 80 年代，计算机图形学还只是一个较小的学科领域。从 20 世纪 80 年代中期以来，超大规模集成电路的发展，为图形学的飞速发展奠定了物质基础。个人计算机和图形工作站迅猛发展，主机和图形显示器融为一体，光栅扫描技术更加成熟。计算机运算能力的提高，图形处理速度的加快，使得图形学在各个研究方向得到充分发展，图形学已广泛应用于动画、科学计算可视化、CAD/CAM、影视娱乐等各个领域，其应用深度和广度得到了前所未有的发展。

进入 20 世纪 90 年代，计算机图形学的功能除了随着计算机图形设备的发展而提高外，其自身朝着标准化、集成化和智能化的方向发展。国际标准化组织（ISO）发布了一系列图形标准，如计算机图形接口标准 CGI、图形核心系统 GKS、程序员层次交互式图形系统 PHIGS、计算机图形元文件标准 CGM 等。这些标准为开发图形支撑软件提供了具体的规范和统一的术语，使得在此标准支撑软件基础上开发的应用软件具有良好的可移植性，并使得图形学从软件到硬件逐步实现了标准化，对今后图形设备的研制有指导意义。

在此后的十几年时间里，计算机图形学与多媒体技术、人工智能及专家系统技术相结合，使得许多图形应用系统出现了智能化的特点，使用起来更方便高效。另一方面，计算机图形学与科学计算可视化、虚拟现实技术相结合，使得计算机图形学在真实性和实时性方面有了飞速发展。

我国开展计算机图形技术的研究和应用始于 20 世纪 60 年代。近年来，随着改革开放和我国方针政策的落实，科学技术得到发展应用，计算机图形学的理论和技术迅速发展，很快取得了可喜的成果。在硬件方面，我国陆续研制出多种系列和型号的绘图机、数字化仪和图形显示器，其技术指标居国际先进水平，已批量报入市场；与计算机图形学有关的软件开发和应用也迅速发展起来。

1.4　计算机图形学的应用领域

随着计算机图形学不断发展，它的应用范围也日趋广泛。目前计算机图形学的主要应用领域如下。

1. 计算机辅助设计与制造（CAD/CAM）

这是计算机图形学最广泛、最重要的应用领域。它使工程设计的方法发生了巨大的改变，利用交互式计算机图形生成技术进行土建工程、机械结构和产品的设计正在迅速取代绘图板加丁字尺的传统手工设计方法，担负起繁重的日常出图任务以及总体方案的优化和细节设计工作。事实上，一个复杂的大规模或超大规模集成电路板图根本不可能手工设计和绘制，用计算机图形系统不仅能设计和画图，而且可以在较短的时间内完成，将结果直接送至后续工艺进行加工处理。

2. 计算机辅助教学（CAI）

在这个领域中，图形是一个重要的表达手段，它可以使教学过程形象、直观、生动，激发学生的学习兴趣，极大地提高了教学效果。随着微机的不断普及，计算机辅助教学系统已深入到家庭。

3. 计算机动画

传统的动画片都是手工绘制的。由于动画放映一秒钟需要 24 幅画面，故手工绘制的工作量相当大。而通过计算机制作动画，只需生成几幅被称作"关键帧"的画面，然后由计算机对两幅关键帧进行插值生成若干"中间帧"，连续播放时两个关键帧被有机地结合起来。这样可以大大节省时间，提高动画制作的效率。如图 1-4 所示为动画片《花木兰》的剧照。

动画不仅广泛用于电影、电视、电脑游戏等娱乐领域，而且可以模拟各种试验，如汽车碰撞、化学反应、地震破坏等，从而既节省开支，又安全可靠。

图 1-4　动画片《花木兰》剧照

4. 管理和办公自动化

计算机图形学在管理和办公自动化领域中应用最多的是绘制各种图形，如统计数据的二维和三维图形、饼图、折线图、直分图等，还可绘制工作进程图、生产调度图、库存图等。所有这些图形均以简明形式呈现出数据的模型和趋势，加快了决策的制定和执行。

5. 国土信息和自然资源显示与绘制

国土信息和自然资源系统将过去分散的表册、照片、图纸等资料整理成统一的数据库，记录全国的大地和重力测量数据、高山和平原地形、河流和湖泊水系、道路桥梁、城镇乡村、农田林地植被、国界和地区界以及地名等。利用这些存储的信息不仅可以绘制平面地图，而且可以生成三维地形地貌图，为高层次的国土整治预测和决策、综合治理和资源开发研究提供科学依据。

6. 科学计算可视化

在信息时代，大量数据需要处理。科学计算可视化是利用计算机图形学方法将科学计算的中间或最后结果以及通过测量得到的数据以图形形式直观地表示出来。科学计算可视化广泛应用于气象、地震、天体物理、分子生物学、医学等诸多领域。

7. 计算机游戏

计算机游戏目前已成为促进计算机图形学研究特别是图形硬件发展的一大动力源泉。计算机图形学为计算机游戏开发提供了技术支持，如三维引擎的创建。建模和渲染这两大图形学主要问题在游戏开发中的地位十分重要。

8. 虚拟现实

虚拟现实技术的应用非常广泛，可以应用于军事、医学、教育和娱乐等领域。虚拟现实是要使人们通过带上具有立体感觉的眼睛、头盔或数据手套（如图 1-5 所示），通过视觉、听觉、嗅觉、触觉以及形体或手势，整个融进计算机所创造的虚拟氛围中，从而取得身临其境的体验。例如走进分子结构的微观世界里猎奇，在新设计的建筑大厦图形里漫游等。这也成为近年计算机图形学的研究热点之一。

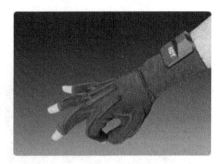

图 1-5   数据手套

习题一

一、选择题

1. 图像处理是景物或图像的分析技术，它并不研究（　　）。
   A．图像增强　　　　　　　　　　B．模式识别
   C．虚拟现实环境的生成　　　　　　D．计算机视觉
2. 计算机图形学的研究内容有（　　）。（可多选）
   A．基本图形元素的生成算法　　　　B．几何模型构造技术
   C．图形标准的研究开发　　　　　　D．科学计算可视化
   E．图像压缩算法
3. 计算机图形学的应用包括（　　）。（可多选）
   A．计算机辅助教学　　　　　　　　B．计算机辅助设计与制造
   C．国土信息和自然资源的图形显示　D．计算机动画

二、简答题

1. 计算机图形学与图像处理有何联系？有何区别？
2. 简述计算机图形学的发展过程。
3. 简述你所理解的计算机图形学的应用领域。
4. 你使用过哪些商业化图形软件？请分析对比它们的功能和优、缺点。
5. 在网上搜索运用计算机图形学的电影。

第 2 章　图形系统

图形系统的选择和应用是学习和掌握计算机图形学的前提，本章将介绍计算机图形系统。

计算机图形系统与一般的计算机系统是一样的，包括硬件系统和软件系统。硬件系统由主机和图形输入输出设备组成，本章主要介绍光栅扫描显示器、绘图仪、打印机，辅助介绍液晶、等离子等其他类型显示器；软件系统由系统软件和应用软件组成，本章主要介绍图形软件系统的层次结构，以及 GKS、PHIGS 等图形软件标准。

2.1　图形系统的组成

计算机图形系统由计算机硬件系统和软件系统两部分组成。

硬件系统包括计算机主机、图形显示器、鼠标和键盘等基本交互工具，图形输入板、绘图仪、打印机、数字化仪等图形输入输出设备，以及磁带、磁盘等存储设备。软件系统包括操作系统、高级语言、图形软件和应用软件。严格说来，使用系统的人也是这个系统的组成部分。一个非交互式计算机图形系统只是通常的计算机系统外加图形设备；而一个交互式计算机图形系统则是人与计算机系统及图形设备协调运行的系统，整个系统运行时，人始终处于主导地位，如图 2-1 所示。

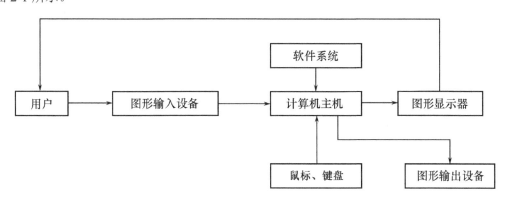

图 2-1　计算机图形系统

2.1.1　图形系统的功能

一个计算机图形系统至少应该具有五个方面的基本功能：计算、存储、对话、输入和输出。

1. 计算功能

图形系统应该能够实现设计过程中所需的计算、变换、分析等功能。例如：像素点、直线、曲线、平面、曲面的生成与求交，坐标的几何变换，光、色模型的建立和计算等。

2. 存储功能

在图形系统的存储器中存放各种形体的集合数据，以及形体之间的连接关系与各种属性信息，并且可以对有关数据和信息进行实时检索、增加、删除、修改等操作。

3. 对话功能

图形系统应该能够通过图形显示器和其他人机交互设备进行人机通信，利用定位、选择、拾取等设备获得各种参数，同时按照用户指示接收各种命令以对图形进行修改，还应能观察设计结果并对用户的错误操作给予必要的提示和跟踪。

4. 输入功能

图形系统应该能够将所设计或绘制图形的定位数据、几何参数以及各种命令与约束条件输入到系统中去。

5. 输出功能

图形系统应该能够在显示屏幕上显示出设计过程当前的状态，以及经过增加、删除、修改后的结果。当较长期保存分析设计的结果或对话需要的各种信息时，应能通过绘图仪、打印机等设备实现硬拷贝输出，以便长期保存。由于对输出的结果有精度、形式、时间等要求，输出设备应是多种多样的。

上述五种功能是一个图形系统所应具备的最基本功能，至于每一种功能具体包含哪些子功能，则要视系统的不同组成和配置而异。

2.1.2 图形系统的分类

计算机图形系统按其功能的强弱，即所配置的硬件规模、软件丰富程度，以及价格的高低，大体分为如下四类。

1. 以大型机为基础的图形系统

这种系统在发达国家多用于飞机制造、汽车制造等大型企业（也是应用计算机辅助设计技术最早的企业）。它以大型计算机为基础，具有容量庞大的存储器和极强的计算功能，并且具有大量的显示终端和高精度、大幅面的硬拷贝设备。这种图形系统往往拥有自行开发的、功能齐全的、且不外传的应用软件系统。

2. 以中型或小型机为基础的图形系统

20世纪70年代末，出现了以中型或中小型机为基础的图形系统。它配有较大容量的内存和外存，以及高精度、大幅面的图形输入输出设备，通常还配备具有较强功能的图形支撑软件和应用软件随机出售。这类系统是以商品形式出现的，在80年代初成为计算机辅助设计市场上的主流产品，但目前大多已被淘汰。

3. 以工作站为基础的图形系统

20世纪80年代初，出现了以工作站为基础的图形系统。这里的工作站是指，具有完整人机交互界面，集高性能的计算和图形于一身，可配置大容量的内存和硬盘，I/O和网络功能完善，使用多任务、多用户操作系统的小型通用个人化的计算机系统。由于在工作站方式下，一个用户使用一台计算机并具有联网功能，可以充分共享资源，便于逐步投资和逐步发展，因而受到了广泛欢迎，在工程领域、商业领域及办公领域获得了广泛的应用。

4. 以微机为基础的图形系统

由于通用微型机具有体积小、价格低的特点，并且主要是一人使用，用户界面友好，普及率高，因而使得以微机为基础的图形系统日益得到广泛应用。尽管它在图形处理速度和存储空间方面具有一定局限性，但随着微机技术的飞速发展，微机功能大大提高，相当一部分的功能可取代CAD工作站，并且可以利用网络技术实现软硬件资源共享，从而部分弥补它的不足。它通常以高档微机为基础，配上浮点运算部件，并配以中、低分辨率的图形显示器以及交互设备、普通绘图仪及打印机等，具有投资小、见效快、操作简单、应用面广的特点，受到各种用户的普遍欢迎，与第三类系统一起成为目前最常用的图形系统。

2.2　图形硬件设备

要生成高质量的计算机图形离不开高性能的计算机图形硬件设备。一个图形系统的硬件设备通常包括主机、图形输出设备和图形输入设备，图形输出设备又可以细分为图形显示设备和图形绘制设备（图形显示指的是在屏幕上输出图形，图形绘制通常指把图形画在纸上，也称硬拷贝）。这一节我们将逐个探讨这些图形硬件设备。

2.2.1　主机

与一般的计算机系统相比，计算机图形系统要求主机性能更高，速度更快，存储容量更大，外设种类更齐全。具体表现在如下方面：

（1）图形运算要求 CPU 有强大的浮点运算能力。

（2）图形显示要求显示设备配备专业 3D 图形加速卡和大屏幕显示器。

（3）图形处理要求配备大容量存储设备，存放大量图形、图像。

（4）输入设备除了常用的鼠标和键盘外，一般还要配备扫描仪和数字化仪。

（5）输出设备一般要求配备面向图像的彩色打印机和面向线条的笔式绘图仪。

计算机图形系统的主机目前主要有两大类：图形工作站和个人计算机，两者互不兼容。图形工作站速度快，容量大，但价格昂贵，用户较少，一般都是专业公司或专业人员才拥有。个人计算机价格较便宜，用户很多，而且随着计算机硬件的快速发展，个人计算机与图形工作站的性能差别逐步缩小，专门为图形应用方面配备的高档个人计算机的性能甚至已经超过以往低档的图形工作站的性能，因此对于广大的普通用户，高档的个人计算机图形系统逐步成为计算机图形系统的首选。

2.2.2　图形显示设备

用于显示计算机生成图形的显示设备是计算机图形系统中必不可少的装置，显示设备种类繁多，性能各异，指标亦高低不同。多数图形设备中的监视器（也称显示器）采用标准的阴极射线管（CRT），也有采用其他技术的显示器，如液晶显示器、等离子显示器等，目前显示器市场的主流为 CRT 图形显示器。

历史上，CRT 显示器经历了多个发展阶段，出现过各种不同类型的 CRT 监视器，如存储管式显示器、随机扫描显示器（又称矢量显示器），但这些显示器的缺点很明显，图形表现能力也很弱。20 世纪 70 年代开始出现的刷新式光栅扫描显示器是图形显示技术走向成熟的一个标志，尤其是彩色光栅扫描显示器的出现更将人们带到一个多彩的世界。

1. 阴极射线管（CRT）

阴极射线管一般是利用电磁场产生高速、经过聚焦的电子束，偏转到屏幕的不同位置轰击屏幕表面的荧光材料而产生可见图形，它主要由 3 部分组成：电子枪、偏转系统和荧光屏，这 3 部分被封装在一个真空的圆锥形玻璃壳内，如图 2-2 所示。

阴极射线管的工作原理为：高速的电子束由电子枪发出，经过聚焦系统、加速系统和磁偏转系统到达荧光屏的特定位置。荧光物质在高速电子的轰击下发生电子跃迁，即电子吸收能量从低能态变为高能态。由于高能态很不稳定，在很短的时间内荧光物质的电子会从高能态重新回到低能态，这时将发出荧光，屏幕上的那一点就会亮。显然，从发光原理可以看出这样的光不会持续很久，因为很快所有电子都将回到低能态，不会再有光发出，所以要保持显示一幅稳定的画面，必须不断地发射电子束。

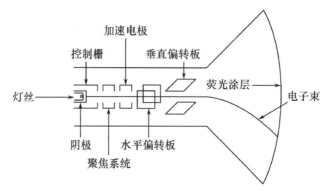

图 2-2　阴极射线管示意图

　　具体来说，阴极射线管的电子枪由一个灯丝，一个金属阴极和一个电平控制栅组成。当灯丝加热到一定高温时，金属阴极上的电子就会摆脱能垒的束缚，迸射出去。电平控制栅用来控制电子束的强弱，当加上正电压时，电子束会大量通过；当控制电平加上负电压时，依据所加电压的大小，电子束被部分或全部阻截，通过的电子很少。由于荧光层发射光的强度依赖于轰击屏幕的电子数量，因此可以通过改变控制栅的电压来控制光强。

　　电子枪发射出的电子是分散的，这时需要利用聚焦系统来控制。聚焦既可以用电场实现，也可以用磁场实现，能使众多的电子聚集成很细的电子束，从而保证轰击荧光屏时产生的亮点足够小。为了提高显示系统的分辨率，聚焦系统是关键之一。

　　聚集后的电子束通过一个加速阳极达到轰击荧光屏应有的速度。最后由偏转系统来控制高速运动的电子束，使其在荧光屏的指定位置绘图。偏转系统是阴极射线管比较关键的部件，它可以利用静电场或磁场来控制电子束的偏转。当用静电场产生偏转时，垂直和水平的两套偏转板放置在阴极射线管的管颈内部，控制电子束在水平方向和垂直方向上的偏转。若采用磁场偏转，将两个线圈围绕在管颈外部，当电子束通过时，一个线圈的磁场使其水平偏转，另一个线圈的磁场使其垂直偏转。

　　很明显，如果电子束要到达屏幕的边缘，偏转角度就会增大。到达屏幕最边缘的偏转角度称为最大偏转角，这是衡量偏转系统性能最重要的指标。屏幕越大，要求的最大偏转角度就越大。但磁偏转的最大角度是有限的，为了达到大屏幕的要求，只能将管子加长，所以 CRT 显示器屏幕越大，整个显像管就越长。

　　荧光屏上涂有荧光粉，电子束打在荧光屏上，荧光粉就会发光而形成光点。除了颜色不同外，各类荧光物质之间的主要区别在于荧光物质的余辉时间。前面提到，电子束轰击荧光屏产生的光点不持久，亮度会迅速衰减。余辉时间就是指电子束离开某点后，该点亮度值衰减到初始值的 1/10 所需的时间。各种荧光物质的余辉时间差别很大，可以从几微秒到几秒，用于图形设备的大多数荧光物质的余辉时间为 10～60ms。要保持荧光屏上有稳定的图像就必须不断发射电子束，重复绘制图形，即不断刷新。刷新一次指电子束从上到下将荧光屏扫描一次，只有刷新频率高到一定值后，图像才能稳定显示。大约达到每秒 60 帧，即 60Hz 时，人眼才能感觉不到屏幕闪烁，要使人眼觉得舒服，一般必须有 85Hz 以上的刷新频率。因此，余辉时间是决定产生不闪烁图形所需刷新频率的主要因素，余辉越长，所需的刷新速度就越低。通常余辉时间短的荧光物质适用于动态图形的显示，而余辉时间长的荧光物质适用于静态图形的显示。

例 2-1： 一种荧光物质的余辉时间为 20 毫秒，则大约所需的刷新频率为：

$$1000/20=50（帧/秒）$$

2. 彩色阴极射线管（彩色 CRT）

彩色 CRT 利用发射不同颜色光的荧光物质的组合来显示彩色图形。组合不同荧光层的发射光，就可以生成一定范围的颜色。用 CRT 产生彩色显示的常见技术是电子束穿透法和荫罩法。

（1）电子束穿透法

电子束穿透法显示彩色图形用于随机扫描显示器，在 CRT 屏幕的内层涂有两层荧光粉，一般是红色与绿色，所显示的颜色取决于电子束穿透荧光层的深浅。速度慢的电子束只能激活外面的红色荧光层，速度快的电子束能穿透红色荧光层并激活里面的绿色荧光层，而中速的电子束可以通过激活红光和绿光的组合生成橙色和黄色。因此，电子束的速度决定了屏幕上某一点的颜色，而加速电压则控制了电子束的速度。电子束穿透法是一种廉价的产生颜色的方法，但只能产生四种颜色，而且图形质量也不如其他方法好。

（2）荫罩法

荫罩法广泛用于光栅扫描系统中，它能产生比电子束穿透法色彩范围大得多的颜色。彩色 CRT 显示器的荧光屏内部涂有很多呈三角形的荧光粉组，每组有 3 个荧光点，分别能发红、绿、蓝 3 种基色。这类 CRT 有 3 个电子枪，分别与三基色相对应，电子枪发出 3 束电子来激发这 3 种物质，中间通过一个荫罩栅格来决定 3 束电子到达的位置。根据屏幕上荧光点的排列不同，荫罩栅格不一样。普通监视器一般用三角形的排列方式，这种 CRT 被称为荫罩式 CRT。工作原理如图 2-3 所示。

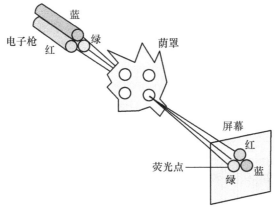

图 2-3　荫罩式彩色 CRT 原理图

3 束电子经过荫罩的选择，分别到达 3 个荧光点的位置。通过控制 3 个电子束的强弱可以控制屏幕上点的颜色。例如，将红、蓝两个电子枪关闭，屏幕上就只显示绿色。高质量显示器中，如果每一个电子枪都有 256 级（8 位）的电压强度控制，那么这个 CRT 所能产生的颜色就是我们平时所说的 24 位真彩色，这样的 RGB 彩色系统通常称为全彩色系统或真彩色系统。

由于荫罩式显示器的固有缺点，如荧光屏是球面的，几何失真大，而且三角形的荧光点排列造成即使点很细密也不清晰，所以最近几年荫栅式显示器逐渐流行起来，其工作原理如图2-4所示。

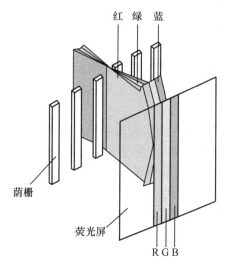

图 2-4　荫栅式彩色 CRT 原理图

从原理来说，二者的区别只是光线的选择方式和荧光点的排列不同，但是二者显示效果的区别是很明显的，荫栅式显像管亮度更高，色彩也更鲜艳。常用的荫栅式 CRT 有日本索尼公司的特丽珑管（Trinitron）和三菱公司的钻石珑管（Diamondtron），二者稍有不同。采用荫栅式 CRT 的显示器有球面显示器、柱面显示器和平面显示器。柱面显示器的表面在水平方向略微凸起，但在垂直方向上是笔直的，呈圆柱状，故称之为"柱面管"。柱面管由于在垂直方向上平坦，因此与球面管相比几何失真更小，而且能将屏幕上方的光线反射到下方，而不是直射入人眼中，因而大大减弱了眩光。平面显示器是最近两年刚刚推出的产品，荧光屏为完全平面，大大提高了图形的显示质量。由于玻璃的折射，屏幕会产生内凹的现象，但是通过一定的补偿技术，就能产生真正平面的感觉。由于平面显示器的高清晰度、低失真以及对人眼的低伤害，已经越来越得到人们的喜爱。

如图 2-5 所示为一个荫栅式柱面、球面显示器的点排列，其中，距离 d 就是点距。

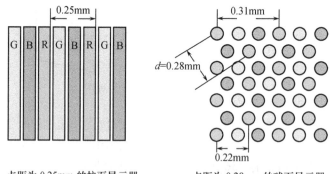

图 2-5　柱面、球面显示器的点距

3. 随机扫描显示器

早期的 CAD 图形显示使用随机扫描显示器。这种显示器通常用于显示线框图，电子束随着线条的显示位置而移动，按亮度要求轰击荧光物质而发光，显示器的工作方式和示波器的显示方式一致。

随机扫描显示器的工作原理如图 2-6 所示。显示图形的定义存放在刷新缓存的一组画线命令中，有时刷新缓存也称为显示文件存储器。为了显示指定的图形，系统周期性地按显示文件存储器中的一组命令，由显示控制器控制电子束的偏移，依次画出其组成线条，从而在屏幕上产生图形，当所有画线命令处理完后，系统周期地返回到该刷新缓存的第一条画线命令。

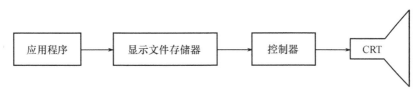

图 2-6 随机扫描显示器工作原理图

由于随机扫描显示器一次只能绘制图形中的一条线，因此也称为笔划显示器或向量显示器，其显示图形的质量很好。所谓随机扫描是指电子束的定位及偏转具有随机性，电子束根据需要可以在荧光屏的任意方向上连续扫描，没有固定扫描线和扫描顺序的限制。

为了使产生的图形不闪烁，常将随机扫描显示器的刷新频率设置为每秒 30～60 帧，即每秒 30～60 次画出图形的所有线条。通常，高性能随机扫描显示器能以这样的刷新频率处理约十万条短线。当扫描速度一定时，图形的复杂性，即画线的总长度就受到限制。目前国内的总长度最长可达 120 米左右，国外的总长度最长可达 250 米左右。另一方面，当显示的线条很少时，需要延迟每个刷新周期，以避免刷新速度超过每秒 60 次，从而导致刷新过快烧坏荧光屏。

随机扫描显示器可以不断改写刷新缓存中的内容，因而具有局部修改性和高度的动态性能。由于图形定义是作为一组画线命令来存储，而非所有屏幕点的强度值，所以随机扫描显示器具有比光栅扫描显示器更高的分辨率和对比度；并且电子束直接按线条路径画线，图形不会产生锯齿状线条。随机扫描显示器由于使用较早，有丰富的软件支持，早已应用于军事和许多领域的 CAD，但是，由于其价格昂贵，所以一直未能广泛普及。

4. 存储管式显示器

存储管从表面上看类似于 CRT，但是存储管的电子束不是直接打在荧光屏上，而是先将图形信息通过写入电子枪写在荧光屏前的存储栅上（写有图形信息的部分呈正电荷），再由读出电子枪发出低能量的漂浮电子流，通过收集栅使这些电子均匀地散开流向存储栅。存储栅上呈正电荷的地方吸引电子，使电子通过并轰击荧光材料而发光，其他位置则不通过电子，这样就能把存储栅上的图形"重写"在屏幕上，所以存储管式显示器既能产生图形，也能存储图形。

存储管式显示器可以在几小时内显示不闪烁的复杂图形，无需刷新，也不需要附加存储器和有关电路，价格便宜。但因为难以局部清除存储的电荷以擦去图形信息，所以不适合进行图形的部分修改和动态显示，并且不能显示彩色图形。基于这些问题，存储管式显示器大多被光栅系统所取代。

5. 光栅扫描显示器

随机扫描显示器和存储管式显示器都是画线设备，在屏幕上显示一条直线是从屏幕上的一个可编地址点直接画到另一个可编地址点，如图 2-7 所示。

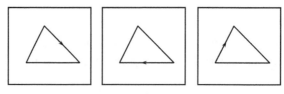

图 2-7   随机扫描生成的三角形

光栅扫描显示器是画点设备，可看作是一个点阵单元发生器，并可控制每个点阵单元的亮度。它不能直接从单元阵列中的一个可编地址的像素画一条直线到另一个可编地址的像素，只能用尽可能靠近这条直线路径的像素点集近似地表示这条直线。显然，只有画水平、垂直及正方形对角线时，像素点集在直线路径上的位置才是准确的，其他情况下的直线均呈阶梯状或锯齿状，如图 2-8 所示。采用反走样技术可适当减轻锯齿效果，但需要以额外的软件或硬件实现。

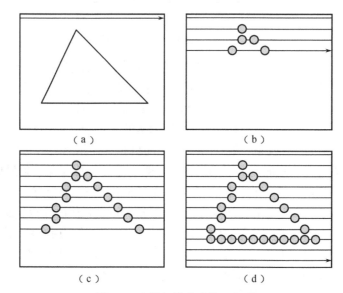

图 2-8   光栅扫描生成的三角形

光栅扫描显示器有单色的，也有彩色的。由三部分组成：显示器、图形控制器和缓存寄存器，其基本结构如图 2-9 所示。

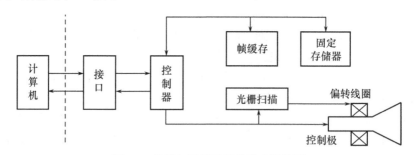

图 2-9   光栅扫描显示器的基本结构图

光栅扫描方式将 CRT 屏幕分成由像素构成的光栅网格，其中像素具有灰度和颜色，所有像素的灰度和颜色信息（也称为显示内容）保存在一个专门的内存区域中，称为帧缓冲存储器

（Frame Buffer），简称帧缓存。CRT 中的水平和垂直偏转线圈分别产生水平和垂直磁场，电子束在不同方向磁场力作用下从左向右，从上向下扫描荧光屏，产生一幅幅光栅，并由显示内容控制所扫描的像素点是否发亮，从而形成具有多种彩色及多种明暗度的图像。每幅光栅称为一帧，其扫描过程如图 2-10 所示，每一条从左向右的直线称为扫描线（显示），虚线是扫描的逆程（消隐），也称为回扫，分为水平回扫与垂直回扫两种。

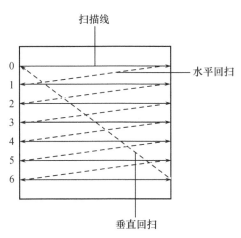

图 2-10　光栅扫描过程示意图

光栅扫描显示器的常用概念如下所示。

（1）图像刷新

由于 CRT 内侧的荧光粉受到电子束轰击时，只能维持短暂的发光，根据人眼视觉暂留的特性，需要不断进行刷新才能有稳定的视觉效果，因此刷新是指反复扫描，不断显示每一帧图像。光栅扫描显示器不管显示多么简单的图形，每次都要扫遍全帧，即把每个像素的颜色或灰度值从帧缓存中取出，因此必须要有高速、大容量的存储器。

（2）行频、帧频

图像的水平扫描频率为行频，垂直扫描频率为帧频。通常说的图像的刷新频率是帧频，即帧扫描的频率。帧频用每秒刷新的帧数表示，目前刷新频率标准为 50～120 帧/秒。

（3）逐行扫描、隔行扫描

逐行扫描方式是从上到下扫描每一条行扫描线。

隔行扫描方式是把一帧完整的画面分为两场显示，第一场扫描偶数行扫描线，第二场扫描奇数行扫描线。这样，从屏幕的顶部到底部扫描一次的时间只是逐行扫描方式的一半，而画面的信息量并没有减少。虽然这种方法并不能真正提高刷新频率，但能够有效地减少屏幕的闪烁现象。此外，因为每一场扫描时从帧缓存中读出的信息量比逐行扫描降低一半，故可降低对帧缓存存取速度及设备通路频带的要求，使设备的复杂程度和成本大大降低。

（4）像素

整个荧光屏上画面的每一点称为一个像素（Pixel）。像素是离散的点，这些像素点通过按行列排列的方式构成一个图片区域。显然，一幅图像的像素点数目由图像的大小和水平、垂直方向上单位长度（如英寸）的像素点数目决定。

（5）分辨率

分辨率（Resolution）是光栅扫描显示设备最重要的指标，指 CRT 在水平或垂直方向的单位长度上（如英寸）能分辨出的最大光点（像素）数，分为水平分辨率和垂直分辨率。分辨率受显示器生产工艺、扫描频率以及显示存储器容量的限制。分辨率越高，相邻像素点之间的距离越小，显示的字符或图像也就越清晰。分辨率通常用屏幕上单位长度上的像素数目来表示，假设一个 4 英寸×3 英寸的显示器，分辨率为 256 像素/英寸，则该显示器所能显示画面的最高分辨率为 256×4=1024 列，256×3=768 行。

（6）点距

点距是指相邻像素点间的距离，与分辨率指标相关。

（7）显示速度

显示速度指显示字符、图形，特别是动态图像的速度，与显示器的分辨率及扫描频率有关。可用最大带宽（水平像素数 × 垂直像素数 × 最大帧频）表示。

（8）帧缓冲存储器（帧缓存、显示存储器）

帧缓存是一块连续的计算机存储器，用来存储用于刷新的图像信息。帧缓冲存储器的大小通常用 X 方向（行）和 Y 方向（列）可寻址的地址数乘积来表示，称为帧缓冲存储器的分辨率，它至少要等于 CRT 的分辨率，即帧缓存单元与屏幕上的像素点一一对应。屏幕上的每个像素都对应帧缓存中的一个存储单元，里面存放着该像素的色彩或灰度信息。像素的亮度值控制电子束对荧光屏的轰击强度，像素在帧缓存寄存器中的位置编码控制电子束的偏转位置。

一个黑白光栅扫描显示器的逻辑框图如图 2-11 所示。由于帧缓存是数字设备，显示器是模拟设备，若要把帧缓存中的信息输出到光栅显示器屏幕上，必须经过数字/模拟转换。帧缓存中的每一位像素信息必须经过存取转换才能在光栅显示器上产生图形。

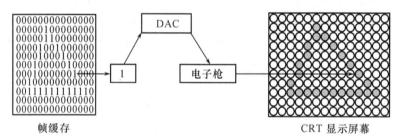

帧缓存   CRT 显示屏幕

图 2-11   1 位平面黑白光栅扫描显示器逻辑框图

（9）色彩与灰度等级

灰度等级又称亮度，主要指单色显示器的亮度变化。色彩包括可选择显示器颜色的数目和一帧画面可同时显示的颜色数，与荧光屏的质量有关，并受显示存储器 VRAM 容量的影响。

在光栅扫描显示器中需要用足够多的位平面和帧缓存结合起来才能反映图形的颜色和灰度等级。如果一个像素由 1 个二进制位（bit）表示，那么只能显示 $2^1=2$ 种颜色，即根据存储单元的状态是 0 或 1 决定荧光屏上对应像素点是否发光，实现画面的黑白单灰度显示。这种每个单元为 1 位信息的二维存储器阵列称为位平面。位平面分辨率是 1024×1024 个像素阵列的显示器需要 1024×1024 位（1MB）的存储器。

显然，仅仅只有 1 个位平面是无法表现彩色图形和图像的。彩色显示器要分别控制 3 个原色：红、绿、蓝。为了使三原色按不同比例合成各种色彩，每种原色也要有不同的灰度。彩色光栅扫描显示器的逻辑图如图 2-12 所示，红、绿、蓝三原色有三个电子枪，每个颜色的电子枪可以通过增加帧缓存位平面来提高颜色种类的灰度等级。从图 2-12 中可以看到，每种原色电子枪有 8 个位平面的帧缓存和 8 位数模转换器。如果每个像素的各原色有 2^8=256 种灰度，则每一个原色要在帧缓存中占据 8 位，因此帧缓存每个存储单元有 3×8=24 位，三种原色的组合将是 $(2^8)^3$=2^{24}，即 16777216 种灰度（称为真彩色系统或全彩色系统）。

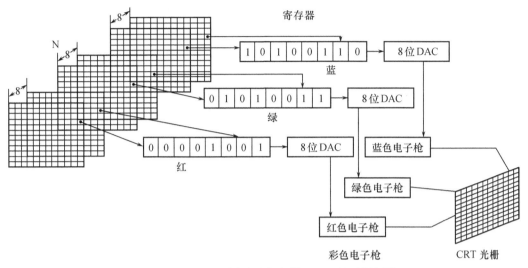

图 2-12　24 位平面彩色光栅扫描显示器的逻辑框图

分辨率 $m×n$、颜色数 K 与显存大小 V 之间存在如下关系：
$$V \geqslant m×n×\log_2 K \quad \text{bit}$$

例 2-2：3 个位平面、分辨率是 1024×1024 的显示器，需要的显存大小为：
$$1024×1024×3=3145728 \quad （位）$$

若存储器位长固定，则屏幕分辨率与同时可用的颜色数成反比。

例 2-3：1 兆字节的帧缓存，若分辨率为 640×480，则帧缓存每个单元可有 24 位，能同时显示 2^{24} 种颜色；若分辨率为 1024×768，则每个单元分得的位数仅略多于 8，只能工作于 256 色显示模式下。

在图形模式下，VGA（640×480，16 色）的帧缓存可划分为 4 个位平面，每个位平面 64kB；TVGA（1024×768，256 色）的帧缓存最多可划分为 8 个位平面，每个位平面 128kB。

（10）颜色查找表

使用颜色查找表可以使显示器在帧缓存单元位数不增加的情况下，具有大范围内挑选颜色的能力。

颜色查找表也称调色板，是由高速的随机存储器组成，用来储存表达像素色彩的代码。用颜色查找表表示图像既可以减少存储空间，同时又能表示足够多的颜色。在这种表示法中，帧缓冲存储器中每一像素对应单元的代码不再代表该像素的色彩值，而是作为颜色查找表的地址索引。

颜色查找表是一维线性表，其每一项内容对应一种颜色，长度由帧缓存的位平面数 N 决定，必须有 2^N 项，例如：帧缓存有 3 个位平面，则查色表的长度为 2^3=8 项。每一项具有 W 位字宽，当 $W>N$ 时，有 2^W 灰度等级，但每次只能有 2^N 个不同的灰度等级可用。若要用 2^N 以外的灰度等级，需要改变颜色查找表中的内容。在图 2-13 中，W 是 4 位，N 是 3 位，通过设置颜色查找表中最左位的值（0 或 1）可以使只有 3 位的帧缓存产生 16 种颜色。

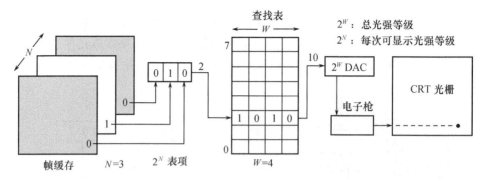

图2-13　具有 N 位帧缓存和 W 位颜色查找表的光栅显示器结构图

上面介绍了一些光栅扫描显示器的常用概念。综合其工作方式可知，虽然光栅扫描显示器在图形显示上会有走样，但是其成本低，能够显示的图像色彩丰富，并且图形的显示速度与图形的复杂程度无关，易于修改图形。光栅设备最突出的性能是可以利用扫描转换进行区域填色，因此光栅扫描显示器不仅可以用来显示二维或三维线框结构的图形，也可以显示二维或三维实体图形。利用隐藏面消除算法、光照模型和明暗处理算法，光栅图形显示器可以显示真实感图像，因此光栅扫描图形显示器已占据了图形显示器市场的绝对主流地位。

6. 液晶显示器（Liquid-Crystal Display）

目前大屏幕显示器逐渐成为主流，但 CRT 固有的物理结构限制了它向更广的显示领域发展。正如我们前面所说，屏幕加大必然导致显像管加长，显示器的体积必然要加大，使用时就会受到空间的限制。另外，由于 CRT 显示器是利用电子枪发射电子束来产生图像，产生辐射与电磁波干扰便成为最大的弱点，而且长期使用会对人们健康产生不良影响。在这种情况下，推出了液晶显示器。

液晶显示器通常用于小型系统，如计算器及膝上型计算机。这种非发射设备生成图形的原理是通过能阻塞或传递光的液晶材料，传递或阻塞来自周围或内部光源的偏振光。液晶是一种介于液体和固体之间的特殊物质，它具有液体的流态性质和固体的光学性质。通常所说液晶的电光效应是指当液晶分子的某种排列状态在电场作用下变为另一种排列状态时，液晶的光学性质随之改变。因此，当液晶受到电压影响时，就会改变其物理性质而使分子排列状态发生形变，此时通过它的光的折射角度就会发生变化，从而产生色彩。

图 2-14 描述了由两块偏振光片及夹在它们之间的液晶组成的显示元件。每块偏振光片只允许在一定方向上振动的光波通过，其中一块偏振光片的方向与另一块偏振光片的方向成直角关系。液晶的分子具有改变从液晶中通过的偏振光振动方向的能力。当电压加到两块偏振光片上，液晶分子的排列在电荷作用下改变，进而控制通过整个显示元件的偏振光的量。

液晶显示器的基本技术指标如下。

（1）可视角度

由于液晶的成像原理是通过光的折射而不是像 CRT 那样由荧光点直接发光，所以从不同角度看液晶显示屏会有不同效果。当视线与屏幕中心法向成一定角度时，人们就不能清晰地看到屏幕图像，能看到清晰图像的最大角度称为可视角度，一般所说的可视角度是指左右两边的最大角度相加。工业上有 CR10（Contrast Ratio）和 CR5 两种标准判断液晶显示器的可视角度。

（2）点距和分辨率

液晶屏幕的点距就是两个液晶颗粒（光点）之间的距离，一般 0.28～0.32mm 就能得到较好的显示效果。

分辨率在液晶显示器中的含义和 CRT 中的不完全一样。通常所说的液晶显示器的分辨率是指其真实分辨率，比如 1024×768 的含义就是指该液晶显示器含有 1024×768 个液晶颗粒。只有在真实分辨率下液晶显示器才能得到最佳的显示效果。其他较低的分辨率只能通过缩放仿真来显示，效果并不好。而 CRT 显示器如果能在 1024×768 的分辨率下清晰显示，那么其他如 800×600、640×480 都能很好地显示。

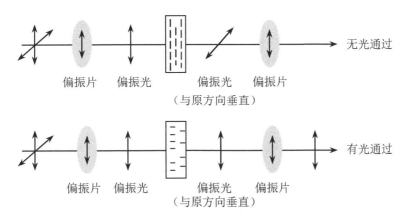

图 2-14　液晶显示元件

液晶显示器历经发展，目前技术已经越来越成熟，显示质量也越来越好。它的体积薄轻小巧；液晶像素总是发光，只有加上不发光的电压才能使该点变黑，因而不会产生闪烁现象；工作电压低，功耗小，节约能源，没有电磁辐射。虽然与传统的 CRT 显示器相比，液晶显示器目前在显示效果上仍有一定差距，分辨率相对较低，色彩不够鲜艳，而且价格偏高，对温度敏感，平均使用寿命短，但由于它的众多优点，大有后来居上的势头。

7. 等离子显示器

等离子显示器一般由三层玻璃板组成，通常称为等离子显示器的三层结构。第一层里面涂有导电材料的垂直条；中间层是用许多小氖气灯泡构成的平板阵列，每个灯泡处于“开”或“关”状态；第三层的表面涂有导电材料的水平条。要点亮某个地址的灯泡，开始要在相应行上加上较高的电压，等该灯泡点亮后，用低电压维持氖气灯泡的亮度。关掉某个灯泡后，只要将相应的电压降低。灯泡开关的周期为 15 毫秒，通过改变控制电压，可以使等离子板显示不同灰度的图形。等离子板的优点是平板式、透明、显示图形无锯齿现象，不需要刷新。目前典型的等离子板可以做到 15 英寸左右，每英寸装有大约 175 个灯泡。

8. 图形处理器

在图形硬件系统中，为了减轻主机负担，加快图形处理速度，一般都有两个以上的处理部件。除了中央处理机（CPU）外，还有一个专用的图形处理器，称为显示处理机（DPU），俗称显卡，用来与 CPU 交互作用和控制显示设备的操作，使 CPU 从图形的复杂处理中解脱出来，如图 2-15 所示。

应该说有显示系统就有图形处理器，但是早期的图形处理器只包含简单的存储器和帧缓冲区，它们实际上只起了一个图形的存储和传递作用，一切操作都必须由 CPU 来控制。这对于文本和一些简单图形来说是足够的，但要处理复杂场景，特别是一些真实感的三维场景，这种系统无法完成任务。后来发展出功能较强的图形处理器都有图形处理功能，能完成大部分图形函数，可实现裁剪、窗口－视图变换，还有与拾取有关的逻辑，以及当拾取到某一图素时的反馈等交互操作。

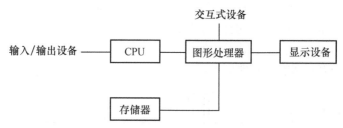

图 2-15   图形处理器功能示意图

图形处理器的发展经历了以下各阶段：单片图形处理器、多片图形处理器、流水线多处理器图形机、阵列结构的图示系统。也有的图形系统生产厂家喜欢用通用微处理器代替图形处理器，这样可使系统 CPU 和专门用于图形显示的从处理器具有一个共同的编程环境。

2.2.3　图形绘制设备

图形显示设备用于观察、修改图形，它是人机交互式处理的有力工具。但是，屏幕上的图形不可能长久保存下来，因此还需要以纸、胶片、塑料薄膜等物质为介质，输出人眼可视并能长期保存的图形。用以输出这些图形的计算机外部设备称为图形绘制（也称硬拷贝）设备。

同显示器一样，图形绘制设备也可分为随机矢量型和光栅点阵型两类。随机矢量型设备的作画机构随着图形的输出形状而移动并成像，绘图仪多属于此类设备。光栅点阵型设备的作画机构按光栅矩阵扫描整张图面，并按输出内容对图面成像，打印机多属于此类型设备。

1. 绘图仪

绘图仪分为笔式绘图仪和静电绘图仪两种。

（1）笔式绘图仪

笔式绘图仪是矢量设备，绘图笔相对纸做随机移动。按结构不同可分为平板式（Flat）和滚筒式（Drum）。

平板式绘图仪是在一块平台上画图，图纸固定在平板上不动，绘图笔分别在 X，Y 方向移动。滚筒式绘图仪的图纸依靠滚筒的转动在一个方向（如 X 方向）往复移动，绘图笔在另一个方向（如 Y 方向）移动。滚筒式绘图仪比平板式绘图仪结构简单，价格便宜，占地面积小，但速度不高，精度稍差，只能接受一种大小的图纸，而且绘图过程中对图面监视困难。

笔式绘图仪的主要性能指标包括最大绘图幅面（从 A3～A0）、绘图速度和精度、存放的绘图笔数等。其中，绘图速度是一个重要指标，它是指机械运动的速度，目前常用的笔式绘图仪画线速度在 1m/s 左右。机械运动速度的提高必然受到机电零部件性能的限制，还受到绘图笔性能的限制。

与绘图仪精度有关的指标包括相对精度、重复精度、机械分辨率和可寻址分辨率。其中，机械分辨率是指机械装置可移动的最小距离，它是一个电脉冲通过驱动电机和传动机构使笔移动的距离，因此也称步距，或脉冲当量。由此可知，绘图仪画图是用一小段一小段的直线逼近图形（水平线和垂直线及±45°的直线除外）。步距越小，画出的图形越精细，一般在 0.1～0.001mm 之间。实际应用中，0.1mm 的步距可满足一般图形的要求，0.05mm 的步距肉眼就已经察觉不到图形的锯齿状波动了，0.00625mm 的步距可以满足一般精密绘图的需要。

　　由于绘图仪是一种慢速的机械运动设备，速度远远跟不上主机通信的速度，所以不可能在主机发送数据的同时，绘图仪就完成了绘制这些图形数据的任务，而必须由绘图仪的缓冲器先把主机发送来的数据存下一部分，然后由绘图仪"慢慢地"画。绘图仪的缓存越大，存的数据就越多，访问主机的次数也越少，绘图速度也就越快。

　　每种绘图仪都固化有自己的绘图语言。在主机向绘图仪发送数据的同时还要发送指挥绘图仪实现各种动作的命令，如抬笔、定位、画直线、画圆弧等，然后由绘图仪解释这些命令并执行，这些命令格式称为绘图语言。目前，惠普公司的 HPGL 绘图语言应用最为广泛。

　　（2）静电绘图仪

　　静电绘图仪是一种光栅类型的绘图设备，写头上密集排列着一排写针，图纸在供纸系统控制下匀速前进。它的输出主要是电子式的，运动部分很少，只有供纸系统和调色盒是由机械驱动。它的工作原理是：事先使白纸或黑纸上带有负电荷，吸有调色剂的写针尖带有正电荷，当由程序控制的电压按阵列式输出并选中某针尖时，就将调色剂附着到纸上，产生极小的静电点，进而生成图像和字符。静电绘图仪的速度比笔式绘图仪的速度高，且分辨率高，运行可靠，噪声小，但因用纸特殊而价格昂贵，且线条有锯齿状。

　　喷墨式绘图仪也是一种光栅类型的绘图设备，它的喷墨装置多数安装在类似打印机的机头上，图纸绕在滚筒上并使之快速旋转，喷墨头则在滚筒上缓慢运动。绘图仪的墨水泵可将青（Cyan）、品红（Magenta）、黄（Yellow）3 种颜色的墨水分别注入 3 支细微的喷墨笔中，绘图仪控制器按照读出的像素的颜色值分别控制 3 支喷墨笔喷出的墨点到达该像素的数量，使该像素涂上所需颜色。滚筒每转一周则沿旋转方向完成一条线的绘制，喷笔架沿滚筒水平轴向步进 0.2mm 绘制下一条线，这样周而复始地循环，由颜色各异的像素阵列形成一幅色彩鲜艳的图案。喷墨式绘图仪具有绘图幅面大，绘制速度快，色彩层次分明等特点。

　　2．打印机

　　打印机从机械动作上常分为撞击式（Impact）和非撞击式（Nonimpact）两种。撞击式打印机隔着色带将某种格式的成型字符压在纸上，如点阵式打印机。非撞击式打印机使用激光技术、喷墨技术、静电方式和电热方式把图像印在纸上，如喷墨打印机、激光打印机。

　　（1）点阵式打印机

　　点阵式打印机是光栅输出设备，需要有扫描转换事先把矢量图像转换成打印机用信号。它有一个点阵打印头，打印头每次相对纸走一步，纸向前走行。打印头中包含一组矩形阵列结构的金属针，通常有 7～24 针，针的总数决定着打印机的打印质量。打印单个字符或图案时，可以缩回某些针而让余下的针进行打印。点阵式打印机利用彩色色带可以产生彩色输出。

　　（2）喷墨打印机

　　目前，点阵式打印机由于噪音大、打印效果粗糙等缺点已逐渐被淘汰，取而代之的是喷墨打印机和激光打印机。喷墨打印机的打印效果虽不如激光打印机，但比点阵式打印机强得多，价格也很便宜，因此是打印机市场的主流产品。

　　喷墨打印机是一种既可打印字符又可打印图形、图像的设备，最大幅面为 A4 或 A3，分为黑白和彩色两种。喷墨打印机的关键部位是喷墨头，彩色喷墨打印机可用喷墨头将 3～4 种不同颜色的墨水射在打印纸上而印出相当漂亮的彩色图案。喷墨头中含有 4 组细小的喷嘴，分别将青、品红、黄，有时还有黑色墨水，以每秒数米的速度逐行水平地喷射在纸上。带有电荷的墨水流受到电场影响而偏转，产生点阵模式，依靠不同墨水点迹的混合而形成彩色。喷墨打印机的分辨度可达每英寸 150 点（150dpi）以上，可区分高达 15625 种不同的色彩和灰度。

近几年，市场上出现了大型彩色喷墨打印机，打印宽度可达一米，长度不受限制。

（3）激光打印机

激光打印机是一种既可打印字符又可打印图形、图像的设备，它的打印精度很高，分辨率可达 300dpi 或 600dpi，且打印速度快，因此在图形输出设备中应用非常广泛。但是它的打印幅面较小，最大幅面为 A4 或 A3。激光打印机可分为黑白和彩色两种，彩色激光打印机的打印色彩鲜艳，可达到真彩色效果，但价格昂贵。

激光打印机的机械结构十分复杂，主要部分有上粉盒、感光鼓（或称硒鼓）、显影轧辊、打底电晕丝和转移电晕丝等，均装在一个可以取下的盒子中，如图 2-16 所示。

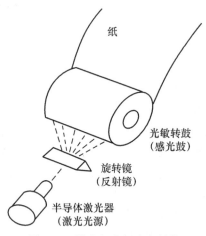

图 2-16　激光打印机内部结构

打印开始时，感光鼓旋转，使鼓外表面被打底电晕丝均匀充上电荷。打印数据经处理后传到打印机，将一个细小的激光二极管点亮，激光二极管发出的激光经过一系列反射镜后到达感光鼓。感光鼓上被激光照到的点将失去电荷，从而在鼓面形成一个无法看见的磁化图像。接着是显影过程，即让感光鼓上已感光的磁场部分吸引碳粉，使不可见图像变成可见的碳粉图像。接着，打印纸从感光鼓与转移电晕丝中通过，转移电晕丝产生高强磁场，碳粉受吸引从感光鼓上脱离，在不断向前运动的纸上形成一个碳粉图像。然后高温熔化碳粉进入纸的纤维之中，从而在打印纸上得到牢固的图像，同时清除感光鼓上残余的碳粉，至此打印过程完毕。激光打印机可以有一个微处理机，进行扫描转换及控制打印机。

3．摄像机

摄像机是另一种硬拷贝设备，它拍下显示在 CRT 屏幕上的图像。可以有两种基本技术得到彩色胶片，一种是摄像机直接从彩色 CRT 上得到彩色图像，其图像质量受到荫罩及光栅扫描的限制；另一种是通过彩色滤波器拍摄黑白 CRT 上的图像，按序显示图像的不同颜色分量，这种技术可产生很高质量的光栅或矢量图像。

摄入到摄像机中的信号可以是光栅视频信号、一张位图，或是矢量类型结构的信号。不论是可直接驱动彩色 CRT 的视频信号，还是红、绿、蓝成分的单色信号，都可通过滤波器分时显示。在任意情况下，整个记录周期中，视频信号必须是常数。对于低灵敏度的胶片，周期可达一分钟。高速、高分辨率的位图或矢量系统价格很贵，因为 CRT 和电子线路本身必须仔细地设计和校准。随着速度和分辨率的降低，它的成本也迅速下降。

4. 颜色模型

颜色是一种复杂的、从物理学到心理学的跨学科概念。在这里主要介绍计算机图形学中最基本的、应用最广的两种颜色模型：RGB 颜色模型和 CMY 颜色模型。

使用 RGB 模型定义颜色是一个加色的过程。由黑色开始，接着加入合适的基色元素得到希望的颜色。这种方法和显示器的工作原理很相似。另一方面，还有一个补色模型——CMY 颜色模型，它定义颜色的过程是一个减色过程，这种方法和打印机的工作原理很相似。

（1）RGB 颜色模型

介绍图形显示设备时提到了三基色：R（红）、G（绿）和 B（蓝），RGB 颜色模型是显示器显示颜色的基础。如图 2-17 所示为一个具有三基色的坐标系。

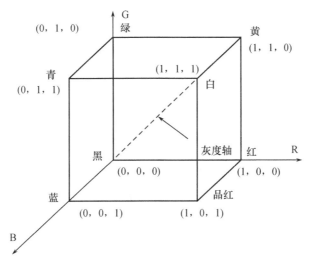

图 2-17　RGB 颜色空间

在 RGB 颜色立方体中，坐标为（0，0，0）的顶角表示黑色，坐标为（1，1，1）的顶角表示白色。介于黑色和白色之间的对角线上的点表示两种颜色之间的灰度值，这条线也称作灰度轴。坐标轴上的顶点代表 3 个基色，其余的顶点代表每一个基色的补色。每一种基色的亮度可以从 0 到 1，即从最暗到最亮（或从关到开）。

RGB 颜色模型是一个加色模型，多种基色的强度加在一起生成另一种颜色。通过红绿蓝三基色的线性组合得到的所有颜色形成了一个立方体形状的 RGB 颜色空间。在 RGB 颜色模型中，用颜色坐标（R，G，B）可以表示颜色立方体中的任意一个颜色，其中 R、G、B 的值在 0~1 内赋值。例如，（0，0，0）表示黑色，（1，1，1）表示红色、绿色和蓝色顶点的和（即白色），（1，0，1）表示将红色和蓝色相加得到顶点的品红色等。对角线上每一点是等量的每一种基色的混合，（0.7，0.7，0.7）处的颜色灰度值是介于（0.9，0.9，0.9）和（0.5，0.5，0.5）之间的灰度值。

（2）CMY 颜色模型

介绍图形绘制设备时提到了三基色的补色：C（青）、M（品红）、Y（黄）三种颜色，CMY 颜色模型用来描述图形绘制设备上输出的颜色。与通过屏幕荧光粉组合光而生成颜色的显示器不同，打印机之类的绘制设备通过往纸上涂颜料来生成彩色图片，人眼通过反射光而看见颜色，这是一种减色处理。如图 2-18 所示说明了使用三基色的补色表示的坐标系。

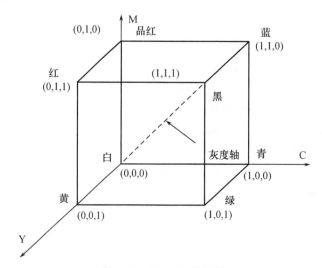

图 2-18　CMY 颜色空间

在 CMY 颜色立方体中，坐标为(0,0,0)的顶角表示白色，坐标为(1,1,1)的顶角表示黑色，白色和黑色之间的对角线上的点表示两种颜色之间的灰度值。坐标轴上的顶点代表 3 个基色的补色，其余的顶点代表每一个基色。同样，每一种补色的亮度从 0 到 1。

CMY 颜色模型是一个减色模型，通过从白色中减去适当的基色元素得到希望的颜色。例如，从白色中减去红色，剩下的颜色为绿色和蓝色，则组成了青色；从白色中减去绿色，剩下的颜色为红色和蓝色，则组成了品红色；如果青色和品红色墨水混合，因为投射光的红色和绿色成分都被减掉了，所以人眼看见的就是蓝色。例如，坐标为（1，1，1）的顶角因为减掉了所有投射光成分而表示成黑色。

打印机使用 CMY 模型，利用三种基本颜料（青、品红、黄）来控制红、绿、蓝三种反射光线以产生所有 RGB 模型表示的颜色。实际应用中，由于在技术上很难通过多种颜料产生高质量的黑色，因此黑色也经常作为一种额外的颜料被使用。

下面的公式概括了 RGB 模型和 CMY 模型之间的转换：

$$\begin{pmatrix} R \\ G \\ B \end{pmatrix} = \begin{pmatrix} 1 \\ 1 \\ 1 \end{pmatrix} - \begin{pmatrix} C \\ M \\ Y \end{pmatrix} \qquad \text{单位列向量表示黑色}$$

$$\begin{pmatrix} C \\ M \\ Y \end{pmatrix} = \begin{pmatrix} 1 \\ 1 \\ 1 \end{pmatrix} - \begin{pmatrix} R \\ G \\ B \end{pmatrix} \qquad \text{单位列向量表示白色}$$

物体的颜色还可通过色调（Hue）、饱和度（Saturation）和亮度（Luminance）的不同来表示，这种表示法叫做 HSL 表示法。色调 H 表示基本的纯色，饱和度 S 表示颜色的相对纯度，其值表示颜色中掺入白光的比例，而亮度 L 表示颜色的亮度，其值表示颜色中掺入黑光的比例。这种表示方法和人的直觉配色方法相符合，只需选择色调、饱和度和亮度，就可方便地配出所需要的颜色。

YUV 表示法是另一种常用的颜色表示法。其基本特征是将亮度信号和色度信号分开表示，Y 表示亮度，UV 是两个彩色分量，表示色差，一般是蓝色、红色的相对值。

CMY、HSL、YUV 与 RGB 表示法均可按一定的算法进行转换，其中 RGB 是数字图像处理的主要表示方法。

2.2.4 图形输入设备

在交互式计算机图形系统中，图形的生成、修改、标注等人机交互操作都是由用户通过图形输入设备进行控制的。图形输入设备的种类繁多，在国际图形标准中按照逻辑功能可分为六类。

（1）定位设备（Locator）

此类逻辑设备实现定位功能，即输入一个点的坐标，包括光笔、触摸板、数字化仪、图形输入板、鼠标、操纵杆、跟踪球、键盘的数字键等。

（2）笔划设备（Stroke）

此类逻辑设备实现描划功能，即输入一系列点的坐标，包括的物理设备和定位设备基本一致。

（3）数值设备（Valuator）

此类逻辑设备实现定值功能，即输入一个整数或实数，包括旋钮、数字键盘、数字化仪、鼠标、方向键、编程功能键等。

（4）选择设备（Choice）

此类逻辑设备实现选择功能，即根据一个正整数得到某一种选择，包括光笔、触摸板、数字化仪、鼠标、操纵杆、跟踪球、字符串输入设备、编程功能键、声音识别仪。

（5）拾取设备（Pick）

此类逻辑设备实现拾取功能，即识别一个显示的图形元素，包括各种定位设备、编程功能键、字符串输入设备。

（6）字符串设备（String）

此类逻辑设备实现字符串功能，即输入一串字符，包括数字、字母键盘，数字化仪，光笔，声音识别仪，触摸板等。

这里所谓逻辑设备，是指按逻辑功能定义的设备，并非具体的物理设备。通常，一种逻辑设备对应于一种或一类特定的物理设备，而实际的物理设备往往兼具几种逻辑输入功能。

此外，根据图形输入设备的工作方式，可以将它们分为向量型和光栅扫描型。

向量型图形输入设备主要的输入数据形式为一幅由直线或折线构成的图形。它采取跟踪轨迹，记录坐标点的方法输入图形数据。常用的向量型图形输入设备有鼠标、光笔等。

光栅扫描型图形输入设备主要的输入数据形式为一幅由亮度值构成的像素矩阵——图像（Image），并经过图形识别过程，将所获得的图像数据转换为图形（Graphics）数据。它采取逐行扫描，按一定密度采样的方式输入图形数据。常用的光栅扫描型图形输入设备有扫描仪和摄像机。

1. 键盘和鼠标

键盘和鼠标是最常用的图形输入设备。用户通过一些图形软件可由键盘和鼠标直接在屏幕上定位和输入图形，如常用的 CAD 系统就是用鼠标和键盘命令生产各种工程图的。

（1）键盘

键盘（Keyboard）用来输入数字、字符或字符串，典型的设备是数字、字母键盘，具有 ASCII 编码键、命令控制键和功能键，可输入与图形显示有关的非图形数据，也能用来进行屏幕坐标的输入、菜单选择或图形功能选择，实现图形操作的某一特定功能，如图 2-19 所示。

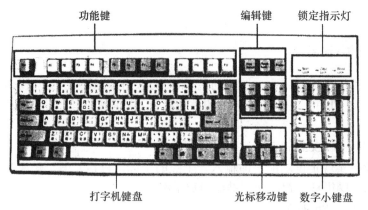

图 2-19　键盘

（2）鼠标

鼠标（Mouse）是给屏幕光标定位的小型手控设备。从它 30 多年前第一次问世到现在，已经由最初一个粗劣的带一个按钮的木制品发展成为一个复杂而精巧的输入设备，它的作用已和键盘同样重要。鼠标的基本工作原理是：移动鼠标时，它把移动距离和方向的信息变成脉冲送给计算机，计算机再把脉冲转换成屏幕光标的坐标数据，从而达到指示位置。鼠标根据测量位移的部件不同，可分为光电式、光机式和机械式 3 种。

机械式鼠标如图 2-20 所示，面上有 2～4 个开关，内部有三个滚轴：空轴、X 向滚轴、Y 向滚轴，底部有一个滚球；开关可用于位置的选择，底部的滚轴和滚球可用来记录移动的总量和方向。

图 2-20　鼠标

光机式鼠标利用光敏半导体元件测量位移。当鼠标移动时，滚球带动滚轴，通过光敏半导体元件接收发光二极管（LED）发出的光而记录位移。

光电式鼠标利用发光二极管与光敏晶体管来测量位移。鼠标在特殊的鼠标板上移动，板上有水平线和垂直线构成的网格；LED 与光敏晶体管的夹角使 LED 发出的光线经鼠标板反射后正好传至光敏晶体管，通过检测跨越的网格线而记录位移。

鼠标的一个重要特征是：只有鼠标移动时屏幕光标才产生变化，如果把鼠标在某一个位置提起并在另一个位置放下，没有轮子的滚动，则不会改变屏幕光标的位置，因此鼠标不能用来输入图纸，只能用于指挥屏幕上光标位置的相对变化。

2. 数字化仪

数字化仪是一种能把书写板内的几何位置转换成数字坐标的图形输入设备，有二维和三维两种。小型的数字化仪也称为图形输入板。

数字化仪由一块感应板和一个定位器（或称为游标）组成（如图 2-21 所示）。感应板是数字化仪最重要的部分，当定位器在板上移动时，就得到相应的电信号。定位器有 4 键、16 键和接触开关笔等，这些定位器的使用方法很简单。当要将图形输入到计算机时，只要将图纸放在感应板的有效面积上，然后将定位器的十字线对准要输入的点，按下键，将坐标输入到计算机中。连续地移动定位器，可将图形上的一系列点的坐标输入，这种功能称为定位功能。除此之外，它还具有笔划、选择、拾取等功能。数字化仪按工作原理的不同分为电子式、超声波式、磁致伸缩式、电磁感应式等多种。

图 2-21   数字化仪

电子式数字化仪的感应板下是一块由 X 方向和 Y 方向金属栅格阵列组成的图板。平板内装有一套电子线路，它向金属栅格阵列的 X 方向线与 Y 方向线依次进行时序脉冲扫描。扫描电流对金属导线的瞬间激励会引起一个时序脉冲，对产生脉冲的时间进行比较之后即可自动得到定位器所在的位置数据，并将其送入计算机。

超声波式数字化仪利用 X 方向和 Y 方向的超声波传感器和用于拾取坐标点的笔尖上的超声波发生器，通过所记录的超声波到 X，Y 边的最小时间换算出两点间的距离。

磁致伸缩式数字化仪的感应板是用非磁性材料制成的，沿 X，Y 方向分布有密集的网状磁致伸缩线，在板的左侧和下侧连有脉冲磁场发生器，接收线圈安装在游标传感器中。工作时利用磁致伸缩效应，使磁场 X，Y 方向先后产生表面振荡波，根据传感器接收到振荡波的时间差，换算出传感器所在位置的 X，Y 坐标。

电磁感应式数字化仪的工作原理与磁致伸缩式数字化仪的原理相似，只是感应板下密布的网格线为互相绝缘的特殊铜线。工作时以正弦、余弦信号分 X，Y 方向轮流激励网格，根据传感器接收到激励信号的相位差换算坐标。

三维数字化仪能够自动将 3D 物体的表面形状和色彩信息输入到计算机中，形成计算机内的 3D 线框图模型，直接用于真实感显示。三维数字化仪利用声音或电磁波传播记录位置。对于非金属对象，它以电磁波在发送器和接收器之间的耦合参数来计算游标移动时的位置；对于金属表面的物体，则可用声音或超声波来计算位置。

3. 光笔

光笔（Light Pen）是一种能检测光信号的装置，它直接在屏幕上操作，拾取位置。它的外形和大小像一支笔，笔尖处开有一个圆孔并有一组透镜，在透镜的聚焦处是光导纤维，联入光电二极管。荧光屏的光线由透镜进入，通过光导纤维，由光电二极管转换为电信号，经过整形后成为一个有合适信噪比的电脉冲。光笔上的按钮用于控制电脉冲是否作为中断信号输出给计算机。光笔的这种结构和工作过程如图 2-22 所示。

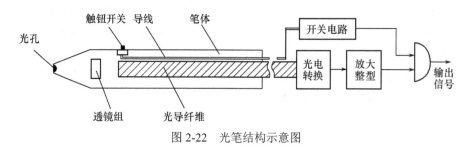

图 2-22　光笔结构示意图

光笔具有定位、拾取、笔划跟踪等多种功能。它的工作原理简单、操作直观，是早期 CAD 系统中最主要的图形输入设备。虽然现在仍使用光笔，但它们不再像以前那样普及，因为光笔存在不少缺点：其一，因为光笔以荧光屏作为图形平板，因此它的分辨度和灵敏度与显示器的特性有很大关系，显示器的不同分辨率、电子束的不同扫描速度、荧光粉的不同特性，以及光笔的笔尖与荧光粉的不同距离和角度等诸多因素都会影响光笔的分辨度与灵敏度；其二，当光笔指向屏幕时，屏幕图像的一部分被手和笔迹遮挡，而且使用者长期凝视荧屏，会造成眼睛和手腕的疲劳；其三，光笔对于荧光屏上不发光的区域无法检测，因此对于某些应用，光笔需要专门的工具；其四，有时因房间发光背景的影响，光笔会产生误读现象。

4. 跟踪球和空间球

跟踪球（Trackball）和空间球（Spaceball）都是将机械运动转换为电位输出，再转换成数字量的定位设备（如图 2-23 所示），根据球在不同方向受到的推或拉的压力实现定位和选择。跟踪球用于二维定位和选择操作，空间球用于三维定位和选择操作，它们在虚拟现实场景的构造和漫游中非常有用。

5. 触摸板

触摸板（Touch Panel）利用手指触摸显示的物体或屏幕位置来实现选择操作，它的典型应用是对图形符号表示的处理选项进行选择（如图 2-24 所示）。根据记录触摸的方式，触摸板可以分为电子触摸板、光学触摸板、声学触摸板等几类。

图 2-23　空间球

图 2-24　触摸板

电子触摸板由两块距离较小的透明板构成，其中一块板涂以导电材料，另一块板涂以电阻材料，当被触摸时，利用两涂层间的电阻和电容的变化确定触摸位置。

光学触摸板利用红外线和光电转换原理制成，当被触摸时，利用红外线发生和接受装置检测光线的遮挡情况，从而确定触摸位置。

　　在声学触摸板中，沿一块玻璃板的水平方向和垂直方向产生高频声波，触摸屏幕引起的每个声波有一部分被手指反射到发射器，通过测量每个声波发送和反射到发射器的时间间隔，分别计算 X，Y 坐标，从而确定接触点的屏幕位置。

　　6. 扫描仪

　　扫描仪（如图 2-25 所示）是直接把图形和图像扫描到计算机中，以像素信息进行存储的设备，可以将它生动地形容为计算机的眼睛。

图 2-25　扫描仪

　　画面通过扫描仪变为一幅数字矩阵图像，每一点的值代表画面上对应点的反射光线波长和强度，即该点的颜色和亮度。按其所支持的颜色分类，扫描仪可分为单色扫描仪和彩色扫描仪。绝大多数扫描仪采用的固态器件是电荷耦合器件（CCD Charge Coupled Device），如图 2-26 给出了常用扫描仪的模块框图。

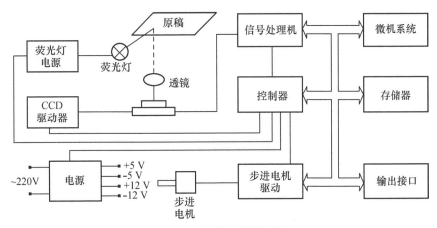

图 2-26　扫描仪模块框图

　　CCD 扫描仪的工作原理是：用光源照射原稿，投射光线经过一组光学镜头射到 CCD 器件上，得到元件的颜色信息，再经过模/数转换器、图像数据暂存器等，最终输入到计算机或图形/文字输出设备中。为了使投射在原稿上的光线均匀分布，扫描仪中使用的是长条形光源。扫描仪的两个重要指标是分辨率和支持的颜色，常用扫描仪的分辨率一般在 300～600dpi 以上，有的可高达每寸 2400dpi，甚至 4800dpi、9600dpi。扫描仪的颜色有 4 位、8 位、24 位等，现在常用的一般是 36 位或 48 位真彩色扫描仪。

　　早些年扫描仪一般是几万元的天价，但是近两年来由于技术的成熟以及国内厂商的崛起，扫描仪性能不断上扬，价格持续走低，一台普通扫描仪甚至不到一千元人民币（专业扫描仪另当别论），这些使得扫描仪真正走进了千家万户。

　　扫描仪也可用摄像机代替。摄像机价格便宜、速度快，除用作图形输出设备外，还可输入运动的实物影像，但精度较差。一般摄像机每幅画面的精度在 640×640 左右，可用于对精度要求不高的 CAD 领域。

2.3   图形软件系统

2.3.1   图形软件的层次

图形软件系统应该具有良好的结构，合理的层次结构和模块结构。为了使整个系统容易设计、调试和维护，便于扩充和移植，通常把整个图形软件分为如下的若干层次。

1. 零级图形软件

零级图形软件面向系统，是最底层的软件，又称设备驱动程序，它在计算机操作系统之上，是一些最基本的输入、输出子程序，主要解决图形设备与主机的通信、接口等问题。由于使用频繁，程序质量要求尽可能高，因此常用汇编语言、机器语言或接近机器语言的高级语言编写。

2. 一级图形软件

一级图形软件既面向系统又面向用户，又称基本子程序，包括生成基本图形元素，对设备进行管理的各程序模块。它可以用汇编语言编写，也可以用高级语言编写，要从程序的效率和容易编写、调试、移植等要求全面考虑。

3. 二级图形软件

二级图形软件面向用户，又称功能子程序，是在一级图形软件的基础上编制的，包括建立图形数据结构（图形档案），定义、修改和输出图形，以及建立各图形设备之间的联系。它的编写要求是使用方便，容易阅读，便于维护和移植，有较强的交互功能。

4. 三级图形软件

三级图形软件是为解决某种应用问题的图形软件，是整个应用软件的一部分，通常由用户编写或由系统设计者与用户一起编写。

一般把零级到二级图形软件称为基本图形软件，或称为图形支撑软件，而把三级或三级以上图形软件称为图形应用软件。

前面已经提到，图形支撑软件通常由一组公用的图形子程序组成，扩展了系统中原有的高级语言和操作系统的图形处理功能。特别是采用标准图形软件，如 PHIGS、GKS、CGI 等之后，图形应用软件的开发将从中获益，例如与设备无关，与应用无关，具有较高性能等。开发图形应用程序时，可以根据应用要求、操作环境以及所使用的图形设备，选择某一种支撑软件。

在程序设计语言方面，C/C++程序设计语言因其具有很强的图形图像处理能力和发展前景逐渐成为计算机图形系统的首选开发语言。例如，Turbo C 2.0 具有 70 多个图形函数库，包括图形系统管理函数、图形绘制函数、区域填充函数、屏幕管理函数等。本书采用 C 语言描述各章节的计算机图形学算法，附录中的课程实验指导也提供 C 语言编程案例。

图形应用软件是系统中的核心部分，它是图形技术在各种不同应用中的抽象，主要实现的功能有：根据输入的命令和数据构造被处理对象的模型；按照应用的要求处理对象的几何数据及有关属性；生成并输出该对象的图形；其余与图形显示并无直接关系的处理功能，如性能模拟、分析计算、后台处理、用户接口、系统维护等。目前图形应用软件的代表性产品有：

AutoCAD、CorelDRAW、3D Studio、MAYA 等。

2.3.2　图形软件标准

计算机图形软件标准通常是指图形系统及其相关应用系统中各界面之间进行数据传送和通信的接口标准，以及供图形应用程序调用的子程序功能及其格式标准。如果没有标准，为一个硬件系统设计的程序，通常要经过大量的重新编写才能移植到另一系统。为了使图形软件能够与计算机硬件无关，并可以方便地从一个硬件系统移植到另一个，并且用于不同的实现和应用，国际组织和许多国家的标准化组织进行了合作，努力开发能被大家接受的计算机图形软件标准。付出了相当大的努力后，最终推出了 CGS、GKS、PHIGS 等与计算机图形有关的标准。

1. 核心图形系统 CGS（Core Graphics System）

早在 1974 年，在美国国家标准化局（ANSI）举行的"与机器无关的图形技术"的工作会议上，提出了计算机图形的标准化和制定有关标准的规则。在此会议之后，美国计算机协会（ACM）成立了一个图形标准化委员会，在总结以往多年图形软件工作经验的基础上，于 1977年公布了 CGS 规范，并于 1979 年公布了修改后的第二版。

2. 计算机图形核心系统 GKS（Graphics Kernel System）

原西德标准化组织（DIN）定义设计了一个 GKS 标准，1979 年 DIN 又将 GKS 定为图形软件标准的基础。GKS 采用虚拟设备接口、虚拟显示文件和工作站概念，定义了一个独立于语言的图形核心系统。它提供了在应用程序和图形输入输出设备之间的功能接口，包括控制、输入、输出、变换、询问等一系列交互和非交互式图形设备的全部图形处理功能。在具体应用中，必须符合所使用语言的约定方式，把 GKS 嵌入到相应的语言之中。

GKS 作为一个二维图形的功能描述，独立于图形设备和各种高级语言。用户可以根据自己的需要，在应用程序中调用 GKS 的各种功能。它受到普遍重视，几经修改、补充。1982 年，国际标准组织（ISO）通过将 GKS 作为计算机图形软件包的二维国际标准草案。1985 年，ISO公布了 GKS 的正式文本 ISO9742。

随着三维图形应用的迅速增加，在二维国际标准 GKS 的基础上，拟定了三维图形软件标准 GKS-3D，并保证其与 GKS 的完全兼容。但是，GKS-3D 只包含三维图形技术中最常用的一些功能，特别是它把几何模型的构造与图形生成分开，只着重考虑与图形生成有关的内容，从而导致了其在三维应用中的局限性。

3. 程序员层次交互式图形系统 PHIGS(Programmer's Herarchical Interactive Graphics System)

PHIGS 是 ISO 于 1986 年公布的计算机图形系统标准，标准号是 ISO IS 9592。该标准克服了 GKS-3D 的局限性，向程序员提供了控制图形设备的图形系统的接口，其图形数据按层次结构组织，使多层次的应用模型能方便地应用 PHIGS 进行描述。另外还提供了动态修改和绘制显示图形数据的手段。后来 ISO 公布了 PHIGS+，其编号为 ISO/IEC9592，在 PHIGS 基础上又增加了曲线、曲面、光线与曲线真实感显示等功能。

4. 图形设备接口 CGI（Computer Graphics Interface）

CGI 标准是关于图形软件与图形输入输出设备之间的接口标准，称为"虚拟图形设备接口"（VDI）。CGI 是第一个针对图形设备接口，而不是应用程序接口的交互式计算机图形标准，其目的是提供控制图形硬件的一种与设备无关的方法，使应用程序和图形库直接与各种不同的图形设备相作用，使其在各种图形设备上不经过修改就可以运行。

5. 计算机图形元文件（Computer Graphics Metafile）

CGM 标准是一种数据接口，它由一套标准的、与设备无关的定义图形的语法和词法元素组成。CGM 标准规定了记录图形信息的数据文件的格式，它使不同程序之间或不同系统之间相互交换图形数据成为可能。

6. 图形库 GL（Graphics Library）

GL 是近年来在工作站 SUN、SGI、IBM、HP 上广泛应用的一个工业标准图形程序库。GL 在 UNIX 操作系统下运行，具有 C、Fortran、Pascal 三种语言联编形式。GL 和其他三维图形标准相比具有以下特点。

（1）图元丰富

除了具有一般图元外，还具有 B 样条曲线、Bezier 曲面、NURBS 曲面等。

（2）颜色

GL 具有 RGB 和颜色索引两种方式，有 Gouraud 和 Phong 光照模型，使表面显示的亮度与色彩变化柔和。

（3）Z 缓冲技术

Z 缓冲技术是在每个像素上附加一个 24 位或 48 位表示 Z 值的缓冲存储器，这对曲线、曲面的消隐，真实感的显示，提高图形处理效率等都具有重要作用。

（4）光源

光源的强度、颜色，物体的法方向、镜面反射系数、漫反射系数等都影响一定光源照射下物体最终的显示效果。GL 提供了充分的光源处理能力，能使用户得到非常生动的图像。

（5）GL 和 X 窗口

GL 既可单独运行，也可在 X 窗口环境下运行，进而支持网络上的用户。

由于计算机的速度和性能迅速提高，计算机图形显示的硬件设备也从大型机、中型机、小型机、工作站向微型计算机过渡，这就要求在微机上提供一套图形软件标准。SGI 工作站开发的 IRIS GL 是一个工业标准的三维计算机图形软件接口，为了便于向微机等其他平台移植，开发了 OpenGL，它适合多种硬件平台和操作系统，可创建出接近光线跟踪的高质量静止或动画的三维彩色图像，包括半透明效果的混合操作、纹理处理，绘制反走样图形，对物体的抖动操作，利用累加缓冲区产生运动模糊，得到景深效果，并采用了 NURBS 曲线、曲面技术。1992年 7 月，SGI 发布了 OpenGL 的 1.0 版本，后来又与微软共同开发了 Windows NT 下的新版本，该版本在原功能的基础上，引进了一些新的功能。Microsoft 利用 Visual C++把 OpenGL 集成到 Windows NT 中，又将其新版本集成到 Windows 95（OEM Service Release 2）、Windows 98中，这样用户既可以在 Windows 95/98、Windows NT 下使用 Visual C++开发基于 OpenGL 的应用程序，又可以很方便地把工作站上已有的程序移植过来。

2.3.3　OpenGL 简介

1. 概述

OpenGL 是一个工业标准的三维计算机图形软件接口，用户可以很方便地利用它开发出高质量的静止或动画三维彩色图形，并有多种特殊视觉效果，如光照，纹理，透明，阴影等。OpenGL 的前身是 SGI 公司为其图形工作站设计的一个图形开发软件库 IRIS GL（Graphics Library），由于其性能优越，受到了用户的一致推崇。SGI 公司有针对性地对 GL 进行了改进，特别是扩展了 GL 的可移植性，使之成为一个跨平台的开放式图形软件接口，这就是 OpenGL。

Microsoft 起先是把 OpenGL 集成到 Windows NT 中，后来又把它集成到新版本的 Windows 95 OSR2 中，而在 Windows 98 中，OpenGL 已经成为标准组成部分之一，其执行性能也得到了相应的优化提高。

1992 年 7 月，OpenGL 1.0 版正式发布，并立即得到了应用推广。1995 年 12 月，由 OpenGL ARB（Architecture Review Board——体系结构评审委员会）批准了 OpenGL 1.1 版本，这一版本的 OpenGL 性能得到了加强，并引入了一些新特征，其中包括在增强元文件中包含 OpenGL 调用，引进打印机支持，通过顶点数组的新特征，提高了顶点位置、法向、颜色及色彩指数、纹理坐标、多边形边缘标志等的传输速度。1998 年 3 月，OpenGL 1.2 版本正式发布。现在，OpenGL 已经成为应用最为广泛的二维和三维图形编程接口。各种平台上利用 OpenGL 开发的图形应用软件大量地涌现出来。

（1）OpenGL 的功能

OpenGL 具有的功能基本上涵盖了计算机图形学所要求提供的所有功能，包括基本图形元素的生成（如点、线、多边形、二次曲线曲面生成），封闭边界内的填色、纹理、反走样等；基本图形元素的几何变换、投影变换、窗口裁剪等；自由曲线曲面处理；隐藏线、隐藏面消除以及具有光照颜色效果的真实图形显示；自然界效果（如云彩、薄雾、烟霭）的景象生成等。

（2）OpenGL 的特性

与一般的图形开发工具相比，OpenGL 具有以下几个突出特点。

1）应用广泛。无论是在 PC 机上，还是在工作站，甚至是大型机和超级计算机上，OpenGL 都能表现出它的高性能和强大威力。

2）跨平台性。OpenGL 能够在几乎所有的主流操作系统上运行。

3）可扩展性。通过 OpenGL 扩展机制，可以利用 API 进行功能的扩充。

4）绘制专一性。OpenGL 只提供绘制操作访问而没有提供建立窗口、接受用户输入等机制，它要求所运行环境中的窗口系统提供这些机制。

5）可缩放性。基于 OpenGL API 的应用程序可以在各种系统上运行，其范围从家用电器到 PC 机，从工作站到超级计算机。也就是说，OpenGL 应用程序可以适应开发人员选择的各种目标平台。

6）网络透明性。OpenGL 允许一个运行在工作站上的进程在本机或通过网络在远程工作站上显示图形。利用这种透明性能够均衡共同承担图形应用任务的各工作站的负荷，也能使得没有图形功能的服务器使用图形工具。

（3）OpenGL 的组成

OpenGL 由若干个函数库组成，这些函数库提供了数百条图形命令（也称为命令函数或函数），可用来建立三维模型和进行三维实时交互。这些 OpenGL 命令函数几乎涵盖了所有基本的三维图像绘制特性，从简单的几何点、线或填充多边形到非均匀有理 B 样条（NURBS）纹理映射曲面。

OpenGL 的函数库主要包括如下几个。

1）核心库。包含 OpenGL 最基本的命令函数，它们是任何一个 OpenGL 实现所必须具备的。

2）实用程序库。可看作是对核心库的扩充，也是任何一个 OpenGL 实现必备的。

3）X 窗口系统扩展库。它是 OpenGL 在 X Windows 环境下实现的一个正式部分，提供一些函数支持 OpenGL 与 X 的关联。

4）Windows NT/95 专用函数库。用来联系 OpenGL 与 Windows NT/95，使得在 Windows NT/95 环境下的 OpenGL 窗口绘制成为可能。

5）编程辅助库。为用户尽快学习 OpenGL 编程提供帮助，可以通过编制简单而直接的与窗口系统或操作系统无关的小程序，来学习或验证 OpenGL 的某项功能。

（4）OpenGL 的工作顺序

OpenGL 的工作顺序是一个从定义几何要素到把像素段写入帧缓冲区的过程。在屏幕上显示图像的主要步骤分为以下 3 步。

1）构造几何要素（点、线、多边形），创建对象的数学描述。在三维空间上放置对象，选择有利的场景观察点。

2）计算对象的颜色，这些颜色可以直接定义，或由光照条件及纹理间接给出。

3）光栅化，把对象的数学描述和颜色信息转换到屏幕的像素。

2．OpenGL 程序设计方法

OpenGL 不是一种编程语言，而是一种 API（应用程序编程接口）。当我们说某个程序是基于 OpenGL 或是个 OpenGL 程序时，并不是指这个程序只用 OpenGL 进行绘图，而是指它是用某种编程语言（如 C、C++、Pascal、Fortran 和 Java 等）编写的，其中调用了一个或多个 OpenGL 库。这里只讨论 C 版本下 OpenGL 的程序设计方法。

（1）OpenGL 程序结构

1）基本语法

OpenGL 所有的数据类型都以 GL 开头，大多数后面跟的是相应的 C 数据类型。如 GLfloat、GLdouble 就是 C 语言中的 float 和 double。

OpenGL 所有的函数都采用以下格式：

<库前缀><根命令><可选的参数个数><可选的参数类型>;

其中，基本函数均使用 gl 作为函数名的前缀，如 glEnable()；实用函数使用 glu 作为函数名的前缀，如 gluSphere()。一些函数如 glColor*()（定义颜色值），函数名后可以接不同的后缀以支持不同的数据类型和格式。如 glColor3b(...)、glColor3d(...)、glColor3f(...)和 glColor3bv(...)等，这几个函数在功能上相似，只是适用于不同的数据类型和格式，其中 3 表示该函数带有三个参数，b、d、f 分别表示参数的类型是字节型、双精度浮点型和单精度浮点型，v 则表示这些参数是以向量形式出现的。

2）一个简单的程序

例 2-4：一个简单 OpenGL 程序。

```
#include<gl/glut.h>
void RenderScene(void)
{
    glClear(GL_COLOR_BUFFER_BIT);
    glFlush();
}
void SetupRC(void)
{
    glClearColor(0.0f,0.0f,1.0f,1.0f);
}
void main(void)
{
```

```
        glutInitDisplayMode(GLUT_SINGLE|GLUT_RGB);
        glutCreateWindow("Simple");
        glutDisplayFunc(RenderScene);
        SetupRC();
        glutMainLoop();
}
```

程序说明：

- 这是 OpenGL 的一个最简单的程序，其功能是：创建一个标题为"Simple"的标准 GUI 窗口和一个蓝色背景。
- 绘图函数 RenderScene 首先调用 glClear 来对图像缓冲器进行清除，也就是用当前的清除色（由 SetupRC 函数中的 glClearColor 给定）来设置每一个像素；然后调用 glFlush 函数用于强制刷新缓冲，保证在此之前的 OpenGL 指令都得到执行，否则有些指令可能由于系统调度以及网络缓冲等原因被延迟处理。
- 函数 SetupRC 的作用是通过 glClearColor 函数来指定当前的清除色为蓝色。
- 在主函数 main 中，glutInitDisplayMode 函数要求系统为图像提供一个单独的 RGB 帧缓冲器；glutCreateWindow 函数建立标题为 Simple 的窗口；glutDisplayFunc 函数用于注册一个绘图函数 RenderScene，这样操作系统在必要时刻就会对窗体进行重新绘制操作；在 main 函数的结尾处调用 glutMainLoop 函数以进入 GLUT 事件处理循环，所有出现在 glutMainLoop 之后的语句都不会被系统执行。

3）程序结构

OpenGL 程序的基本结构大致可分为以下三部分。

第一部分是初始化部分，主要设置了一些 OpenGL 的状态开关，如显示模式（RGBA 或 ALPHA）的选择、是否作光照处理（若有的话，还需设置光源的特性）、深度检验、裁剪等。这些状态一般都用函数 glEnable(???), glDisable(???) 来设置，???表示特定的状态。

第二部分设置观察坐标系下的取景模式和取景框位置及大小。主要利用了以下三个函数：

- 函数 void glViewport(left,top,right,bottom)：设置在屏幕上的窗口大小，四个参数描述屏幕窗口四个角上的坐标（以像素表示）。
- 函数 void glOrtho(left,right,bottom,top,near,far)：设置投影方式为正交投影（平行投影），取景体积是一个各面均为矩形的六面体。
- 函数 void gluPerspective(fovy,aspect,zNear,zFar)：设置投影方式为透视投影，取景体积是一个截头锥体，在这个体积内的物体投影到锥的顶点。

第三部分是 OpenGL 的主要部分，使用 OpenGL 的库函数构造几何物体对象的数学描述，包括点线面的位置和拓扑关系、几何变换、光照处理等。

以上三个部分是 OpenGL 程序的基本框架，即使移植到使用 MFC 框架下的 Windows 程序中，其基本元素还是这三个，只是由于 Windows 自身有一套显示方式，需要进行一些必要的改动以协调这两种不同显示方式。

（2）OpenGL 的简单 3D 建模

OpenGL 无论要绘制何种 3D 画面，都要包含三个基本绘制操作：绘制准备、绘制和强制绘制完成。

1）绘制准备

在开始绘制新图形前，计算机屏幕上可能已有一些图形，OpenGL 在显示缓冲区中存储了那些图形的绘图信息。为了避免影响绘图效果，必须整理绘制窗口，即用某种背景颜色清除当前这些内容。常用的命令函数有：

> void glClearColor (red, green, blue, alpha);

此函数用于为当前屏幕设置背景颜色，red、green、blue、alpha 为 RGBA 颜色值，介于 0 到 1 之间，缺省值为(0,0,0,0)，即黑色。

> void glClear (mask);

此函数用于指定要清除的缓冲区，参数 mask 是各种缓冲区标志位的组合。可以清除的缓冲区如表 2-1 所示。

表 2-1　缓冲区与标志位

缓冲区	标志位
颜色缓冲区	GL_COLOR_BUFFER_BIT
深度缓冲区	GL_DEPTH_BUFFER_BIT
累加缓冲区	GL_ACCUM_BUFFER_BIT
模板缓冲区	GL_STENCIL_BUFFER_BIT

> glColor*()

此函数用于设置绘制的颜色或颜色方式。通常在绘制图形前完成颜色的设置，这样有利于达到较高的绘图性能。

2）绘制

OpenGL 在准备绘制三维对象时必须设置一些控制状态和模式，如多边形模式、当前视图、投影变换、材质属性、光照特性等，这些状态和模式在没有重新改变之前将一直有效。它们使用如下命令来开启或禁止：

> glEnable(cap);
> glDisable(cap);

参数 cap 是一个符号常数，用来指出各种功能。

OpenGL 描述几何要素就是按一定顺序给出几何要素的顶点。OpenGL 中的点是三维的，用户设定二维坐标(x,y)，此时 z 自动置 0。通常利用 void glVertex{234}{sifd}{v}(coords)函数，按照指定格式定义一个顶点，并在生成顶点后，把当前颜色、纹理坐标、法线等值赋给这个顶点。

① OpenGL 的绘制框架

glBegin()与 glEnd()命令函数建立了 OpenGL 的绘制框架，glBegin() 标志几何要素定义的开始，glEnd()标志结束一个几何要素的定义。所有几何要素的坐标组、法线、纹理坐标和颜色等均需在 glBegin()与 glEnd()命令函数对之间调用才有意义，否则不会有任何绘制出现。

② 绘制基本几何要素

在屏幕上绘制点、线和多边形时，是用各自的缺省方式显示的，如点绘成单个像素，线绘成一个像素宽的实线，多边形绘成实的填充多边形。下面介绍的 OpenGL 函数可以改变这些基本几何要素的显示方式。

> void glPointSize(Glfloat size);

此函数以像素为单位设置点的绘制宽度。参数 size 表示点的宽度，其值必须大于 0.0，缺省值为 1.0。

值得注意的是，这里的点宽度可以不是整数。在实际屏幕显示时，如果程序中没有设置反走样处理，那么非整数的点宽度被截断为整数，然后将截断后的点坐标(x,y)和该点所对应顶点的关联数据一起作为一个图段传送给 OpenGL 的图段处理，然后在屏幕上画出一块方形像素区。例如，宽度为 1.0 的点，在屏幕上显示的就是 1×1 像素的正方形。如果设置了反走样处理，点宽度不作取整运算，此时表示点的像素群边界上的像素用较低亮度绘出，使边缘显得比较平滑。

void glLineWidth(Glfloat width);

此函数以像素为单位设置线的绘制宽度。参数 width 表示线的宽度，其值必须大于 0.0，缺省值为 1.0。绘制线时的反走样处理与点的处理一样。

void glLineStipple(Glint factor,Glushort pattern);

此函数用来指定当前的点画线绘制模式（线型）。参数 pattern 是一个点画线模板，用 16 位整数指定位模式，其中 1 表示绘，0 表示不绘，缺省时，全部为 1。参数 factor 指定 pattern 的每一位在绘制时连续使用的次数，factor 的值在[1,255]范围内，缺省值为 1。

例如，模式 0x1c47，二进制表示为 0001 1100 0100 0111，即从低位起绘 3 个像素，不绘 3 个像素，绘 1 个像素，不绘 3 个像素，绘 3 个像素，不绘 3 个像素来连成一条线。设 factor 为 2，则绘或不绘的像素相应都乘上 2。

void glPolygonStipple(const Glubyte* mask);

通常多边形用实模式填充，也可以利用此函数指定多边形的点画模式。mask 参数指定 32×32 点画模式（位图）的指针，当值为 1 时表示绘，值为 0 时表示不绘。

void glPolygonMode(GLenum face,GLenum mode);

此函数用于设置绘制多边形时所用的光栅模式。

void glFrontFace(Glenum mode);

此函数用于定义多边形的某一面是正面还是背面。

void glCullFace(GLenum mode);

此函数用于指定绘图时应该消除多边形的正面还是背面。

③ 坐标变换

为了把一组图形融合为一个场景，必须把它们按照彼此间的关系和与观察者的关系排列起来。在 OpenGL 编程过程中，坐标变换是一个贯穿始终的操作。程序员必须在头脑中对整个坐标变换过程有一个清晰的图像，才能将所建的场景模型正确地显示在屏幕上。常用的坐标变换函数有：

void glFrustum(GLdouble left,GLdouble right,GLdouble bottom,GLdouble top,
                GLdouble near, GLdouble far);

此函数将当前矩阵乘以一个透视矩阵。

void glLoadIdentity(void);

此函数将当前矩阵设置为单位矩阵。

void glLoadMatrix{fd}(const TYPE* m);

此函数将当前矩阵设置为指定的 4×4 矩阵。

void glMatrixMode(Glenum mode);

此函数指定哪一种矩阵为当前矩阵。

void glMultMatrix{fd}(const TYPE* m);

此函数将当前矩阵乘以指定的 4×4 矩阵。

void glPopMatrix(void);

此函数将当前矩阵弹出矩阵堆栈。

void glPushMatrix(void);

此函数将当前矩阵压入矩阵堆栈。

void glRotate*(TYPE angle,TYPE x,TYPE y,TYPE z);

此函数将当前矩阵乘以旋转矩阵，完成一个有向矢量的逆时针旋转，参数 angle 指定旋转的角度数（以度为单位）。

void glScale*(TYPE x,TYPE y,TYPE z);

此函数将当前矩阵乘以缩放矩阵，参数 x，y，z 指定沿 x 轴、y 轴和 z 轴方向的比例系数。

void glTranslate*(TYPE x,TYPE y,TYPE z);

此函数将当前矩阵乘以平移矩阵，参数 x，y，z 指定沿 x 轴、y 轴和 z 轴方向的平移量。

void gluLookAt(GLdouble eyex,GLdouble eyey,GLdouble eyez,
　　　　　　　GLdouble centerx,GLdouble centery,GLdouble centerz,
　　　　　　　GLdouble upx,GLdouble upy,GLdouble upz);

此函数根据眼睛的位置、场景中心的位置和从观察者的角度往上指的矢量，定义一个视图变换矩阵，并将当前矩阵与之相乘。

void glOrtho(Gldouble left,Gldouble right,Gldouble bottom,Gldouble top,
　　　　　Gldouble near,Gldouble far);

此函数将当前矩阵乘以正交投影矩阵。

void gluOrtho2D(Gldouble left,Gldouble right,Gldouble bottom,Gldouble top);

此函数定义一个二维正交投影矩阵 M，该投影矩阵等价于调用 glOrtho( )时把 near 和 far 分别设置为 0 和 1。

④ 颜色、光照和材质

对图形进行颜色、光照和材质等真实感处理，将使用户设计的三维物体的外观更加漂亮、逼真。OpenGL 可以控制物体的颜色、明暗、阴影、材质、纹理等，从而产生多种不同的视觉效果。除了前面介绍的 glColor*( )、glCullFace( )、glFrontFace ( )函数外，其余常用的颜色、光照和材质处理函数有：

void glColorMaterial(GLenum face,GLenum mode);

此函数允许材质的颜色跟踪 glColor 函数设置的当前颜色。

void glGetMaterial{if}[v](GLenum light,GLenum pname,TYPE* params);

此函数返回当前材质属性的设置。

void glGetLight{if}[v](GLenum light,GLenum pname,TYPE* params);

此函数返回当前光源设置的相关信息。

void glLight{if}[v](Glenum light,Glenum pname,TYPE* params);

此函数设置光源的参数。

void glLightModel{if}[v](Glenum pname,TYPE* params);

此函数设置光照模型的参数。

void glMaterial{if}(Glenum face,Glenum pname,TYPE param);
void glMaterial{if}v(Glenum face,Glenum pname,TYPE* params);

此函数为物体指定当前材质的某一属性。

void glShadeModel(Glenum mode);

此函数设置默认的明暗处理模式是平直（单一着色）的还是光滑（Gouraud 着色）的。

限于篇幅，具体如何利用 OpenGL 绘制三维图像在此不作详细介绍，读者可自行参阅其他资料。

3）强制绘制完成

绘制完图形后，需要使用两个函数结束绘图并返回：

void glFlush(void);

强制 OpenGL 命令序列开始执行以保证它们在有限的时间内完成。

void glFinish(void);

强制完成前面发出的全部 OpenGL 命令，即要等到前面命令的结果全部得出后才返回。

习题二

一、选择题

1．在光栅扫描显示器中，帧缓存里对应每个像素的单元有 i 位，则可以表示多少种颜色（　　）。

   A．2*i　　　　　B．i^2　　　　　C．2^i　　　　　D．i^i

2．光栅扫描显示器较之随机扫描显示器有以下缺点：（　　）。

   A．价格贵　　　　　　　　　　B．不可显示填充的图形

   C．刷新过程与图形的复杂程度有关　　D．直线有锯齿

3．下列设备中，哪一种是图形输出设备（　　）。

   A．绘图仪　　　　B．数字化仪　　　　C．扫描仪　　　　D．键盘

二、计算题

1．什么是图像的分辨率？计算一幅有 1024×768 个像素且大小为 4×3 英寸的图像的分辨率。

2．在 CMY 坐标系里找出与 RGB 坐标系的颜色(0.2,1,0.5)相同的坐标。

3．在 RGB 坐标系里找出与 CMY 坐标系的颜色(0.15,0.75,0)相同的坐标。

4．如果使用每种基色占 2 比特的直接编码方式表示 RGB 颜色的值，每一像素有多少种可能的颜色？

5．如果使用每种基色占 10 比特的直接编码方式表示 RGB 颜色的值，每一像素有多少种可能的颜色？

6．如果每个像素的红色和蓝色都用 5 比特表示，绿色用 6 比特表示，一共用 16 比特表示，总共可以表示多少种颜色？

三、简答题

1．解释水平回扫、垂直回扫的概念。

2．为什么很多彩色打印机使用黑色颜料？

3．简述随机扫描显示器和光栅扫描显示器的简单工作原理和各自的特点。

4．什么是余辉时间？

四、编程题

1．尝试对本章例 2-4 程序进行修改，使图像窗口的背景颜色调整为红色。

2．尝试对本章例 2-4 程序进行修改，使图像窗口的大小调整为 800×300。

第3章　基本图形生成算法

光栅扫描显示器的图形显示屏幕可以看作是一个像素矩阵，每个像素可用一种或多种颜色显示。在光栅扫描显示器上显示的任何一种图形（如点、直线、圆、字符等），实际上都是由离散的像素点近似地组成，因此图形输出的质量除了与图形输出设备的精度（分辨率）有关外，还与离散点组合方案的科学性和先进性有关。本章要讨论的就是如何确定最佳逼近图形的像素集合，并用指定属性写像素，这一过程称为图形的扫描转换或生成，也称光栅化。

直线是构成图形的基本元素，无论要绘制不同线宽的直线还是要绘制不同颜色和线型的直线，都是以单像素宽的直线的生成算法为基础。常用的直线生成算法有 DDA 画线算法、中点画线算法和 Bresenham 画线算法。

圆也是构成图形的基本元素，常用单像素宽的圆的生成算法有中点画圆算法和 Bresenham 画圆算法。

光栅图形的表示方法是点阵式，主要特点是面着色，即为指定的平面区域着上所需的颜色。对于一维图形，在不考虑线宽时，用一个像素宽的直、曲线来显示图形。二维图形的光栅化必须确定区域对应的像素集，并用指定的属性或图案显示之，即区域填充。

任何图形进行光栅化时，必须显示在屏幕的一个窗口里，超出窗口的图形不予显示。确定一个图形的哪些部分在窗口内，必须显示，哪些部分落在窗口外，不该显示的过程称为裁剪。裁剪通常在扫描转换之前进行，这样可以不必对那些不可见的图形进行扫描转换。

在光栅显示器上显示图形时，直线段或图形边界或多或少会呈锯齿状，原因是图形信号是连续的，而在光栅显示系统中，用来表示图形的却是一个个离散的像素，这种用离散量表示连续量引起的失真现象称之为走样（Aliasing）；用于减少或消除这种效果的技术称为反走样（Antialiasing）技术。采用反走样技术可适当减轻锯齿效果，但需要以额外的软件或硬件来实现。

3.1　生成直线的常用算法

在数学上，理想的直线是没有宽度的、由无数个点构成的集合。当我们对直线进行光栅化时，只能在显示器所给定的有限个像素组成的矩阵中，确定最佳逼近该直线的一组像素，并且按扫描线顺序对这些像素进行写操作，这就是通常所说的直线的生成，或直线的扫描转换。

为了在输出设备上输出一个点，需要将应用程序中的坐标信息转换成所用输出设备的相应指令。对于一个 CRT 来说，输出一个点就是在指定的屏幕位置上开启（接通）电子束，使该位置的荧光点辉亮。电子束的定位技术取决于显示技术。对于黑白光栅显示器来说，要将帧缓存中指定位置处的值置为 1，然后，当电子束扫描每一条水平扫描线时，一旦遇到帧缓存中值为 1 的点就发射电子脉冲，即输出一个点。RGB 系统则是在帧缓存中装入颜色码，以表示屏幕像素位置上将要显示的亮度。对于随机扫描显示器，画点的指令保存在显示文件中，该指令把坐标值转换成偏转电压，并在每一个刷新周期内，使电子束偏转到屏幕的指定位置。

用计算机绘制三维立体图形时，首先要将三维立体图形投影到二维平面上，而绘制二维图形时要用到大量的直线段，当然绘制曲线和各种复杂的图素时也要用一组短小的直线来逼近。因此，直线的生成算法是图形生成技术的基础。由于一个图中可以包含成千上万条直线，所以要求绘制算法应尽可能的快。

在图形设备上输出一条直线，是通过在应用程序中对每一条直线端点坐标的描述，由输出设备将一对端点间的路径加以描绘来实现的。对于水平线或垂直线，只要有了驱动设备使之动作的指令，一般都能准确地画出。但是对于任意斜率的直线，就要考虑算法了。因为大多数图形设备，都只提供驱动 x 方向和 y 方向动作的信号。这两个方向的信号用来指示绘图笔动作或电子束的偏移，或控制应赋值像素的地址。

在某些情况下，只要绘制一个像素宽的直线；而在另一些情况下，则需要绘制以理想直线为中心线的不同线宽的直线，有时还需要用不同颜色和线型来画线。本节我们首先介绍生成一个像素宽直线的三个常用算法：数值微分法（DDA）、中点画线法和 Bresenham 算法，然后介绍直线的线型、线宽等属性。

C 语言提供了一个对显示设备上的像素进行写操作的底层函数：putpixel(x,y,color);，其中，x 和 y 指定像素的位置坐标，color 指定像素的颜色。另外，为了方便起见，以下的讨论均假定所给出的原始坐标数据为整数。

3.1.1 DDA 画线算法

DDA（Digital Differential Analyzer）画线算法也称数值微分法，是一种增量算法。它的算法实质是用数值方法解微分方程，同时对 x 和 y 各增加一个小增量来计算下一步的 x、y 值。

已知一条直线段 $L(P_0,P_1)$，其端点坐标为 $P_0(x_0,y_0)$，$P_1(x_1,y_1)$。可计算出直线的斜率 k 为：

$$k = \frac{y_1 - y_0}{x_1 - x_0}$$

假定端点坐标均为整数，取直线起点 $P_0(x_0, y_0)$ 作为初始坐标。画线过程从 L 的左端点 x_0 开始，向右端点步进，每步递增 1 个像素，计算相应的 y 坐标 $y=kx+B$；取像素点 $(x;\text{round}(y))$ 作为当前点的坐标。

这种画线方法比较直观可行，逻辑简单，但是每一步都需要一个浮点乘法与一个 round 函数进行舍入运算，效率不高。利用下面的改进方法可以去掉乘法运算，提高它的运行效率。

通过下列推算：

$$
\begin{aligned}
y_{i+1} &= kx_{i+1}+B \\
&= k(x_i+\Delta x)+B \\
&= kx_i+B +k\Delta x \\
&= y_i+k\Delta x
\end{aligned}
$$

可知，当 $\Delta x =1$ 时，$y_{i+1} =y_i+k$，即当 x 每递增 1 时，y 递增 k（即直线斜率）。由此得到 DDA 画线算法伪代码程序如下：

```
void DDALine(int x0,int y0,int x1,int y1,int color)
{ int x;
  float dx, dy, y, k;
  dx = x1-x0, dy=y1-y0;
  k=dy/dx, y=y0;
  for (x=x0; x<=x1; x++)
    { putpixel (x, int(y+0.5), color);
```

```
        y=y+k;
    }
}
```

注意，上述分析的算法仅适用于 $k \in [0,1]$ 的情形。在这种情况下，x 每增加 1，y 最多增加 1。对于如图 3-1 所示的其他斜率的直线，具体的处理办法可参考表 3-1，或者将 x、y 的地位互换，或把值取反。

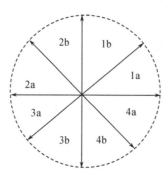

图 3-1   直线方向的 8 个区域

表 3-1   不同区域的相应处理办法

区域	dx	Dy
1a	1	k
1b	1/k	1
2a	-1	k
2b	-1/k	1
3a	-1	$-k$
3b	-1/k	-1
4a	1	$-k$
4b	1/k	-1

例如，扫描转换一条斜率介于 45° 和 -45°（即 $|k|>1$）之间的直线的 DDA 画线算法伪代码程序如下：

```
void DDALine1(int x₀,int y₀,int x₁,int y₁,int color)
{  int y;
   float dx, dy, x, k;
   dx = x₁-x₀、dy=y₁-y₀;
   k=dy/dx, x=x₀;
   for (y=y₀; y<=y₁; y++)
    { putpixel(int(x+0.5),y,color);
      x=x+k;
    }
}
```

例 3-1：利用 DDA 算法，绘制这样一条直线：两端点分别为：$P_0(0,0)$、$P_1(5,2)$。

解：首先计算直线的斜率：

$k=(2-0)/(5-0)=0.4$

因为斜率 k 小于 1，故采用在 x 方向每次步长为 1，在 y 方向递增 k 的方法。

首先绘制初始点(0,0)，并确定沿线路径的其余像素位置为：

x	y	int(y+0.5)
0	0	0
1	0.4	0
2	0.8	1
3	1.2	1
4	1.6	2
5	2	2

图 3-2 为沿这条线路径生成的像素点集合。

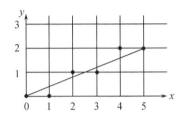

图 3-2　DDA 画线算法绘制连接端点 P_0(0,0)和 P_1(5,2)的直线

在这个算法中，y 与 k 必须用浮点数表示，而且每一步都要对 y 进行四舍五入后取整，这使得它不利于硬件实现。接下来将要介绍的中点画线算法可以解决这个问题。

3.1.2　中点画线算法

假定所画直线的斜率 $k \in [0,1]$，如果在 x 方向上的增量为 1，则 y 方向上的增量只能在 0～1 之间。中点画线法的基本原理是：假设在 x 坐标为 x_p 的各像素点中，与直线最近者已经确定，为 $P(x_p,y_p)$，用小实心圆表示。那么，下一个与直线最近的像素只能是正右方的 $P_1(x_p+1,y_p)$，或右上方的 $P_2(x_p+1,y_p+1)$，用小空心圆表示。令 M 为 P_1 和 P_2 的中点，易知 M 的坐标为 $(x_p+1,y_p+0.5)$。又假设 Q 是理想直线与垂直线 $x=x_p+1$ 的交点。显然，若 M 在 Q 的下方，则 P_2 离直线近，应取为下一个像素；否则应取 P_1，如图 3-3 所示。

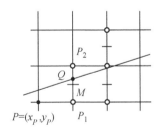

图 3-3　中点画线算法原理示意图

中点画线算法的具体实现如下。假设直线的起点和终点分别为(x_0,y_0)和(x_1,y_1)，则直线方程为：

$$F(x,y)=ax+by+c=0 \qquad （1）$$

其中，$a=y_0-y_1$，$b=x_1-x_0$，$c=x_0y_1-x_1y_0$。

对于直线上的点，$F(x,y)=0$；对于直线上方的点，$F(x,y)>0$；对于直线下方的点，$F(x,y)<0$。

因此，欲判断前述交点 Q 在中点 M 的上方还是下方，只要把 M 的坐标代入（1）式，并判断 $F(x,y)$ 的符号。

构造判别式：

$$d=F(M)=F(x_p+1,y_p+0.5)=a(x_p+1)+b(y_p+0.5)+c$$

对每一个像素计算判别式 d，根据它的符号确定下一个像素。当 $d<0$ 时，M 在直线下方（即在 Q 的下方），故应取右上方的 P_2 作为下一个像素；而当 $d>0$，则应取正右方的 P_1；当 $d=0$ 时，二者都合适，可以随便取一个，这里约定取正右方的 P_1。

至此已经可以写出完整的算法。但是注意到 d 是 x_p 和 y_p 的线性函数，可采用增量计算，提高运行效率。

在 $d \geq 0$ 的情况下，取正右方像素 P_1，欲判断下一个像素取哪个，应计算：

$$d_1=F(x_p+2,y_p+0.5)=a(x_p+2)+b(y_p+0.5)+c=d+a$$

故 d 的增量为 a。

在 $d<0$ 的情况下，取右上方像素 P_2，欲判断下一个像素取哪个，应计算：

$$d_2=F(x_p+2,y_p+0.5)=a(x_p+2)+b(y_p+1.5)+c=d+a+b$$

故在第二种情况下，d 的增量为 $a+b$。

那么如何求判别式 d 的初始值 d_0 呢？显然，第一个像素应取左端点 (x_0,y_0)，相应的判别式值为：

$$d_0=F(x_0+1,y_0+0.5)=a(x_0+1)+b(y_0+0.5)+c$$
$$=ax_0+by_0+c+a+0.5b$$
$$= F(x_0,y_0)+a+0.5b \qquad /* \quad 注：由于端点(x_0,y_0)在直线上，故 F(x_0,y_0)=0 \quad */$$
$$= a+0.5b$$

由于使用的只是 d 的符号，而且 d 的增量都是整数，只有其初始值包含小数，所以可以用 $2d$ 代替 d 来摆脱小数，写出仅包含整数运算的算法。

```
void MidPointLine(int x0,int y0,int x1,int y1,int color)
{
    int a,b,delta1,delta2,d,x,y;
    a=y0-y1;
    b=x1-x0;
    d=2*a+b;
    delta1=2*a;
    delta2=2*(a+b);
    x=x0;
    y=y0;
    putpixel(x,y,color);
    while(x<x1)
    {
        if(d<0)
        {   x++;y++;
            d+=delta2;
        }
        else
        {   x++;
                d+=delta1;
```

```
        }
    putpixel(x,y,color);
    }/*while*/
}/*MidPointLine*/
```

上述就是中点画线算法程序。如果进一步把算法中(2*a)改为(a+a)等，那么这个算法不仅只包含整数变量，而且不包含乘除法，更适于硬件实现。

当直线斜率 k 在 0～1 区间以外时，计算方法以此类推。

例 3-2： 利用中点画线算法绘制这样一条直线：两端点分别为 $P_0(0,0)$、$P_1(5,2)$。

解： 首先计算斜率 $k=0.4$，因为斜率 k 小于 1，故适用于上述方法。

根据公式计算：

　　　　$a=y_0-y_1=-2$，$b=x_1-x_0=5$，$d_0=2*a+b=1$，

　　　　$\Delta d_1=2*a=-4$，$\Delta d_2=2*(a+b)=6$

首先绘制初始点(0,0)，并确定沿线路径的其余像素位置为：

x	y	d
0	0	1
1	0	-3
2	1	3
3	1	-1
4	2	5
5	2	1

如图 3-4 所示为沿这条路径生成的像素点集合。

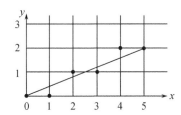

图 3-4　中点画线算法绘制连接端点 $P_0(0,0)$和 $P_1(5,2)$的直线

3.1.3　Bresenham 画线算法

Bresenham 算法是计算机图形学领域使用最广泛的直线生成算法。该方法类似于中点画线法，由误差项符号决定下一个像素取正右方点还是右上方点。

假设直线位于第一个八分圆域，即斜率 $k\in[0,1]$。Bresenham 画线算法的基本原理是：过各行各列像素中心构造一组虚拟网格线，按直线从起点到终点的顺序计算直线与各垂直网格线的交点，然后确定该列像素中与此交点最近的像素。如图 3-5 所示，如果像素点 $P_{i-1}(x_{i-1},y_{i-1})$ 是已经选定的离直线最近的像素点，现在要决定下一个像素点 P_i 是 T_i 还是 S_i。显然，不论下一个像素点是 T_i 还是 S_i，x 方向都增 1，即 $x_i=x_{i-1}+1$，要决定的是 y 方向是否增 1。由图 3-5 不难看出：

若 $s<t$，则 S_i 比较靠近理想直线，应选 S_i；

若 $s\geq t$，则 T_i 比较靠近理想直线，应选 T_i。

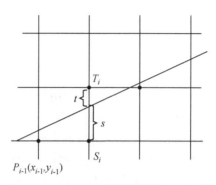

图 3-5　Bresenham 画线算法原理示意图

设一直线段由(x_1, y_1)到(x_2, y_2)，则直线方程可表示为：

$$y = y_1 + \frac{dy}{dx}(x - x_1)$$

式中，$dx = x_2 - x_1$，$dy = y_2 - y_1$。经变换后可表示为从$(0,0)$到(dx, dy)，此时直线方程简化为

$$y = \frac{dy}{dx}x$$

可知，S_i 的坐标为$(x_{i-1}+1, y_{i-1})$，T_i 的坐标为$(x_{i-1}+1, y_{i-1}+1)$。因此：

$$\begin{cases} s = \dfrac{dy}{dx}(x_{i-1} + 1) - y_{i-1} \\ t = (y_{i-1} + 1) - \dfrac{dy}{dx}(x_{i-1} + 1) \end{cases}$$

则：

$$s - t = 2\frac{dy}{dx}(x_{i-1} + 1) - 2y_{i-1} - 1$$

即：

$$dx(s - t) = 2(x_{i-1}dy - y_{i-1}dx) + 2dy - dx$$

因为 $dx > 0$，所以可以以 $dx(s-t)$ 的正负作为选择 T_i 或 S_i 的依据。若令其为 d_i，则：

$$d_i = 2(x_{i-1}dy - y_{i-1}dx) + 2dy - dx \tag{2}$$

将每一个下标加 1，则有：

$$d_{i+1} = 2(x_i dy - y_i dx) + 2dy - dx \tag{3}$$

两式相减得：

$$d_{i+1} = d_i + 2dy(x_i - x_{i-1}) - 2dx(y_i - y_{i-1}) \tag{4}$$

因为$x_i - x_{i-1} = 1$，所以得：

$$d_{i+1} = d_i + 2dy - 2dx(y_i - y_{i-1}) \tag{5}$$

这样，就得到一个递推公式，下一个 d_{i+1} 可以由前一个 d_i 递推得到。

当 $d_i \geqslant 0$ 时，选 T_i。这时 y 方向增 1，即 $y_i - y_{i-1} = 1$，则：

$$d_{i+1} = d_i + 2(dy - dx) \tag{6}$$

当 $d_i < 0$ 时，选 S_i。这时 $y_i = y_{i-1}$，则：

$$d_{i+1} = d_i + 2dy \tag{7}$$

d_i 的初值可由（2）式得出。此时，$i=1$，$(x_0,y_0)=(0,0)$，于是

$$d_1 = 2dy - dx \qquad\qquad (8)$$

由于（6）式、（7）式和（8）式只包含加、减法和左移（乘 2）运算，而且下一个像素点的选择只需检查 d_i 的符号，因此 Bresenham 画线算法很简单，速度也相当快。

上面讨论的直线位于第一个八分圆域内，即直线的斜率为 0～1 的情况。对于一般情况可作如下处理：

（1）当斜率的绝对值大于 1 时，将 x、y 和 dx 和 dy 对换，即以 y 向作为计长方向，y 总是增 1（或减 1），x 是否增减 1，则根据 d_i 的符号：$d_i \geq 0$ 时 x 增 1（或减 1）；$d_i < 0$ 时，x 不变。

（2）根据 dx 和 dy 的符号来控制（x 或 y）增 1 还是减 1。

根据 Bresenham 画线算法思想编制的程序如下所示。这个程序适用于所有 8 个方向的直线（如图 3-1 所示）的生成。程序用色彩 C 画出一条端点为(x_1, y_1)和(x_2, y_2)的直线。其中变量的含义是：d 是判断式；d_1 和 d_2 是判断式的递增量；inc 是 y 的单位递变量，值为 1 或-1；tmp 是用作区域变换时的临时变量。程序以判断$|dx|>|dy|$为分支，并分别将 2a、3a 区域的直线和 3b、4b 区域的直线变换到 1a、4a 和 2b、1b 方向，力求程序处理得简洁。

```
void BresenhamLine (x1, y1, x2, y2, c)
int x1, y1, x2, y2, c;
{
    int dx;
    int dy;
    int x;
    int y;
    int d;
    int d1;
    int d2;
    int inc;
    int tmp;
    dx=x2-x1;
    dy=y2-y1;
    if (dx*dy>=0)  /*准备 x 或 y 的单位递变值*/
            inc=1;
    else
       inc=-1;
    if (abs(dx)>abs(dy))
    {
        if(dx<0)
        {
                tmp=x1;     /*将 2a、3a 区域的直线变换到 1a、4a 区域*/
                x1=x2;
                x2=tmp;
                tmp=y1;
                y1=y2;
                dx=-dy;
                dy=-dy;
        }
```

```
                    d=2*dy-dx;
                    d1=2*dy;
                    d2=2*(dy-dy);
                    x=x1;
                    y=y1;
                    putpixel(x, y, c);
                    while (x<x2)
        {
                x++;
                 if (d<0)
                        d+=d1;
                    else
            {
                        y+=inc;
                        d+=d2;
                     }
                set_piexl(x, y, c);
           }
   }
   else
   {
      if (dy<0)
      {
         tmp=x1;      /* 将 3b，4b 区域的直线变换到 2b，1b 区域 */
         x1=x2;
         x2=tmp;
         tmp=y1;
         y1=y2;
         dx=-dy;
         dy=-dy;
      }
      d=2*dx-dy;
      d1=2*dx;
      d2=2*(dx-dy);
      x=x1;
      y=y1;
      putpixel (x, y, c);
      while (y<y2)
      {
              y++;
              if(d<0)
                     d+=d1;
              else
         {
            x+=inc;
            d+=d2;
```

```
                putpixel (x, y, c);
            }
        }
    }
}
```

例 3-3：利用 Bresenham 画线算法，绘制一条端点为 $P_0(0,0)$ 和 $P_1(5,2)$ 的直线。

解：首先计算斜率 k=0.4，因为斜率 k 小于 1，故适用于上述方法。

根据公式计算：

$\mathrm{d}x=x_1-x_0=5$，$\mathrm{d}y=y_1-y_0=2$，$d_1=2*\mathrm{d}y-\mathrm{d}x=-1$，

$\Delta d_1=2*\mathrm{d}y=4$，$\Delta d_2=2*(\mathrm{d}y-\mathrm{d}x)=-6$

首先绘制初始点(0,0)，并确定沿线路径的其余像素位置为：

x	y	d
0	0	-1
1	0	3
2	1	-3
3	1	1
4	2	-5
5	2	-1

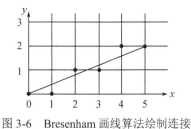

图 3-6　Bresenham 画线算法绘制连接
端点 $P_0(0,0)$ 和 $P_1(5,2)$ 的直线

如图 3-6 所示为沿这条路径生成的像素点集合。

3.1.4　直线属性

通常，任何影响图元显示方法的参数称为属性参数（Attribute Parameter）。直线的基本属性包括线型、线宽和线色，例如，线段可以是点线或虚线、细线或粗线、绿色或紫色等。在直线生成程序中，通常可根据用户选择的一些特定参数来生成具有相应属性的直线。这些参数应全程有效。

1. 线型

最常见的线型包括实线、虚线和点划线等。例如，可以自己编写 setlt(lt) 函数来设置直线的线型，其中，将参数 lt 设置为 1、2、3，分别对应所需的线型。通常，默认的线型是实线。

光栅线算法通过绘制像素段来显示线型属性。对于虚线和点划线，应该规定各段明暗部分的长度，通常使用像素掩模（Mask）指定各段明暗部分的像素数目。像素掩模是包含数字 0 和 1 的字符串，用来指出沿线路径需要绘制哪些位置，例如，掩模 1111000 可用来显示划线长度为 4 个像素和中间空白段为 3 个像素的虚线。在二值系统上，掩模给出沿线路径应该装入帧缓冲器的位置，从而显示选定的线型。

由于光栅扫描显示方式会造成一种形变，即相同数目的像素在不同直线方向将生成不等长的划线，因此进行精确绘制时，要按照直线的斜率调整明暗各段的像素数目，从而显示出近似等长的划线。如图 3-7 所示，水平方向的 4 个像素与对角线方向的 3 个像素近似等长。

2. 线宽

直线的宽度一般是在设备坐标系下定义的。可以把设备能产生的最小直线宽度（通常认为是 1 个光点宽度、绘图笔的画线宽度，或是 1 个像素的宽度）作为基本宽度，再定义二倍宽或四倍宽的直线。例如，可以自己编写 setlw(lw) 函数设置线宽，其中，将参数 lw 设置为 1、2、

3，分别对应不同线宽。线宽的默认值常选取基本宽度的直线。

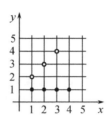

图 3-7   相同数目的像素生成不等长的划线

产生线宽的功能是比较容易实现的，只要在输出基本宽度直线的基础上重复画 n 次，便可以得到 n 倍于基本宽度的直线。不过，此时还应考虑直线的斜率，对于斜率绝对值小于 1 的直线，应在 y 方向增减坐标重复画线；对于斜率绝对值大于 1 的直线，应在 x 方向增减坐标重复画线。

对于粗线还应作特殊处理才能达到满意的效果。通常作如下修改：

首先，无论斜率大小，所生成直线的端点总是水平或垂直的，这对于粗线的影响比较突出。为了美观，可以通过添加线帽（Line Cap）来调整线端的形状，常用的线帽有方帽、圆帽、突方帽等几种，如图 3-8 所示。

其次，当比较接近水平的线与比较接近垂直的线相连接时，接角将有缺口，如图 3-9 所示。

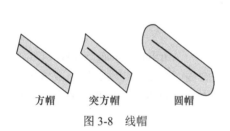

图 3-8   线帽

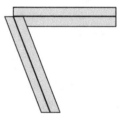

图 3-9   接角的缺口

为了实现平滑连接，常用的解决方法有斜角连接、圆连接、斜切连接等几种，如图 3-10 所示。

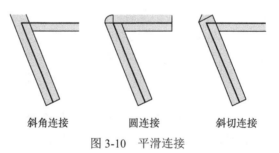

图 3-10   平滑连接

3. 线色

一般光栅扫描系统可以提供多种颜色，通常用 0，1，2 等整数值表示不同颜色。例如，可以自己编写函数 setlc(lc)来设置线色，参数 lc 是颜色代码号，可由对应所允许的颜色中选择一个非负整数赋给参数 lc。

3.2　生成圆弧的常用算法

圆弧是图形和图像中经常使用的元素，因此，大多数图形软件都包含生成圆弧的算法程序。本节主要介绍中点画圆算法和 Bresenham 画圆算法。

3.2.1　圆的特性

圆被定义为所有距指定中心位置(x_c, y_c)距离为 r 的点集。这个距离关系可以用以下方程来定义：

$$(x-x_c)^2 + (y-y_c)^2 = r^2$$

圆心位于原点的圆有四条对称轴：$x=0$，$y=0$，$x=y$ 和 $x=-y$ 直线。若已知圆弧上一点(x,y)，可以得到其关于四条对称轴的其他 7 个点，这种性质称为八对称性，如图 3-11 所示。因此，只要扫描转换八分之一圆弧，就可以求出整个圆的像素集。本节讨论的圆的生成算法均只计算从 $x=0$ 到 $x=y$ 分段内（1b 区域）的像素点，其余像素位置利用八对称性由读者自行得出。

显示圆弧上的八个对称点的算法如下：

```
void CirclePoints(int x,int y,int color)
{
    putpixel(x,y,color);
    putpixel(y,x,color);
    putpixel(-x,y,color);
    putpixel(y,-x,color);
    putpixel(x,-y,color);
    putpixel(-y,x,color);
    putpixel(-x,-y,color);
    putpixel(-y,-x,color);
}
```

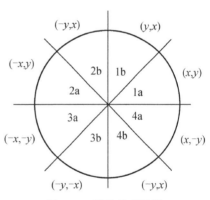

图 3-11　圆的八对称性

3.2.2　中点画圆算法

假设中心在原点，半径为整数 R 的圆的 1b 区域的 1/8 圆部分，现讨论如何从 $x=0$ 到 $x=y$ 顺时针确定离理想圆弧最近的像素集合。中点画圆算法的基本原理是：假设 x 坐标为 x_p 的各像素点中，与该圆弧最近者已确定，为 $P(x_p, y_p)$，用小实心圆表示。那么，下一个与圆弧最近的像素只能是正右方的 $P_1(x_p+1, y_p)$，或右下方的 $P_2(x_p+1, y_p-1)$，用小空心圆表示。令 M 为 P_1 和 P_2 的中点，易知 M 的坐标为$(x_p+1, y_p-0.5)$。显然，若 M 在圆内，则 P_1 离圆弧近，应取为下一个像素；否则应取 P_2，如图 3-12 所示。

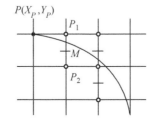

图 3-12　中点画圆算法原理示意图

已知圆方程为：

$$F(x, y) = x^2 + y^2 - R^2 = 0$$

将 M 点的坐标 $(x_p+1, y_p-0.5)$ 代入圆方程，得到判别式 d：

$$d = F(M) = F(x_p + 1, y_p - 0.5) = (x_p + 1)^2 + (y_p - 0.5)^2 - R^2$$

可知：

$$\begin{cases} d>0 & \text{点 } M \text{ 在圆外，应取 } P_2 \text{ 作为下一个像素} \\ d=0 & \text{点 } M \text{ 在圆上，约定取 } P_2 \text{ 作为下一个像素} \\ d<0 & \text{点 } M \text{ 在圆内，应取 } P_1 \text{ 作为下一个像素} \end{cases}$$

即对每一个像素计算判别式 d，根据它的符号确定下一个像素。

与中点画线法一样，这里的 d 也可以采用增量计算：

在 $d \geqslant 0$ 的情况下，取右下方像素 P_2，欲判断再下一个像素取哪个，应计算：

$$d = F(x_p + 2, y_p - 1.5) = (x_p + 2)^2 + (y_p - 1.5)^2 - R^2 = d + 2(x_p - y_p) + 5$$

故 d 的增量为 $2(x_p-y_p)+5$。

在 $d<0$ 的情况下，取正右方像素 P_1，欲判断再下一个像素取哪个，应计算：

$$d = F(x_p + 2, y_p - 0.5) = (x_p + 2)^2 + (y_p - 0.5)^2 - R^2 = d + 2x_p + 3$$

故 d 的增量为 $2x_p+3$。

由于这里讨论的是按顺时针方向生成第二个八分圆，则第一个像素是 $(0,R)$，故判别式 d 的初始值为：

$$d_0 = F(1, R - 0.5) = 1 + (R - 0.5)^2 - R^2 = 1.25 - R$$

下述程序使用中点画圆算法绘制一个 1/8 光栅圆。

```
void MidPointCircle(int r,int color)
{
    int x,y;
    float d;
    x=0; y=r; d=1.25-r;
    CirclePoints (x,y,color);
    while(x<=y)
    {
        if(d<0)
            d+=2*x+3;
        else
        {
            d+=2*(x-y)+5;
            y--;
        }
        x++;
        CirclePoints (x,y,color);
    }
}
```

如果半径是整数，则可以对 d_0 简单取整：

$$d_0=1-R \quad (R \text{ 是整数})$$

这样，为了进一步提高算法的效率，可以将上面算法中的浮点数改写成整数，即仅用整数实现中点画圆算法。

例 3-4：利用中点画圆算法，绘制这样一条圆弧：中心在坐标原点，半径 R 为 10，从 $x=0$ 到 $x=y$ 的 1/8 圆弧。

解：判别式 d 的初始值为：

$$d_0 = 1 - R = -9$$

初始点 (x_0, y_0) 的坐标为 $(0,10)$，则：

$$2x_0 = 0, \quad 2y_0 = 20$$

首先绘制初始点 $(0,10)$，并确定沿圆弧路径的其余像素位置为：

x	y	d
0	10	−9
1	10	−6
2	10	−1
3	10	6
4	9	−3
5	9	8
6	8	5
7	7	6

如图 3-13 所示为沿圆弧所生成的像素集合。

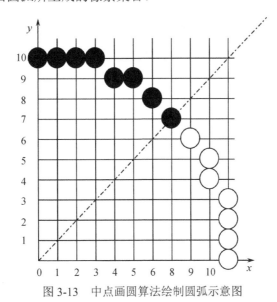

图 3-13　中点画圆算法绘制圆弧示意图

3.2.3　Bresenham 画圆算法

Bresenham 画圆算法是生成圆弧的最有效算法之一。

同样假设圆心在坐标原点，半径为 r，从 $x=0$ 到 $x=y$ 的 1/8 圆弧的生成过程。在这种情况下，x 的增量为 1，即：

$$x_{i+1} = x_i + 1$$

y 则在两种可能中选择：

$$y=y_i，\quad 或\ y=y_i-1$$

选择的原则是考察理想的 y 值是靠近 y_i 还是靠近 y_i-1，如图 3-14 所示。

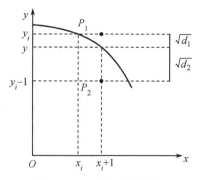

图 3-14　y 的选择示意图

y 的计算式为：

$$y^2= r^2-(x_i+1)^2$$

令 d_1、d_2 分别为 y_i 到 y、y_i-1 到 y 的距离，可知：

$$d_1= y_i^2-y^2 = y_i^2-r^2+(x_i+1)^2$$
$$d_2= y^2-(y_i-1)^2 = r^2-(x_i+1)^2-(y_i-1)^2$$

令判断式 $d_{i+1}=d_1-d_2$，并代入 d_1、d_2，则有：

$$d_{i+1}=2(x_i+1)^2+y_i^2+(y_i-1)^2-2r^2$$

如果 $d_{i+1}<0$，则 $y=y_i$，即选择当前像素的正右方点作为下一个像素：

$$x_{i+1}= x_i+1，\ y_{i+1}= y_i，\ d_{i+2} =d_{i+1}+ 4x_i+6$$

如果 $d_{i+1}\geqslant0$，则 $y=y_i-1$，即选择当前像素的右下方点作为下一个像素：

$$x_{i+1}= x_i+1，\ y_{i+1}= y_i-1，d_{i+2} =d_{i+1} + 4(x_i-y_i)+10$$

对于初始点 $(0,r)$，判断式 d 的初始值为：

$$d_0= 3-2r$$

Bresenham 画圆算法的程序如下：

```
void BresenhamCircle (xc, yc, radius, color)
int xc, yc, radius, color;
{
    int x, y, d;
    x=0;
    y=radius;
    d=3-2*radius;
    while (x<y)
    {
        plot_circle_points(xc, yc, x, y, color);
        if (d<0)
        d=d+4*x+6;
        else
        {
                d=d+4*(x-y)+10;
```

```
                    y--;
            }
            x++;
    }
    if (x= =y)
            plot_circle_points(xc, yc, x, y, color);
}


plot_circle_points(xc, yc, x, y, color)
int xc, yc, x, y, color;
{
    putpixel(xc+x, yc+y, color);
    putpixel(xc+x, yc+y, color);
    putpixel(xc+x, yc-y, color);
    putpixel(xc-x, yc-y, color);
    putpixel(xc+y, yc+x, color);
    putpixel(xc-y, yc+x, color);
    putpixel(xc+y, yc-x, color);
    putpixel(xc-y, yc-x, color);
}
```

3.3　区域填充

区域填充即给出一个区域的定义，要求对此区域范围内的所有像素赋予指定的颜色代码。只要算法设计合理，运用着色的方法就可以使光栅图形的画面色彩逼真，更能形象而具有真实感地利用二维光栅技术显示三维图形。

多边形可以是构成平面图形的几何元素，也可以是构成三维物体表面的投影。如果物体的表面是曲面，也可由适当的多边形去逼近。因此，区域填充中最常用的是多边形填色，本节我们就以此为例讨论区域填充算法。

3.3.1　区域的表示和类型

在计算机图形学中，区域有两种重要的表示方法：顶点表示和点阵表示。

顶点表示（如图 3-15 所示）也称为几何表示，是用区域的顶点序列来表示区域，经过数学计算可知区域是由什么样的相连直线或曲线构成其轮廓线的。例如，多边形区域由闭合折线定义（所谓闭合折线是指一系列依次连接的直线，且最后一条直线的末端与第一条直线的始端连在一起）。这种表示直观、几何意义强、占内存少，易于进行几何变换，但由于没有明确指出哪些像素在多边形内，故不能直接用于面着色，需要通过某种扫描转换将顶点表示转变为点阵表示。

点阵表示（如图 3-16 所示）也称像素表示，是用位于多边形内的像素集合来刻画多边形。这种表示丢失了许多几何信息，但便于帧缓冲器表示图形，是面着色所需的图形表示形式。要填充点阵表示的区域，首先将区域的一点赋予指定的颜色，然后将该颜色扩展到整个区域。

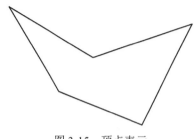

图 3-15　顶点表示

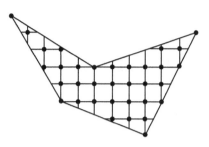

图 3-16　点阵表示

点阵通常有两种情况，一种情况称为内点表示，如图 3-17 所示，另一种情况称为边界表示，如图 3-18 所示。在内点表示中，区域内的所有像素具有同一颜色，而区域外的所有像素具有另一种颜色；在边界表示中，区域边界上的所有像素点具有特定的颜色（可以是填充色），在区域内的所有像素均不能具有这一特定颜色，而且边界外的像素不能具有与边界相同的颜色。

图 3-17　内点表示

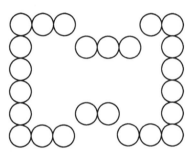

图 3-18　边界表示

区域填充算法要求区域是连通的，因为只有在连通区域中，才可能将种子点的颜色扩展到区域内的其他点。区域按连通情况可分为四连通区域和八连通区域。四连通区域是指从区域上一点出发，可通过 4 个方向，即上、下、左、右移动的组合，在不越出区域的前提下到达区域内的任意像素，如图 3-19 所示；八连通区域是指从区域内每一像素出发，可通过 8 个方向，即上、下、左、右、左上、右上、左下、右下移动的组合，在不越出区域的前提下到达区域内的任意像素，如图 3-20 所示。

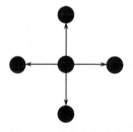

图 3-19　四个连通方向

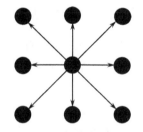

图 3-20　八个连通方向

图 3-21 给出了内点定义的四连通区域和八连通区域。

通常，四连通区域也可以理解成八连通区域，但是两者的边界不尽相同。例如，图 3-21（a）图既可以看作是四连通区域，也可以看作是八连通区域。如果理解成四连通区域，则其边界（小空心圆）如图 3-22 所示；如果理解成八连通区域，则其边界如图 3-23 所示。

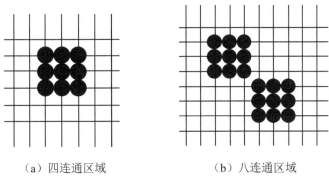

（a）四连通区域　　　　　　　　（b）八连通区域

图 3-21　内点定义的四连通区域和八连通区域

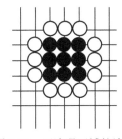　　　　　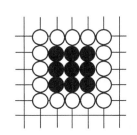

图 3-22　四连通区域的边界　　　　　　图 3-23　八连通区域的边界

图 3-24 给出了边界定义的四连通区域和八连通区域。

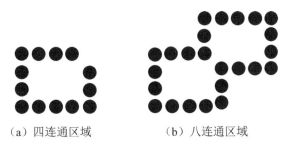

（a）四连通区域　　　　　　（b）八连通区域

图 3-24　边界定义的四连通区域和八连通区域

可以看到，一个八连通区域的边界是四连通式的；而一个四连通区域的边界则是八连通式的。显然，一个八连通区域的算法可以用在四连通式的区域上，但是由于它可以"跳过"像素之间的对角线连线，故有可能越界，因而会产生意想不到的结果。

3.3.2　扫描线多边形填充算法

从前面的介绍已知，多边形填充给出一个多边形的边界，要求给多边形边界范围的所有像素单元赋予指定的颜色代码。要完成这个任务，一个首要的问题是判断一个像素是在多边形内还是在多边形外。数学上经常采用的方法是"扫描线交点的奇偶数判断"法：用一根水平扫描线自左而右通过多边形而与多边形的边界相交，扫描线与边界相交奇次数后进入该多边形，相交偶次数后走出该多边形。

例 3-5：如图 3-25 所示，扫描线 1 与多边形相交 4 点。相交 *a* 点后进入多边形；相交 *b*

点（第 2 交点）后走出多边形；相交 c 点（第 3 交点）后又进入多边形；相交 d 点（第 4 交点）后又走出多边形。

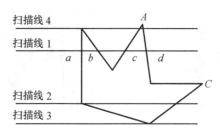

图 3-25　扫描线交点的奇偶数判断示意图

受此启发，可以得到扫描填充多边形的一般方法：依顺序取出每一条扫描线，求其与多边形边界的交点，并对每一对交点中的像素进行填充。如上例中，扫描线 1 与多边形边界相交于交点 a, b, c, d 处，于是交点 a、b 之间的像素和交点 c、d 之间的像素需要填充。

这种方法虽然简单，但存在以下几个问题：

（1）若将多边形边界都看成是多边形内部，并对它们填充，则该多边形会放大。

解决办法：采取"左闭右开，上闭下开"方法，即左、下边界像素为多边形内部，需填充，而右、上边界像素为多边形外部，不予填充。

（2）扫描线与多边形边界的交点坐标值不为整数。

解决办法：当扫描线与多边形边界交点坐标为小数值时，如果多边形在此边界右侧，则将该小数值进 1 作为边界点，否则舍去小数部分。如此可使多边形不扩大。

（3）当扫描线与多边形顶点相交时，称该交点为奇点。如果奇点的计数不正确，会导致下列错误填充。

1）如图 3-25 所示，扫描线 4 与多边形相交时，有一个奇点。如果奇点计数为奇数个，则总共得到 3 个交点，此时多边形会将区域外部填充，而区域内部不予填充，出现错误。若将奇点计数为偶数个，似乎问题解决了。

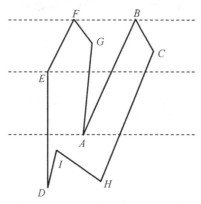

图 3-26　奇点的处理

2）扫描线 2 与多边形相交时，有一个奇点。如果奇点计数依照 1）计为偶数个，则总共得到 3 个交点，仍然会造成错误填充。如果将奇点计数为奇数个，似乎问题解决了。

解决办法：分析奇点的各种情况，按如下情况解决：

①当奇点在多边形两边的下方时，该点计 2 次，如图 3-26 所示的 A、D、H、I 点。

②当奇点在多边形两边的上方时，该点计 0 次，如图 3-26 所示的 F、B 点；。

③当奇点在多边形两边之间时，该点计 1 次，如图 3-26 所示的 E、C、G 点。

具体实现时，只需检查顶点两条边另外两个端点的 y 值。由这两个 y 值中大于交点 y 值的个数是 0、1、2 来决定。

（4）扫描线与多边形的水平边相交时，交点理论上是无穷个。

解决办法：对于多边形的水平边，不计它与扫描线的交点。

由此可见，原始的奇偶判断方法需要加以周密地改善，才能成为计算机中实用的填充算法。

下面，我们具体来学习一种扫描线多边形填充算法——有序边表填充算法。

扫描线多边形填充算法是按扫描线顺序，计算扫描线与多边形的相交区间，再用要求的颜色显示这些区间的像素，即完成填充工作。区间的端点可以通过计算扫描线与多边形边界线的交点获得。对于一条扫描线，多边形的填充过程可以分为以下四个步骤。

1）求交：计算扫描线与多边形各边的交点。

2）排序：把所有交点按 x 值递增顺序排序。

3）配对：第一个与第二个，第三个与第四个等，每对交点代表扫描线与多边形的一个相交区间。

4）填色：把相交区间内的像素置成多边形颜色，把相交区间外的像素置成背景色。

为了提高效率，处理一条扫描线时，仅对与它相交的多边形的边进行求交运算。我们把与当前扫描线相交的边称为活性边，并把它们按与扫描线交点 x 坐标递增的顺序存放在一个链表中，称此链表为活化链表（AEL）。

为了便于建立和修改 AEL，首先需要建立一张边表（ET）。边表一般是由一系列存储桶构成的，桶的数目与扫描线数目一样多，按扫描线递增（减）顺序存放。边表可以这样建立：先按下端点的 y 坐标值对所有的边进行分组，若某边的下低端点 y 值为 y_{min}，则该边就放在 y_{min} 所对应的桶中；然后用排序方法，按下端点的 x 坐标值递增的顺序将同一组中的边列成行。

ET 和 AEL 中的基本元素为多边形的边。边表示成结点的形式，每个边结点由以下四个域组成：

y_{max}	x	$1/k$	next

其中，各符号的含义为：

y_{max} —— 边的上端点的 y 坐标；

x —— 在 ET 中表示边的下端点的 x 坐标，在 AEL 中表示边与扫描线的交点的 x 坐标；

$1/k$ —— 边的斜率的倒数；

Next —— 指向下一条边的指针。

这种边结点可以实现 x 坐标的递增运算。假设从下到上扫描，多边形的某边与当前扫描线的交点坐标为 (x_i, y_i)，该边的直线方程为 $ax+by+c=0$，则下一条扫描线与该边的交点不需要重新计算，只要加一个增量 $1/k$，因为：

$$x_{i+1} = \frac{1}{a}(-b \cdot y_{i+1} - c) = \frac{1}{a}[-b \cdot (y_i+1) - c] = \frac{1}{a}(-b \cdot y_i - c) - \frac{b}{a} = x_i - \frac{b}{a}$$

其中，x 的增量 $-b/a$ 即为边的斜率的倒数。

例 3-6：对于如图 3-27 所示的一个多边形进行填充。

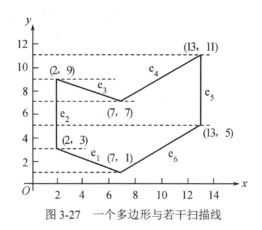

图 3-27　一个多边形与若干扫描线

解：首先建立边表，如图 3-28 所示。

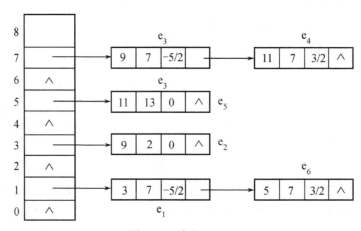

图 3-28　边表（ET）

这样，当建立了边表 ET 后，扫描线多边形填充算法可按如下步骤进行：

（1）初始化 AEL，使之为空，取扫描线纵坐标 y 的初始为 ET 中非空元素的最小序号。

（2）按从下到上的顺序对每条扫描线重复以下各步，直至 AEL 和 ET 为空

1）将 ET 中与当前 y 有关的结点加入至 AEL，同时保存 AEL 中按 x 值从小到大实现的排序序列。

2）对于 AEL 中的扫描线 y，在一对交点之间填充所需的像素值。

3）从 AEL 中删掉 $y \geqslant y_{max}$ 的结点。

4）对于留在 AEL 中的每个结点，执行 $x_{i+1} = x_i + 1/k$。

5）对 AEL 中的各结点按 x 值从小到大排序。

6）$y = y+1$ 成为下一条扫描线的坐标。

如图 3-29 所示给出了填充多边形时 AEL 的内容变化。

由于此算法同时利用了多边形的区域、扫描线和边的连贯性，从而避免了反复求交点等大量运算，因此是一个效率较高的算法。此算法一般称为有序边表填充算法。

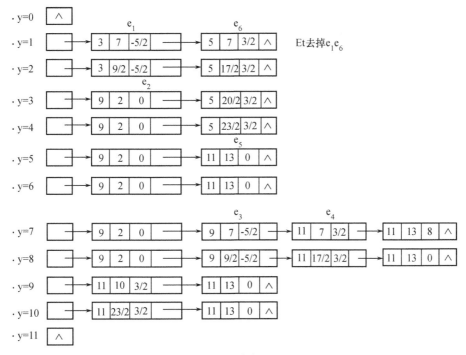

图 3-29　活化链表（AEL）

下面给出扫描线多边形填充算法的一个算法程序：

```
void CExamView::buildEdgeList(int cnt, dcPt *pts, Edge *edges[])
{       /*边表 buildEdgeList( )*/
  Edge *edge;
  dcPt v1,v2;
  int i;
  int yPrev=pts[cnt-2].y;
  v1.x=pts[cnt-1].x; v1.y=pts[cnt-1].y;
  for(i=0; i<cnt; i++)
  {
      v2=pts[i];
      if(v1.y!= v2.y)
      {
          edge=(Edge *) malloc (sizeof (Edge));
          if(v1.y < v2.y)
              makeEdgeRec(v1,v2,yNext(i,cnt,pts),edge,edges);
          else
              makeEdgeRec(v2,v1,yPrev,edge,edges);
      }
      yPrev=v1.y;
      v1=v2;
  }
}

void CExamView::insertEdge(Edge *list,Edge *edge)
{
```

```
         Edge *p,*q=list;
         p=q->next;
         while(p!=NULL)
         {
               if(edge->xIntersect<p->xIntersect)
                     p=NULL;
               else
               {
                     q=p;
                     p=p->next;
               }
         }
         edge->next=q->next;
         q->next=edge;
   }


   int CExamView::yNext(int k, int cnt, dcPt *pts)
   {
      int j;
      if((k+1) > (cnt-1))
            j=0;
      else
            j=k+1;
      while(pts[k].y == pts[j].y)
      {
            if((j+1) > (cnt-1))
                  j=0;
            else
                  j++;
      }
      return (pts[j].y);
   }


   void CExamView::makeEdgeRec(dcPt lower, dcPt upper, int yComp, Edge *edge,
Edge *edges[])
   {
     edge->dxPerScan=(float) (upper.x - lower.x) / (upper.y - lower.y);
     edge->xIntersect=(float)lower.x;
     if(upper.y < yComp)
           edge->yUpper=upper.y-1;
     else
           edge->yUpper=upper.y;
     insertEdge(edges[lower.y],edge);
   }


   void CExamView::buildActiveList(int scan, Edge *active, Edge *edges[])
   {                              /*活化链表 buildActiveList( )*/
     Edge *p,*q;
```

```
    p=edges[scan]->next;
    while(p)
    {
      q=p->next;
      insertEdge(active,p);
      p=q;
    }
}

void CExamView::fillscan(int scan, Edge *active)
{
    Edge *p1,*p2;
    int i;
    p1=active->next;
    while(p1)
      {
        p2=p1->next;
        for(i=(int)p1->xIntersect; i<(int)p2->xIntersect; i++)
            PutPixel((int)i,scan,0);
        p1=p2->next;
    }
}

void CExamView::deleteAfter(Edge *q)
{
    Edge *p=q->next;
    q->next=p->next;
    free(p);
}

void CExamView::updateActiveList(int scan, Edge *active)
{
    Edge *q=active,*p=active->next;
    while(p)
      if(scan >= p->yUpper)
      {
        p=p->next;
        deleteAfter(q);
      }
      else
      {
        p->xIntersect=p->xIntersect + p->dxPerScan;
        q=p;
        p=p->next;
      }
}

void CExamView::resortActiveList(Edge *active)
```

```
    {
        Edge *q,*p=active->next;
        active->next=NULL;
        while(p)
        {
            q=p->next;
            insertEdge(active,p);
            p=q;
        }
    }

    void CExamView::scanFill(int cnt, dcPt *pts)
    {
        Edge *edges[WINDOW_HEIGHT],*active;
        int i,scan;
        for(i=0; i<WINDOW_HEIGHT; i++)
    {
        edges[i] = (Edge *)malloc(sizeof (Edge));
        edges[i]->next=NULL;
    }
        buildEdgeList(cnt,pts,edges);
        buildEdgeList(3,poly2,edges);
        buildEdgeList(3,poly3,edges);
        buildEdgeList(7,poly4,edges);
        active=(Edge *)malloc(sizeof (edges));
        active->next=NULL;
        for(scan=0; scan<WINDOW_HEIGHT; scan++)
        {
            buildActiveList(scan,active,edges);
            if(active->next)
            {
                fillscan(scan,active);
                updateActiveList(scan,active);
                resortActiveList(active);
            }
        }
    }
```

3.3.3　边填充算法

边填充算法也称为正负相消法。该填充算法的基本原理是：对每一条扫描线，依次求与多边形各边的交点，将该扫描线上交点右边的所有像素求补，如图 3-30 所示。由于一条扫描线与多边形有偶数个交点，所以求补的结果恰好使得多边形的内部填充，而外部未填充。

该算法虽然简单易行，但对于复杂图形而言，一些像素的颜色值需反复改变多次，且多边形外的像素处理过多，输入、输出的量比有序边表大得多。

为提高算法效率，减少像素颜色值的改变次数，可在多边形的恰当位置选一点，并过该点作扫描线的垂线——栅栏。通常使栅栏位置过多边形的顶点，将多边形分成左右两部分，只要将栅栏与多边形之间的像素求补即可。栅栏填充算法的基本原理是：对于每条扫描线与多边形的交点，将交点与栅栏之间的扫描线上的像素取补，也就是说，若交点位于栅栏左边，则将交点之右、栅栏之左的所有像素取补；若交点位于栅栏右边，则将栅栏之右、交点之左的所有像素取补，如图 3-31 所示。

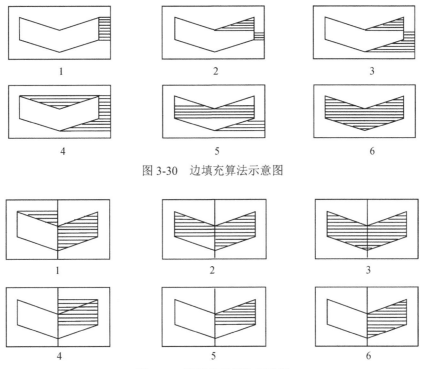

图 3-30　边填充算法示意图

图 3-31　栅栏填充算法示意图

　　显然，多边形外的像素处理大大减少，被重复取补的像素数目也有减少，但仍有一些像素被重复取补。对栅栏填充算法进一步改进，得到了边标志算法，使得算法对每个像素只访问一次。边标志算法分为如下两个步骤：

　　（1）对多边形边界所在像素置一个特殊标志，如图 3-32 所示。

图 3-32　边标志算法示意图

　　（2）对于每条与多边形相交的扫描线，从左至右逐个访问该扫描线上的像素。使用一个布尔变量 inside 来指示当前点的状态，若点在多边形内，则 inside 为真；若点在多边形外，则

inside 为假。inside 的初始值为假，每当当前访问像素为被打上标志的点，就把 inside 取反，对未打标志的点，inside 不变。若访问当前像素时，对 inside 作必要操作后，inside 为真，则把该像素置为多边形要填充的颜色。

将上述步骤转化为如下程序：

```
void edge_mark_fill(polydef, color)
多边形定义  polydef;  int color;
{
    对多边形 polydef 每条边进行直线扫描转换;
    inside = FALSE;
    for (每条与多边形 polydef 相交的扫描线 y )
         for (扫描线上每个像素 x )
         {
      if(像素 x 被打上边标志)
               inside = ! (inside);
       if(inside! = FALSE)
             putpixel (x, y, 填充色);
       else
             putpixel (x, y,背景色);
       }
        }
```

虽然边标志算法与有序边表法的软件执行速度差不多，但由于边标志算法不必建立、维护边表以及对它进行排序，所以边标志算法比有序边表法的硬件执行速度快，更适合于硬件实现。

3.3.4　种子填充算法

以上讨论的填充算法都是按扫描线顺序进行的，种子填充算法则采用完全不同的方法，假设在多边形区域内部至少有一个像素是已知的（此像素称为种子像素），由此出发找到区域内所有其他像素，并对其进行填充。这种填充算法在交互式绘图中很常用。

由于区域可采用边界定义和内点定义两种方式，区域按连通性又可分为四连通区域和八连通区域两类，所以常用的种子填充算法有边界表示的四连通区域种子填充算法、内点表示的四连通区域种子填充算法、边界表示的八连通区域种子填充算法、内点表示的八连通区域种子填充算法。

1. 边界表示的四连通区域种子填充算法

基本思想：从多边形内部任一点（像素）出发，按照"左上右下"的顺序判断相邻像素，若不是边界像素且没有被填充过，则对其填充，并重复上述过程，直到所有像素填充完毕。

可以使用栈结构来实现该算法，种子像素入栈，当栈非空时，重复执行如下操作：

（1）栈顶像素出栈。

（2）将出栈像素置成多边形填充的颜色。

（3）按"左、上、右、下"的顺序检查与出栈像素相邻的四个像素，若其中某个像素不在边界上且未置成多边形色，则把该像素入栈。

设(x,y)为边界表示的四连通区域内的一点，boundarycolor 为定义区域边界的颜色，要将整个区域填充为新的颜色 newcolor。边界表示的四连通区域的递归填充算法程序如下：

```
void BoundaryFill4(int x,int y,int boundarycolor,int newcolor)
{
   if(getpixel(x,y)=newcolor && getpixel(x,y)=boundarycolor)
   {                  /*getpixel(x,y)取屏幕上像素(x,y)的颜色 */
      putpixel(x,y,newcolor);
      BoundaryFill4 (x-1,y, boundarycolor,newcolor);
      BoundaryFill4 (x,y+1, boundarycolor,newcolor);
      BoundaryFill4 (x+1,y, boundarycolor,newcolor);
      BoundaryFill4 (x,y-1, boundarycolor,newcolor);
   }
}
```

2．内点表示的四连通区域种子填充算法

基本思想：从多边形内部任一点（像素）出发，按照"左、上、右、下"的顺序判断相邻像素，如果是区域内的像素，则对其填充，并重复上述过程，直到所有像素填充完毕，常称为漫水法。

同样可以使用栈结构来实现该算法，种子像素入栈，当栈非空时，重复执行如下操作：

（1）栈顶像素出栈。

（2）将出栈像素置成多边形填充的颜色。

（3）按"左、上、右、下"的顺序检查与出栈像素相邻的四个像素，若其中某个像素是区域内的像素，则把该像素入栈。

设(x,y)为内点表示的四连通区域内的一点，oldcolor 为定义区域的原色，要将整个区域填充为新的颜色 newcolor。内点表示的四连通区域的递归填充算法程序如下：

```
void FloodFill4(int x,int y,int oldcolor,int newcolor)
{    if(getpixel(x,y)==oldcolor)
     {
       putpixel(x,y,newcolor);
       FloodFill4(x-1,y,oldcolor,newcolor);
       FloodFill4(x,y+1,oldcolor,newcolor);
       FloodFill4(x+1,y,oldcolor,newcolor);
       FloodFill4(x,y-1,oldcolor,newcolor);
     }
}
```

对于边界表示和内点表示的八连通区域的填充，只要将上述相应代码中递归填充相邻的四个像素增加到递归填充"上、下、左、右、左上、左下、右上、右下"八个像素即可。

四连通算法的缺点是有时不能通过狭窄区域，因而不能填满多边形。八连通算法的缺点是有时会填出多边形的边界。由于填不满往往比涂出更易于补救，因此四连通算法比八连通算法用的更多。

例 3-7：用种子填充算法填充如图 3-33 所示的区域。

解：堆栈的变化如图 3-34 所示。

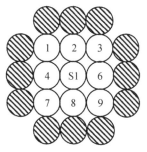

图 3-33　待填充区域

（S1 表示种子点）

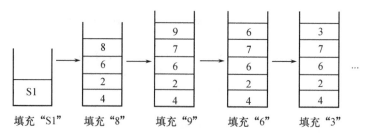

图 3-34   填充时堆栈的变化示意图

3. 扫描线种子填充算法

简单的种子填充算法可以填充有孔区域，但是存在如下一些问题：

（1）有些像素会入栈多次，降低算法效率，栈结构占空间。

（2）递归执行，算法简单，但效率不高，区域内每一像素都引起一次递归，需要进行入/出栈操作，既费时又费内存。

采用扫描线种子填充算法可以解决以上问题，减少递归次数，提高效率，是一种改进的算法。

算法思想：在任意不间断区间中只取一个种子像素（不间断区间指一条扫描线上的一组相邻元素），填充当前扫描线上的该段区间，然后确定与这一区段相邻的上下两条扫描线上位于区域内的区段，并依次把它们保存起来，反复进行这个过程，直到所保存的每个区段都填充完毕。

算法的执行步骤为：

（1）初始化：堆栈置空，将种子点(x,y)入栈。

（2）出栈：若栈空则结束，否则栈顶元素(x,y)出栈，以y作为当前扫描线。

（3）填充并确定种子点所在区段：从种子点(x,y)出发，沿当前扫描线向左、右两个方向填充，直到遇到边界像素为止。分别标记区段的左、右端点坐标为x_l和x_r。

（4）确定新的种子点：在区间$[x_l, x_r]$中检查与当前扫描线y相邻的上、下两条扫描线上的像素。若存在非边界、未填充的像素，则把每一区间的最右像素作为种子点压入堆栈，返回第（2）步。

例 3-8：采用扫描线种子填充算法填充区域。

解：填充过程如图 3-35 所示。图中打×的方格表示边界像素，涂黑的方格表示已填充的像素，s 方格表示种子点，方格内的数字表示相应像素作为种子点进入堆栈的先后顺序。图（a）（b）（c）（d）分别按顺序表示了对当前扫描区段进行填充的情况和堆栈的状态。本例堆栈的最大深度为 5。

扫描线种子填充算法也可以填充有孔区域，对于每一个待填充区段，只需入栈一次，因此提高了区域填充的效率。

3.3.5   圆域的填充

对于一个圆域，也可以利用上面所讨论的多边形填充原理进行填充，不同的是，对每条扫描线，要计算它与圆域的相交区间。接着，为每一条扫描线建立一个新圆表，存放该行第一次出现的圆的有关信息。然后，为当前扫描线设置一个活化圆表。由于一条线与一个圆只能相交一个区间，所以活性圆表中，每个圆只需一个结点即可。结点内存放当前扫描线的区间端点，以及用于计算下一条扫描线与圆相交的区间端点所需的增量。该增量用于在当前扫描线处理完毕之后，对端点坐标进行更新计算，以便得到下一条扫描线的区间端点。

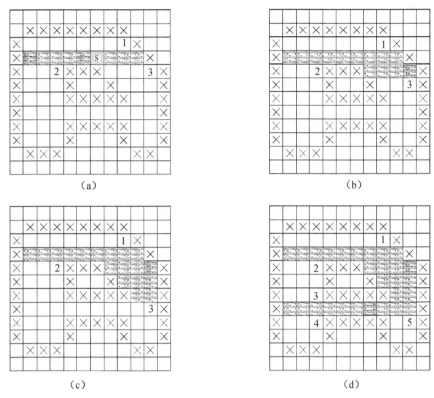

图 3-35　扫描线种子填充算法的执行过程

增量的计算可以利用前面介绍的中点画圆法进行。通过判断式的符号，判断当前点是在圆内还是圆外，从而决定下一步的走向和进行迭代计算。

3.3.6　区域填充属性

区域填充属性包括填充样式、填充颜色和填充图案的类型等，用户可以对这些属性进行选择。

1. 填充样式

填充样式用于描述区域内部的类型，比如是空心的，实心的，或是有花样图案的。

2. 填充颜色

对于一个空心的区域，可以选择区域外框的颜色，而对一个实心的区域，则可以选择内部的颜色。

3. 填充图案

（1）定义图案

用户可以预定义各种图案，称为模板或掩码（Mask）。

C 语言中，可以调用_setfillmask 函数设置图案。其中，参数 mask 为 8×8 位的掩码数组，每一位代表一个像素。值为 1 的位，将相应像素设置为当前颜色；值为 0 的位，不改变原像素值。

（2）填充区域

C 语言中，定义了某种图案后，即可调用_floodfill 函数，对指定的区域进行填充。其中，参数 x，y 为起始点坐标，当起点在区域内部时，就填充内部，如果在区域外部，则填充背景部分。

3.4　字符

字符指数字、字母、汉字等符号，是文本信息的构成部分。字符是计算机图形处理技术中必不可少的内容，任何图形的标注、说明都离不开字符。计算机中的字符由一个数字编码唯一标识。目前常用的字符有两种，一种是 ASCII 码字符，全称是"美国信息交换用标准代码集"（American Standard Code for Information Interchange），它是国际上最流行的字符集，采用 7 位二进制数编码表示 128 个字符，包括字母、标点、运算符以及一些特殊符号；另一种是汉字字符，全称是"中华人民共和国国家标准信息交换编码"，代号为 GB2312－80，共收集字符 7445 个，其中国标一级汉字 3755 个，国标二级汉字 3008 个，其余符号 682 个，每个字符由一个区码和一个位码共同标识。为了能够区分 ASCII 码与汉字编码，采用字节的最高位来标识，最高位为 0 表示 ASCII 码，最高位为 1 表示汉字编码。

3.4.1　字符存储与显示

为了在显示器等输出设备上输出字符，系统中必须装备相应的字库，字库中存储了每个字符的形状信息。根据存储与显示方式的不同，字库分为矢量型和点阵型两种，相应存储着矢量字符和点阵字符。

1．点阵字符

在点阵字库中，每个字符都是利用掩膜来定义，并将其写入帧缓存保存和显示的。所谓字符掩膜，就是包含表示该字符的像素图案的一小块光栅点阵，如图 3-36 所示。掩膜本身仅含一些二进制值，以指出掩膜中的像素是否用于表示字符信息。在简单的黑白显示器中，当像素用于表示字符时，对应二进制值通常取为 1，否则为 0。在彩色显示器中，则用更多像素位数以表示色彩的浓淡和作为查色表的指针。

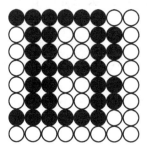

1	1	1	1	1	1	0	0
0	1	1	0	0	1	1	0
0	1	1	0	0	1	1	0
0	1	1	1	1	1	0	0
0	1	1	0	0	1	1	0
0	1	1	0	0	1	1	0
1	1	1	1	1	1	0	0
0	0	0	0	0	0	0	0

　　（a）字符 B 的像素显示　　　　　　　　　（b）字符 B 的掩膜

图 3-36　点阵字符

点阵字符的显示分为两步：首先从字库中将它的位图检索出来，然后将检索到的位图写到帧缓冲器中。当指定了某字符掩膜的原点在帧缓存中的坐标(x_0, y_0)以后，就可将此字符掩膜中每个像素相对(x_0, y_0)平移后的值写入帧缓存。读取帧缓存中这些像素值就可以在屏幕上显示此字符。如果将保存在帧缓存中的某字符掩膜相应像素值均置成背景色或背景光强，就可以擦除帧缓存中的该字符。

当字符写入帧缓存后，还可对字符掩膜进行修改，以获得不同字体或方向。由于光栅扫描显示器的普遍使用，点阵式字符表示已经成为一种字符表示的主要形式。从字库中读出原字形，经过变换，复制到缓冲区中的操作，经常制成专门的硬件来完成，这就大大加快了字符生成的速度。

例 3-9：如图 3-37 所示，（b）～（d）列出了字母 P 原型的一些变化例子，相应的变换算法如下。

图（b）变成粗体字。算法是：当字符原型中每个像素被写入帧缓存寄存器的指定位置 x_i、y_i 时，同时被写入 x_i+1、y_i。

图（c）旋转 90 度。算法是：把字符原型中每个像素的 x,y 坐标彼此交换，并将 y 值改变符号后再写入帧缓存寄存器的指定位置。

图（d）斜体字。算法是：从底到顶逐行复制字符，每隔 n 行，左移一单元。

此外，还可以对点阵式字符作比例缩放等一些简单的变换。但是，对点阵式字符做任意角度的旋转等变换，却是比较困难的操作。而且，虽然可以从一种字体中产生不同的外观和大小，但效果往往并不十分令人满意。

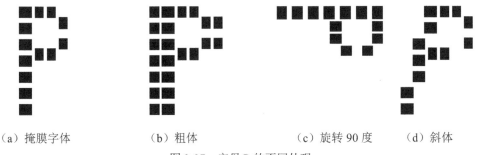

（a）掩膜字体　　　　　（b）粗体　　　　　　（c）旋转 90 度　　　（d）斜体

图 3-37　字母 P 的不同外观

一般认为定义西文字符的掩膜至少应为 5×7 的点阵，定义汉文字符的掩膜至少应为 16×16 的点阵，定义特殊字符则要根据实际需要确定点阵大小。显示时通常采用 16×16 点阵字符，而在打印时，采用 24×24、40×40 或 72×72 点阵字符。较低分辨率的点阵产生的字符一般比较粗糙，不美观，所以微机上通常使用几个不同分辨率的字符库，以满足不同需要，但这样却使存储信息量增大，所需的存储空间也相应增多。

2.　矢量字符

与点阵字符不同，矢量字符记录字符的笔画信息而不是整个位图。虽然矢量定义往往不如点阵定义紧凑，而且需要经历比较费时的扫描转换处理，但是它能被用来产生不同大小与外表，甚至不同朝向的字符，具有存储空间小，美观、变换方便等优点。

矢量式字符将字符表达为一个点坐标的序列，相邻两点表示一条矢量，字符的形状便由矢量序列刻画。如图 3-38 所示为用矢量方式表示的字符 B。字符 B 是由顶点序列的坐标表达的。

矢量字符的显示分为两步，首先从字库中读它的字符信息。然后取出端点坐标，对其进行适当的几何变换，再根据各端点的标志显示出字符。

由于矢量式字符具有和图形相一致的数据结构，因而可以接受任何对于图形的操作，如放大、旋转，甚至透视。点阵字符的变换需要对表示字符位图中的每一像素进行；矢量字符的变换只要对其笔画端点进行变换就可以了。矢量式字符不仅可用于显示，也可用于绘图机输出。

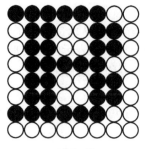 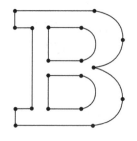

（a）字符 B 的像素显示   （b）字符 B 的矢量轮廓

图 3-38   矢量字符

3.4.2   字符属性

显示字符的外观由字体、字形、字号、字间距、行间距等属性控制。一般来说，字体确定风格，字形确定外观，字号确定尺寸。当然，既可以对整个字符串（文本）设置属性，也可以对单个字符进行设置。

1. 单个字符属性

如图 3-39 所示，常见的字符属性如下：

- 字高
- 字符高
- 字宽
- 字符宽
- 底高
- 顶高
- 字符倾斜角
- 对齐方式
- 字符颜色
- 写方式
- 反绘和倒绘

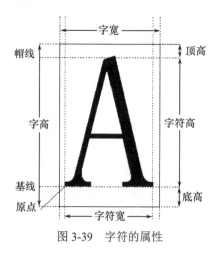

图 3-39   字符的属性

绘图过程中，需要根据不同的要求选择不同风格的文字，这时可以通过调整字符的属性来创建有特色的文本。如改变中文的宋体、楷体、黑体，改变西文的斜体、黑体等；将对齐方式设置为左对齐、右对齐、居中对齐等；将写方式设置为替换方式、与方式等；将字符倾斜角设置为向左倾斜或向右倾斜等。

2. 文本属性

常见的文本属性包括字体、文本高度、文本宽度（扩展/压缩因子）、文本路径方向、对齐方式（左对齐，中心对齐或右对齐，指定起始、终止点）、文本字体、反绘（从右到左）、倒绘（旋转 180°）、写方式（替换或与方式）等。

字体就是使用类似 NewYork、Courier、Helvetica、London、Times Roman 等特定设计风格的一组字符和其他一些特殊的符号组。所选字体的字符也可以使用附加的下划线风格（实线、点线和双线）、黑体、斜体、轮廓或影线风格。

使用 setTextFont(tf)函数可以从一组预先定义的网格图案或一些用多边形和样条曲线设计的字符集中选择字体，参数 tf 设置一个整数值，用于选择指定的字体和相应的风格。

使用 setTextColourIndex(tc)函数可以改变文本的颜色（或亮度），文本颜色参数 tc 指定了一个允许的颜色码。

字符大小则由打印机和排字机以磅（Point）为单位进行指定，1 磅是 0.013837 英寸（大约 1/72 英寸）。磅值计量指定了字符体的大小，但具有相同磅数的不同字体，按其字体设计的不同而具有不同的字符大小。在指定大小的一种字体中，所有字符的底线和顶线间的距离是相同的，但字符体的宽度可能不同。字符高度定义为字符基线（Baseline）和帽线（Capline）间的距离。

使用 setCharacterHeight(ch)函数可以在不改变字符高度比的情况下调整文本大小，参数 ch 设为一个大于零的实数值，从而设置大写字母的坐标高度，即用户坐标中基线和帽线间的距离。这些设置也将影响字符体的大小，因此需要调整字符的宽度和间距以保持相同的文本比例。

使用 setCharacterUpVector(upvect)函数可以设置字符串的显示方向，参数 upvect 是一个包含 x 和 y 两个分量的向量。

使用 setTextPath(tp)函数可以设置字符串的排列方式，参数 tp 可以设置成如下几个值之一：向右、向左、向上或向下。

使用 setTextAlignment(h,v)函数可以设置文本的对齐方式，参数 h 和 v 分别控制水平和垂直位置。其中，通过将 h 设置为 left、centre 或 right 值进行水平对齐设置，将 v 值设置为 top、cap、half、base 或 bottom 进行垂直对齐设置。

使用 setTextPrecision(tpr)函数可以设置文本的显示精度，参数 tpr 使用下列值之一进行设置，即 string（字符串）、char（字符）或 stroke（矢量/笔画）。当 tpr 为 stroke 值时，文本的显示质量最高；当 tpr 为 string 值时，文本的显示质量最低，通常用于快速显示字符串。

3.5　裁剪

裁剪（Clipping）是裁去窗口之外物体的一种操作。在二维图形显示处理中，首先在物体坐标系中取"景"，即在某一定观察范围（窗口）对原始图形进行"剪取"，保留窗口内的可见部分，舍弃窗口外的不可见部分，如图 3-40 所示。然后对窗口内保留的这一部分图形进行各种变换处理，并在屏幕上显示出来。这种先裁剪后变换的处理顺序可以省去许多不必要的后续变换处理工作，从而提高图形处理的速度。

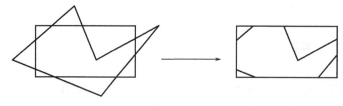

图 3-40   裁剪示意图

裁剪的基本目的是判断图形元素是否在所考虑的区域内，如在区域内，则进一步求出区域内的那一部分。因此，裁剪处理包含两部分内容：

（1）点在区域内外的判断。

（2）计算图形元素与区域边界的交点。

最直接的裁剪方法就是将图形经过扫描转换后变成像素的集合，然后对图形中的每一个像素进行裁剪，不过这样效率很低。由于组成图形、图像的每一个基本图形元素都要经过裁剪工作，因此效率的高低是至关重要的，下面就分别介绍一些常用的基本图形元素裁剪算法。

被裁剪的对象可以是线段、多边形、字符，也可以是三维图形，本节主要讨论二维裁剪。裁剪的边界（即窗口的边界）一般定义为标准矩形，即边与坐标轴平行的矩形，由上（$y=yt$）、下（$y=yb$）、左（$x=xl$）、右（$x=xr$）四条边界组成。

3.5.1　点的裁剪

点的裁剪是图形裁剪算法中最简单的情况，对于一点 $P(x, y)$，要判断其是否可见，可利用下面的不等式组来判断此点是否落在窗口范围内：

$$\begin{cases} xl \leqslant x \leqslant xr \\ yb \leqslant y \leqslant yt \end{cases}$$

满足上述不等式组的点则在窗口范围内，应予以保留；反之，该点落在窗口外，不可见，应舍弃（裁剪）。

3.5.2　直线裁剪

直线裁剪算法是最基本的裁剪算法。由于复杂的曲线可以通过折线段来模拟，因此直线裁剪算法是复杂图元裁剪的基础。

直线（线段）裁剪基于如下理论：对于矩形窗口（也可以推到一般凸多边形窗口），任何直线至多只有一段处于该窗口之内,即在此窗口范围内永远不会产生一条直线的两条或更多的可见部分线段。直线裁剪的基本思想是：判断直线与窗口的位置关系，确定该直线是完全可见、部分可见或完全不可见，然后输出处于窗口内线段的端点，并显示此线段。

直线段和窗口的关系可以分为以下 3 类（如图 3-41 所示）：

（1）整条线在窗口之内。此时，不需剪裁，显示整条线段。

（2）整条线在窗口之外，此时，不需剪裁，不显示整条线段。

（3）部分线在窗口之内，部分线在窗口之外。此时，需要求出线段与窗口边界的交点，并将窗口外的线段部分剪裁掉，显示窗口内的部分。

图 3-41　直线段与裁剪窗口的关系

常用的直线裁剪方法有三种：Cohen-Sutherland、中点分割算法和梁友栋-barskey 算法。

1. Cohen-Sutherland 裁剪算法

这种直线剪裁算法是由 Cohen 及 Sutherland 提出的，也称编码裁剪法。该算法的基本思想是：对于每条待裁剪的线段 P_1P_2 分三种情况处理：①若 P_1P_2 完全在窗口内，则显示该线段，简称"取"之；②若 P_1P_2 完全在窗口外，则丢弃该线段，简称"舍"之；③若线段既不满足"取"的条件，也不满足"舍"的条件，则求线段与窗口边界的交点，在交点处把线段分为两段，其中一段完全在窗口外，可舍弃之，然后对另一段重复上述处理。

为使计算机能够快速判断一条直线段与窗口属于何种关系，Cohen-Sutherland 直线剪裁算法以区域编码为基础，将窗口及其周围的八个方向以 4 bit 的二进制数进行编码，如图 3-42 所示。具体编码过程为延长窗口的四条边线（yt、yb、xr、xl），将二维平面分成九个区域。任何一条线段的端点都按其所处区域赋予 4 位编码 C_t、C_b、C_r、C_l。其中各位编码的定义如下：

$$c_t = \begin{cases} 1 & y > yt \\ 0 & \text{other} \end{cases} \quad c_b = \begin{cases} 1 & y < yb \\ 0 & \text{other} \end{cases} \quad c_r = \begin{cases} 1 & x > xr \\ 0 & \text{other} \end{cases} \quad c_l = \begin{cases} 1 & x < xl \\ 0 & \text{other} \end{cases}$$

即：

第一位为 1：端点处于上边界线的上方；

第二位为 1：端点处于下边界线的下方；

第三位为 1：端点处于右边界线的右方；

第四位为 1：端点处于左边界线的左方；

否则，相应位为 0。

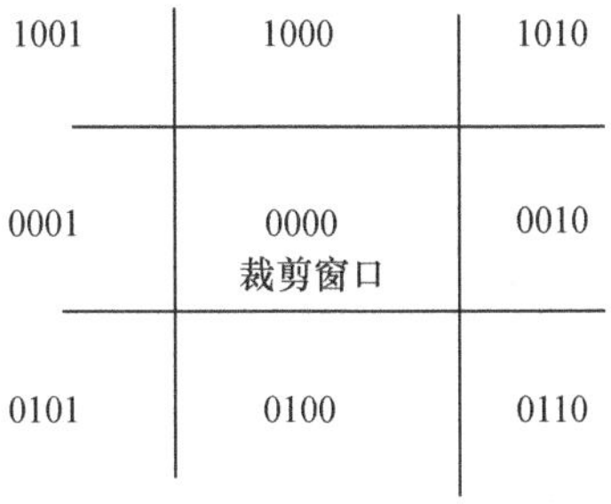

1001	1000	1010
0001	0000 裁剪窗口	0010
0101	0100	0110

图 3-42　区域编码

显然，如果某线段两个端点的四位二进制编码全为 0000，那么该线段完全位于窗口内，可直接保留；如果对两端点的四位二进制编码进行逻辑与（按位乘）运算，结果不为零，那么整条线段必位于窗口外，可直接舍弃；否则，这条线段既不能直接保留，也不能直接舍弃，它可能与窗口相交。此时，需要对线段进行再分割，即找到与窗口边线的一个交点，根据交点位置，赋予四位二进制编码，并对分割后的线段进行检查，决定保留、舍弃或再次进行分割。重复这一过程，直到全部线段均被舍弃或保留为止。

这个算法有两个优点：

（1）容易将不需剪裁的直线挑出。

（2）对可能剪裁的直线缩小了与之求交的边框范围。规则是如果直线的一个端点在上（下、左、右）域，则此直线与上边框求交，然后删去上边框以上的部分，该规则对直线的另一端点也适用。

例 3-10：如图 3-43 所示，裁剪 *AB*、*CD*、*EF* 直线段。

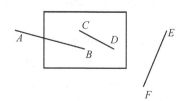

图 3-43　*AB*、*CD*、*EF* 直线段与裁剪窗口

解：根据编码算法，各直线段端点的四位二进制编码如下：

C：0000　　*D*：0000　　*C*、*D* 编码全为 0，*CD* 直线段直接保留。

E：0010　　*F*：0110　　*E*、*F* 编码进行逻辑与运算，结果为非 0，*EF* 直线段直接舍弃。

A：0001　　*B*：0000　　*A*、*B* 编码进行逻辑与运算，结果为 0000，此时要求 *AB* 与窗口边界的交点。

设 $A(x_1, y_1)$，$B(x_2, y_2)$，因为直线 *AB* 的端点 *A* 在左域，端点 *B* 在窗口内，故只求 *AB* 与左边线 *xl* 的交点，设交点为 (x^*, y^*)：

$$则\begin{cases} x^* = xl \\ y^* = y_2 - \dfrac{y_2 - y_1}{x_2 - x_1}(x_2 - x^*) \end{cases}$$

此时，若 $yb \leqslant y^* \leqslant yt$，则 (x^*, y^*) 为有效交点。

由此可推出与其他窗口边界求交的公式。

上述算法思想由下列主程序 clip_a_line 实现，其中参数与变量的含义如下：

x_1, y_1, x_2, y_2：输入直线两端点坐标。

code1, code2：两端点的编码，各四位。

done：是否剪裁完毕的标志，True 表示剪裁完毕。

display：是否需显示的标志，True 表示从点 (x_1, y_1) 到点 (x_2, y_2) 画一条直线段。

m：直线的斜率。

主程序 clip_a_line 调用四个子程序，功能分别为：

（1）encode(x, y, code, xleft, xright, ybottom, ytop)：判断点 (x, y) 所在的区域，赋予 code 以相应的编码。

（2）accept(code1, code2)：根据两端点的编码 code1, code2 判断直线是否在窗口内。

（3）reject(code1, c2)：根据两端点的编码 code1, code2 判断直线是否在窗口外。

（4）swap_if_needed(code1, code2)：判断 (x_1, y_1) 是否在窗口外，如果不在窗口外，则将 code1 值与 code2 值交换。

```
/*  Cohen-Sutherland裁剪算法  */
clip_a_line(x1, y1, x2, y2, xleft, xright, ybottom, ytop)
int x1, x2, y1, y2; xleft, xright, ybottom, ytop;
```

```
{
    int i, code1[4], code2[4], done, display;
    float m;
    int x11, x22, y11, y22, mark;
    done = 0;
    display = 0;
    while(done = = 0)
      {
        x11=x1; x22=x2; y11=y1; y22=y2;
        encode(x1, y1, code1, xleft, xright, ybottom, ytop);
        encode(x2, y2, code2, xleft, xright, ybottom, ytop);
        if(accept(code1, code2))
            {
                done=1;
                display=1;
                break;
            }
        else
            if(reject(codel, code2))
                {
                    done=1;
                    break;
                }
        mark=swap_if_needed(code1, code2);
        if(mark= =1)
            {
                x1=x22;
                x2=x11;
                y1=y22;
                y2=y11;
            }
        if(x2= =x1) m=-1;
        else
            m=(float)(y2-y1) / (float) (x2-x1);
        if(codel[0])
            {
                x1+=( ybottom -y1) /m;
                y1= ybottom;
            }
        else if (code1[1])
            {
                x1 - =(y1- ytop) /m;
                y1= ytop;
            }
        else if (code1[2])
            {
                y1 - =(x1- xleft) * m;
                x1 = xleft;
```

```
                }
        else if (code[3])
                {
                        y1+=( xright -x1) * m;
                        x1= xright;
                }
    }
    if(display = =1) line (x1, y1, x2, y2);
}

encode (x, y, code, xleft, xright, ybottom, ytop)
int x, y, code[4], xleft, xright, ybottom, ytop;
{
    int i;
    for (i=0; i<4; i++) code[i] =0;
    if (x< xleft) code[2] =1;
    else if (x> xright) code[3] =1;
    if(y> ytop)code[1]=1;
    else if (y<ybottom) code[0]=1;
}

accept(code1, code2)
int code1[4], code2[4];
{
    int i, flag;
    flag=1;
    for(i=0; i<4; i++)
     {
        if((code1[i]= = 1) | | (code2[i] = = 1))
        {
            flag=0;
            break;
        }
     }
    return(flag);
}

reject(code1, code2)
int code1[4], code2 [4];
{
    int i, flag;
    flag=0;
    for(i=0; i<4; i++)
    {
      if((code1[i] = =1) && (code2 [i])= =1))
      {
            flag=1;
            break;
```

```
        }
    }
    return(flag);
}


swap_if_needed(code1, code2)
int code1[4], code2[4];
{
    int i, flag1, flag2, tmp;
    flag1=1;
    for(i=0; i<4; i++)
        if(code1[i] = = 1)
            {
                flag1=0;
                break;
            }
    flag2=1;
    for(i=0; i<4; i++)
        if (code2[i]= = 1)
            {
                flag2=0;
                break;
            }
    if ((flag1= =0)&&(flag2= = 0))return(0);
    if ((flag1= =1)&&(flag2 = =0))
    {
        for(i=0; i<4; i++)
            {
                tmp=code1[i];
                code1[i]=code2[i];
                code2[i]=tmp;
            }
        rerurn(1);
    }
    return(0);
}
```

2. 中点分割算法

编码裁剪算法需要求直线段与窗口边界的交点，而中点分割算法不需要求交点。该算法的基本思想是：当一条直线段既不能直接保留也不能直接舍弃时，需要求其与区域的交点，不断地用对分方法，舍去线段的不可见部分，用中点逼近线段与窗口边界的交点。

如图 3-44 所示，要裁剪线段 P_1P_2，中点分割算法分两个过程平行进行。

（1）首先对线段端点进行编码，若 P_1P_2 可直接保留或舍弃，算法结束，否则进入下一过程。

（2）从 P_1 出发，找出离 P_1 最远的可见点 B；从 P_2 出发，找出离 P_2 最远的可见点 A；两点的连线 AB 即为原线段 P_1P_2 的可见部分。

可见点就是线段落在窗口内的点。以找出离 P_1 最远的可见点 B 为例，寻找可见点 A 的过程与之相似。

① 如果 P_2 可见，则 P_2 就是 B，否则执行②。

② 对分 P_1P_2，求其中点 P_m，P_m 把线段 P_1P_2 分为两段。可知中点坐标为：

$$x_{pm}=(x_{p1}+x_{p2})/2$$
$$y_{pm}=(y_{p1}+y_{p2})/2$$

这个计算过程只需加法和移位操作即可实现。

③ 如果 P_m 可见，把原问题转化为对 P_mP_2 求离 P_1 最远的可见点；如果 P_m 不可见，把原问题转化为对 P_1P_m 求离 P_1 最远的可见点。

④ 重复执行上述过程，一直进行到中点与线段端点的距离达到要求的极小误差时为止。此时的中点即为所求的 B 点。

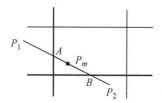

图 3-44　中点分割算法示意图

假定待裁剪线段的水平分量和垂直分量中较长的那个分量是 M，则中点分割裁剪至多在 $\log_2 M$ 步后结束。

3. 梁友栋-Barsky 裁剪算法

梁友栋和 Barsky 提出了更快的参数化裁剪算法。定义直线的参数化方程为：

$$\begin{cases} x = x_1 + u\Delta x \\ y = y_1 + u\Delta y \end{cases} \quad 0 \leqslant u \leqslant 1$$

首先按参数化形式写出裁剪条件：

$$XL \leqslant x_1 + u\Delta x \leqslant XR$$
$$YB \leqslant y_1 + u\Delta y \leqslant YT$$

这四个不等式可以表示为如下形式：

$$up_k \leqslant q_k \quad k = 1, \ 2, \ 3, \ 4$$

其中，参数 p_k，q_k 定义为：

$$p_1 = -\Delta x \quad q_1 = x_1 - XL \quad p_2 = \Delta x \quad q_2 = XR - x_1$$

$$p_3 = -\Delta y \quad q_1 = y_1 - YB \quad p_4 = \Delta y \quad q_4 = YT - y_1$$

任何平行于裁剪边界之一的直线为 $p_k=0$，其中 k 对应于裁剪边界（k=1、2、3、4 对应于左、右、下、上边界），如果还满足 $q_k<0$，则线段完全在边界外，舍弃该线段。如果 $q_k \geqslant 0$，则该线段平行于裁剪边界，并且在窗口内。

当 $p_k<0$ 时，线段从裁剪边界延长线的外部延伸到内部。

当 $p_k>0$ 时，线段从裁剪边界延长线的内部延伸到外部。

当 $p_k \neq 0$ 时，可以计算出线段与边界 k 的延长线的交点的 u 值，$u=q_k/p_k$。

对于每条直线，可以计算出参数 u_1 和 u_2，它们定义了在裁剪矩形内的线段部分。u_1 的值由线段从外到内遇到的矩形边界决定（$p<0$）；u_2 的值由线段从内到外遇到的矩形边界决定（$p>0$）。

梁友栋-Barsky 裁剪算法寻找线段可见部分（如果有可见线段）的过程可以归结为如下四个步骤：

（1）如果对所有 k 都有 $p_k=0$ 和 $q_k<0$，删除线段并结束，否则继续执行下一步。

（2）对所有 $p_k<0$ 的 k，计算 $r_k=q_k/p_k$，将 0 和各 r_k 值中的最大值赋给 u_1。

（3）对所有 $p_k>0$ 的 k，计算 $r_k=q_k/p_k$，将 1 和各 r_k 值中的最小值赋给 u_2。

（4）如果 $u_1>u_2$，则线段完全落在裁剪窗口之外，不可见，可直接舍弃。否则，裁剪后线段的端点由参数 u 的两个值 u_1、u_2 计算得出。

梁友栋-Barsky 裁剪算法的程序如下：

```
void LBClipLine(x1,y1,x2,y2,XL,XR,YB,YT)
float x1,y1,x2,y2,XL,XR,YB,YT;
{ float dx,dy,u1,u2;
  tl=0;tu=1;
  dx =x2-x1;
  dy =y2-y1;
  if(ClipT(-dx,x1-Xl,&u1,&u2)
   if(ClipT(dx,XR-x1, &u1,&u2)
     if(ClipT(-dy,y1-YB, &u1,&u2)
       if(ClipT(dy,YT-y1, &u1,&u2)
       {
          displayline(x1+u1*dx,y1+u1*dy, x1+u2*dx,y1+u2*dy)
          return;
       }
}
bool ClipT(p,q,u1,u2)
float p,q,*u1,*u2;
{ float r;
  if(p<0)
   { r=q/p;
     if(r>*u2)return FALSE;
     else if(r>*u1)
     { *u1=r;
       return TRUE;
     }
   }
  else if(p>0)
  { r=p/q;
    if(r<*u1) return FALSE;
    else if(r<*u2)
    { *u2=r;
      return TRUE;
    }
  }
  else if(q<0) return FALSE;
  return TRUE;
}
```

3.5.3 多边形裁剪

多边形可描述为由一组顶点按一定顺序连接而成的有向点列。为以后处理方便，将多边形的顶点按逆时针方向顺序连接成一个环来描述多边形的组成。顺序连接两点的直线段表示一有向线段。该环可用一链表结构描述。

如图 3-45 所示的多边形可描述为 1—2—3—4—1 的链表形式。

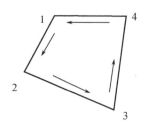

图 3-45 多边形的描述方式

多边形的裁剪基于直线的裁剪，因为可以把它分解为边界的线段，逐段进行裁剪，但它又不同于直线的裁剪：首先，多边形的各条边是顺次连接的，而直线裁剪是把一条线段的两个端点孤立地加以考虑，这样裁剪后的各条边不一定能保持原来的连接顺序；其次，计算机图形学中的多边形通常认为是封闭的图形，裁剪后的图形仍应该是封闭的，而简单的直线裁剪会造成许多孤立的线段，如图 3-46 所示，这时，应将一部分窗口的边界变成裁剪后多边形的边界。

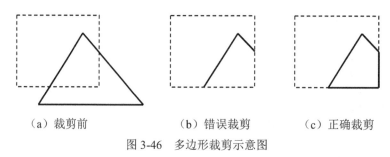

（a）裁剪前   （b）错误裁剪   （c）正确裁剪

图 3-46 多边形裁剪示意图

由此看出，多边形的裁剪要比直线裁剪复杂。本小节将介绍两种多边形裁剪算法：Sutherland-Hodgman 算法和 Weiler-Atherton 算法。

1. Sutherland-Hodgman 算法

这个算法是由 Sutherland 和 Hodgman 于 1974 年提出的，该算法的基本思想是：每次用窗口的一条边界对多边形进行裁剪，把落在窗口外部的图形去掉，落在窗口内部的图形保留，并把它作为下一次待裁剪的多边形。这样，连续用窗口的四条边界对原始多边形进行裁剪后，最后得到的就是裁剪后的结果多边形。

算法的每一步考虑窗口的一条边界及其延长线构成的裁剪线。该裁剪线把平面分成两个部分：一部分包含窗口，称为可见一侧；另一部分称为不可见一侧。依序处理多边形各边时会有四种情况。如图 3-47 所示，以窗口左边界为例，四种情况如下：

（1）边 SP 全部处于可见一侧：此时将终点 P 放入新的顶点序列。

（2）边 SP 全部处于不可见一侧：此时没有点放入新的顶点序列。

（3）边 SP 从可见一侧进入不可见一侧：此时将 SP 与窗口边界的交点 I 放入新的顶点序列。

（4）边 SP 从不可见一侧进入可见一侧：此时将 SP 与窗口边界的交点 I 和终点 P 放入新的顶点序列。

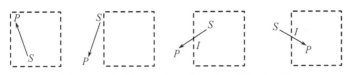

图 3-47　有向边 SP 与裁剪线的 4 种位置关系

裁剪过程中，应该记录窗口边界裁剪后的第一个点（即多边形边界与窗口边界的交点），用它和该边界裁剪后的最后一个点定义的线段封闭多边形。对于其他 3 条裁剪线，4 种位置关系及算法框图都一样，只是判断点在窗口哪一侧以及求线段 SP 与裁剪边的交点算法应随之改变。

例 3-11：对如图 3-48 所示的多边形（点 1、2、3、4 为多边形顶点，点 5、6、7、8 为多边形与窗口边界及其延长线的交点）进行裁剪，依次得到的多边形顶点序列如下所示。

初始多边形的顶点序列：1－2－3－4－5；

经过窗口左边界裁剪后的多边形的顶点序列：1－5－6－3－4－1；

继续经窗口下边界裁剪后的多边形的顶点序列：1－5－7－8－4－1；

继续经窗口右边界裁剪后的多边形的顶点序列：1－5－7－8－4－1；

继续经窗口上边界裁剪后的多边形的顶点序列：1－5－7－8－4－1；

结果多边形的顶点序列：1－5－7－8－4－1；

依次连接结果多边形的顶点序列，就得到了需要的结果多边形。

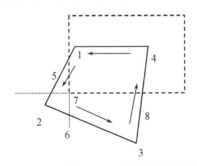

图 3-48　Sutherland-Hodgman 算法裁剪多边形示意图

有时使用此算法会出现意想不到的结果。

例 3-12：如图 3-49 所示，正确的裁剪结果应该由两个不连通的子多边形组成，如图（b）所示，但是此算法的裁剪结果增加了额外的边，使其两部分连在一起，如图（c）所示。

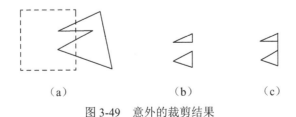

（a）　　　　　　　（b）　　　　　（c）

图 3-49　意外的裁剪结果

此时，可以通过后处理，从相反方向画多余的边，从而删除它们。除此之外，下面要介绍的 Weiler-Atherton 算法能够很好地解决这类问题。

Sutherland-Hodgman 算法的程序实现如下：

主程序 SHclip 含有如下输入参数：

x，y 是两个长度为 n 的数组，存放多边形顶点坐标。

xright，xleft，ytop，ybottom 是窗口的边界。

输出参数：一个剪裁后的多边形，顶点仍放在 x，y 数组中，长度为修改了的 n。

SHclip 调用 2 个子程序：

（1）clip_single_edge(edge, type, n_in, y_in, n_out, x_out, y_out)：将多边形与窗口的一条边 edge 相剪裁，其中输入参数为：

edge：窗口边线的值，可以是 xright、ybottom、xleft、ytop 四种值中的一种。

type：窗口边线的类型，可以是 right、left、top、bottom 四种值中的一种。

x_in、y_in、n_in：输入多边形顶点坐标及个数。

输出参数为 x_out、y_out、n_out，是输出多边形的新顶点序列坐标及个数。

（2）test_intersection(edge, type, x1, y1, x2, y2, x_out, y_out, yes, is_in)：该程序的输出参数为 is_in、yes 和 x_out、y_out，功能如下：

①判断当前点(x_2, y_2)是否在所剪裁的窗边 edge 的内侧，如是，is_in 为 True；否则，is_in 为 False。

②判断(x_2, y_2)与先前点(x_1, y_1)是否分别在 edge 的异侧，如是，yes 为 True；否则，yes 为 False。

③如果 yes=True，求出边$(x_1, y_2)(x_2, y_2)$与 edge 的交点坐标，存入 x_out 和 y_out。

```
SHclip (Xright, Xleft, Ytop, Ybottom, n, x, y)
int Xright, Xleft, Ytop, Ybottom, n, *x, *y;
{
   int * x1, *y1, n1;
   clip_single_edge(Xright, right, n, x, y, &n1, &x1, &y1);
   clip_single_edge(Ybottom, bottom, n1, x1, y1, &n, &x, &y);
   clip_single_edge(Xleft, left, n, x, y, &n1, &x1, &y1);
   clip_single_edge(Ytop, top, n1, x1, y1, &n, &x, &y);
}


clip_single_edge(edge, type, nin, xin, yin, nout, xout, yout)
int edge, type, nin, *xin, *yin, *nout, *xout, *yout;
{
   int i, k, yes, is_in;
   int x, y, x_intersect, y_intersect;
   {
        x=xin[nin]; y=yin[nin];
        k=0;
      for(i=0; i<nin; i++)
      {
       test_intersect(edge, type, x, y, xin[i], yin[i],&x_intersect,
&y-intersect, &yes, &is_in);
         if (yes) {        /* yes 表示两点是否在 edge 之异侧*/
             xout[k]=x_intersect;
```

```
                    yout[k]=y_intersect;
                    k++;
                    }
            if(is_in) {          /*is_in 表示 xin[i], yin[i]是否在 edge 之内侧*/
                    xout[k]=xin[i];
                    yout[k]=yin[i];
                    k++;
                    }
            x=xin[i];
            y=yin[i];
        }
    }
}


test_intersect(edge, type, x1, y1, x2, y2, xout, yout, yes, is_in)
int edge, type, x1, y1, x2, y2; *xout, *yout, *yes, *is_in;
{
    float m;
    is_in=yes=0;
    m=(y2-y1)/(x2-x1);
    switch(type)
    {
    case right :
            if (x2<edge) {
                    is_in=1;
                    if(x1>edge) yes=1;
                        }
            else if (x1<=edge)yes=1;
            break;
    case bottom:
            if(y2>=edge) {
                    is_in=1;
                    if(y1<edge)yes=1;
                        }
            else if (y1>=edge) yes=1;
            break;
    case left:
            if (x2>=edge) {
                    is_in=1;
                    if(x1<edge)yes=1;
                        }
            else if (x1>=edge)yes=1;
            break;
    case top :
             if(y2<=edge) {
                    is_in=1;
                    if(y1>edge)yes=1;
                        }
             else if (y1<=edge)yes=1;
```

```
default : break;
}
if(yes)if((type= =right) | | (type= =left))
    {
            xout = edge; yout=y1+m * (xout-x1);
        }
else {
            yout=edge; xout=x1+(yout-y1)/m;
        }
    }
}
```

2．Weiler-Atherton 裁剪算法

这个算法是由 Weiler 和 Atherton 于 1977 年提出的，该算法的基本思想是：将待裁剪多边形（简写为 P_1）和裁剪矩形窗口（简写为 P_2）均设定为按顺时针方向排列，因此，沿多边形的一条边走动，其右边为多边形的内部。算法从 P_1 的任一顶点出发，沿着它的边向下处理，当 P_1 和 P_2 相交时（假定交点为 I）：

（1）若 P_1 的边是进入 P_2，则继续沿 P_1 的边往下处理，同时输出该线段。

（2）若 P_1 的边是从 P_2 中出来，则从此交点 I 开始，沿着窗口边框向右检测 P_2 的边，即用 P_2 的有效边框裁剪 P_1 的边，找到 P_1 和 P_2 最靠近交点 I 的新交点，同时输出由 I 到 S 之间窗边上的线段；

（3）返回交点 I，再沿着 P_1 处理各条边，直到处理完 P_1 的每一条边，回到起点为止。

例 3-13：如图 3-50 所示说明了利用 Weiler-Atherton 算法裁剪多边形的过程。其中，实线框表示待裁剪的多边形，虚线框表示裁剪矩形窗口。

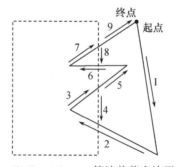

图 3-50　Weiler-Atherton 算法裁剪多边形示意图

Weiler-Atherton 算法进一步发展为 Weiler 算法，引入了构造实体几何图形的思想，可以按照任意多边形裁剪区域来裁剪多边形。有兴趣的读者可以参考有关文献，在此不过多介绍。

3.5.4　曲线裁剪

曲线边界的区域也可以使用类似前面的方法进行裁剪。曲线的裁剪过程涉及非线性方程，与线性边界的区域相比，需要更多的处理。

对于被裁剪的曲线所围成的区域，首先找出包围（外接）此区域的最小矩形，称其为曲线边界对象的包围矩形（或包围盒）。然后测试包围矩形是否与矩形裁剪窗口有重叠。如果对象的包围矩形完全落在裁剪窗口内，则全部保留该对象，如图 3-51（a）所示。如果对象的包

围矩形完全落在裁剪窗口外，则全部舍弃该对象，如图 3-51（b）所示。如果不满足上述矩形测试的条件，则求解直线—曲线联立方程组，得出裁剪窗口与曲线边界线的交点，即裁剪交点，再进行判断，如图 3-51（c）所示。也可以用裁剪窗口的每条边界线逐次裁剪曲线区域，保留其窗口边界线内的部分区域曲线。这里不再详细介绍。

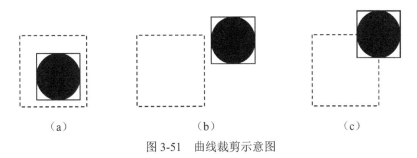

（a）　　　　　　　　（b）　　　　　　　　（c）

图 3-51　曲线裁剪示意图

3.5.5　字符裁剪

字符剪裁有如下三种可供选择的方法（如图 3-52 所示）。

1. 字符串裁剪

这种方法是把整个字符串作为整体来对待。如果某个字符串的所有字符均落在裁剪窗口内，则全部保留；否则，舍弃整个字符串，如图 3-52（b）所示。这种裁剪方法速度最快，但裁剪精度很低。

2. 字符裁剪

这种方法分别对每个字符进行处理。如果某个字符全部落在裁剪窗口内，则保留字符；否则，舍弃该字符，如图 3-52（c）所示。

3. 矢量/像素裁剪

这种方法把每个字符都看作是由一系列矢量（线段）或像素构成的，故对每一个矢量或像素都必须个别地进行裁剪，裁掉落在窗口之外的字符部分，如图 3-52（d）所示。如果是矢量字符，可以用直线裁剪算法或曲线裁剪算法来处理；如果是点阵字符，则通过比较各个像素与裁剪窗口的相对位置来处理。这种裁剪方式速度最慢，但裁剪的精度很高。

（a）裁剪之前　　　（b）字符串裁剪　　（c）字符裁剪　　（d）矢量/像素裁剪

图 3-52　字符裁剪示意图

3.5.6　三维图形的裁剪

三维图形必须经过投影变换才能在计算机屏幕上显示出来。为了避免对根本不在投影窗口内的物体做投影变换，减少计算量，通常直接在三维窗口进行裁剪。

采用投影的方法不同，三维窗口的取法也不同。对于平行投影，可取长方体作为三维裁剪窗口；对于透视投影，可取四棱台作为三维裁剪窗口。这里以平行投影为例讨论三维线段的裁剪方法，其余方式可以参考相关资料或自行推导。

取长方体作为三维裁剪窗口，窗口的六个面的方程为：

左表面方程：$x = xl$

右表面方程：$x = xr$

下表面方程：$y = yb$

上表面方程：$y = yt$

前表面方程：$z = zf$

后表面方程：$z = zb$

窗口区域内的点(x,y,z)满足：

$$\begin{cases} xl \leqslant x \leqslant xr \\ yb \leqslant y \leqslant yt \\ zf \leqslant z \leqslant zb \end{cases}$$

如果把二维线段的 Cohen-Sutherland 裁剪算法稍加改进，就能推广到三维平行投影的裁剪算法中。

对空间任意一点 $P(x,y,z)$按其所处位置赋予如下 6 位二进制编码：

第一位为 1：P 点处于窗口左表面的左方；

第二位为 1：P 点处于窗口右表面的右方；

第三位为 1：P 点处于窗口下表面的下方；

第四位为 1：P 点处于窗口上表面的上方；

第五位为 1：P 点处于窗口前表面的前方；

第六位为 1：P 点处于窗口后表面的后方；

否则：相应位为 0。

对于空间任意一条直线段 $P_1(x_1,y_1,z_1)$、$P_2(x_2,y_2,z_2)$，按照上述规则分别赋予编码值。

（1）如果两个端点的编码全为"0000"，那么该线段完全位于窗口的空间内，可直接保留。

（2）如果对两端点的编码进行逻辑与运算，结果不为零，表示两端点有一相同位"1"，则两端点在窗口的同侧位置，那么整条线段必位于窗口外，可直接舍弃。

（3）若均不属于前两种情况，则这一线段既不能直接保留，也不能直接舍弃，它可能与窗口相交。此时，需要计算出线段与窗口表面的交点，并将线段分段后继续处理，直到余下的线段符合前两种简单情况为止。

同样，也可以将二维的中点分割算法和梁友栋-Barsky 裁剪算法推广到三维。

3.6 反走样

对图形进行光栅化时，是用离散的像素显示在连续空间中定义的对象。这种用离散量表示连续量时引起的失真现象称为走样；用于减少或消除走样的技术称为反走样。

3.6.1 光栅图形的走样现象

1. 阶梯形走样

这是一种常见的走样现象。像素是有面积的，并不是理想中面积为 0 的点。由于显示器的空间分辨率有限，对于除水平、垂直、±45°以外的直线，因像素逼近误差，会使所画图形产生畸变（阶梯、锯齿）现象，又如在一个填充区域的边界也经常会看到阶梯形或者锯齿形现象。

2. 狭小图形遗失

如图 3-53 所示，在光栅图形终端上显示细长的多边形时，由于仅当像素中心被这些多边形覆盖时像素才被显示，对于一些分布在两条扫描线之间的狭小的多边形，因为它们不覆盖任何一个像素的中心，所以在显示时都遗失了。

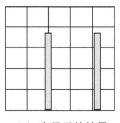
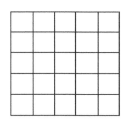

（a）应显示的结果　　　　　（b）实际显示的结果

图 3-53　狭小图形遗失

3. 细节失真

如图 3-54 所示，由于像素是图形显示的最小单位，当一些细小的多边形覆盖了像素的中心时，即使多边形没有像素宽，也至少要以像素的宽度显示，从而造成图形中那些比像素更窄的细节变宽。

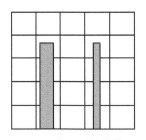
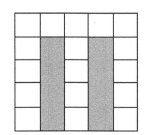

（a）应显示的结果　　　　　（b）实际显示的结果

图 3-54　细节失真

除了静态图形的走样之外，动画序列中狭小的图形也会时隐时现，产生闪烁现象，如图 3-55 所示。

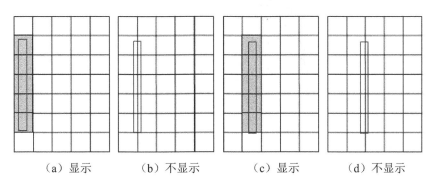

（a）显示　　　（b）不显示　　　（c）显示　　　（d）不显示

图 3-55　动画图形的闪烁

4. 亮度不等

不同方向的直线亮度不等，效果会走样。在光栅亮度相同的情况下，斜线比水平线或垂直线感觉要暗，产生这个问题的原因在于水平或垂直线上像素点之间相距一个单位，而对角线上像素点之间相距 1.414 个单位，密度的不同造成了视觉亮度的不同。

为了提高图形的质量，常采用一些算法减少走样现象，称为反走样算法。

3.6.2 常用反走样技术

1. 提高分辨率

可以分别从硬件和软件两方面提高分辨率。

（1）硬件方法：采用高分辨率的光栅扫描显示器。

如图 3-56 所示，把光栅扫描显示器的分辨率提高一倍，每个阶梯的宽度也减小了一倍，走样没有以前明显，所以可用此方法来改善图形质量。但是这种方法经济成本较高，而且分辨率也不能无限提高，要受到生产技术和系统资源的制约，因此并不是最好的办法。

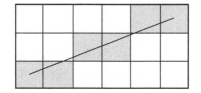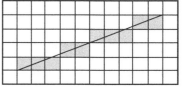

图 3-56　提高分辨率

（2）软件方法：采用高分辨率计算，低分辨率显示。这种方法的经济成本较低，而且易于实现。

高分辨率计算是指将低分辨率的图形显示像素划分为许多子像素，如 2×2 划分、3×3 划分等，然后用扫描转换算法求得每个像素内的各个子像素的颜色或灰度值。如图 3-57 所示，将每个像素划分成四个子像素。

低分辨率显示是指对一像素内的各个子像素的颜色或灰度值求算术平均或加权平均，将平均值作为显示该像素的颜色或灰度值。

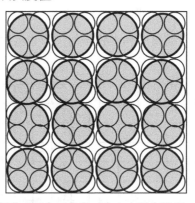

图 3-57　将每个像素划分成四个子像素（实心大圆为像素，空心小圆为子像素）

2. 像素移相

像素移相是基于硬件的消除锯齿技术。图形系统可以把每个独立像素从原位置在像素网格内移动小数单位（通常是 1/4 或 1/2）。把像素点移近真正直线或其他图元，这种方法能有效消除阶梯效应，同时不改变明显的边界。

3．预过滤和后过滤

预过滤和后过滤是两种普遍使用的消除锯齿技术。过滤的概念源自信号处理领域，亮度值由不同频率的连续信号组成。整个区域固定的亮度值对应在低频区，突变颜色或分明的边界对应在高频区。为了减少图像中直线和其他元素的锯齿效应，必须减少亮度突变，或者滤去高频信号。预过滤方法在采样前过滤，从连续空间的原信号分离出正确的像素点。后过滤方法在采样后过滤，从连续信号获取离散采样进行像素计算。

4．简单的区域取样

前面介绍的扫描转换算法将直线看作是一个宽度为 0 的理想图素，而像素点在赋值时被当作一个整体来看待，要么被赋为图素的颜色，要么不作改变。实际上，直线是有宽度的，像素也是一个有面积的区域。

如图 3-58 所示，将直线看成一个具有一定宽度的矩形，将屏幕上的像素点看成一系列互相连接的小方格的二维矩阵，形成一个二维网格，而像素的中心点则位于网格的定义点上。在这种情况下，像素点的颜色或灰度值与它落在直线条内的面积成正比。在多灰度黑白显示器上，在白色背景上画一条黑线时，如果一个像素点小方格完全被直线覆盖，则该点的值为黑色；如果部分地被直线覆盖，则像素值为灰色，其值正比于被直线所覆盖面积的份额。这种方法称为简单的区域取样方法，其结果是使图形的边界不具有鲜明的阶梯状，而在黑白两色之间有一个平缓的过渡，从而减轻走样效果。

可以利用数学方法精确地求出直线与像素的相交面积。除此之外，还可以利用一种离散计算方法求相交区域的近似面积，步骤如下：

（1）将屏幕像素分割成 n 个更小的子像素。

（2）计算中心点落在直线段内的子像素的个数 m。

（3）m/n 为线段与像素相交区域面积的近似值。

如图 3-59 所示，子像素个数为 16，中心点落在直线段内的子像素有 3 个，所以直线与像素的相交面积近似为 3/16。

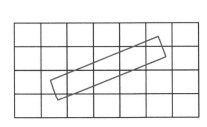

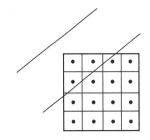

图 3-58　简单的区域取样　　　　　图 3-59　直线与像素相交区域的近似面积

这种方法也存在如下一些不足。

（1）像素的颜色或灰度值与相交（覆盖）区域的面积成正比，而与相交区域落在像素内的位置无关，这仍然会导致锯齿效应。

（2）沿理想直线方向的相邻两个像素的颜色或灰度值会有较大差异。

5．加权区域取样

为了克服上述两个缺点，可以采用加权区域取样方法。与简单的区域取样法不同，在这种方法中，当直线形成的矩形与某像素点小方格相交时，对该像素点的贡献不仅与该矩形所覆盖的面积大小有关，而且与所覆盖的面积距像素中心点的远近有关，离中心点越近，贡献越大，离中心点越远，贡献越小。而且，为了避免图素移动时在屏幕上引起闪烁，加权的面积采样法还可以使图素离像素点很近且不相交时，就开始对该像素点的值有影响。

从取样理论的角度来看，简单的区域取样相当于一个像素具有一个立方体形的过滤函数，在该像素的小方格范围内，过滤函数的值相等，如图 3-60 所示。该过滤函数决定了表示直线的矩形对像素点贡献的权值。因此只有当直线与像素小方格相交时，该过滤函数才起作用，而对该像素值的贡献则取决于所覆盖的小方格面积乘以过滤函数的值。由于过滤函数的值在小方格范围内是常数，因此，对该像素的贡献只与覆盖面积的大小有关，而与覆盖面积的位置无关。

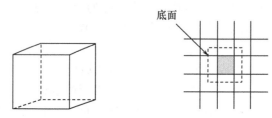

图 3-60　简单的区域取样的立方体形过滤函数

加权的区域取样相当于一个像素具有一个非恒定值的过滤函数。例如，在像素点中心处，过滤函数的值最大，随着离像素点中心距离的增加，过滤函数呈线性衰减。如果设过滤函数在 x, y 方向上是对称的，那么它是一个圆锥形的过滤函数，该圆锥的底面（即过滤函数的支撑范围）半径应等于单位网格的距离，如图 3-61 所示。由于圆锥形过滤函数的支撑范围大于一个小方格，因此当直线与支撑范围相交但尚未与小方格相交时，就会对该像素点的值有贡献。而且，直线对像素点的贡献取决于所覆盖的小方格面积乘以过滤函数的值，因过滤函数在小方格范围内不是常数，因而与覆盖面积所在的位置有关。

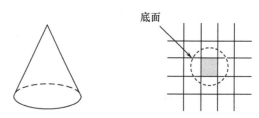

图 3-61　加权区域取样的圆锥形过滤函数

过滤函数值的运算量是很大的，为此可采用离散计算方法。首先，将像素均匀分割成 n 个子像素，则每个像素的面积为 $1/n$。计算每个子像素对原像素的贡献，并保存在一张二维的加权表中，然后求出所有中心落于直线段内的子像素，最后计算所有这些子像素对原像素亮度贡献之和的值。该值乘以像素的最大灰度值作为该像素的显示灰度值。例如，将像素划分为 $n = 3 \times 3$ 个子像素，加权表可以取为：

$$\begin{bmatrix} w1 & w2 & w3 \\ w4 & w5 & w6 \\ w7 & w8 & w9 \end{bmatrix} = \frac{1}{16} \begin{bmatrix} 1 & 2 & 1 \\ 2 & 4 & 2 \\ 1 & 2 & 1 \end{bmatrix}$$

这种方法的特点是：

（1）接近理想直线的像素将被分配更多的灰度值。

（2）相邻两个像素的过滤器相交，有利于缩小直线条上相邻像素的灰度差。

3.7　平面图形的绘制

在计算机图形学中，平面图形的绘制是最基本的内容。掌握了一些简单的平面图形的绘制方法，有助于理解和拓展复杂图形的绘制方法。下面介绍几种平面图形的绘制方法。

3.7.1　直线的绘制

图形系统的有关信息和原型包含在头文件 graphics.h 中，在使用图形函数的程序中，必须嵌入头文件 graphics.h。

当屏幕是字符模式时，左上角坐标为(1,1)，而在图形状态下，左上角为(0,0)。

例 3-13：画一个蓝色矩形和一个红色三角形，背景为白色。

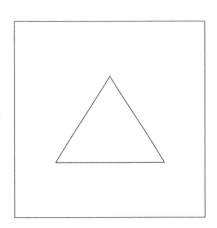

```
#include<graphics.h>
main()
{
    int graphdriver,graphmode;
    graphdriver=DETECT;
    graphmode=0;
    initgraph(&graphdriver,&graphmode," ");
    cleardevice();
    setbkcolor(WHITE);
    setcolor(BLUE);
    rectangle(50,50,400,400);
    setcolor(RED);
    line(100,300,300,300);
    moveto(100,300);
    lineto(200,100);
    lineto(300,300);
    getch();
    closegraph();
}
```

例 3-14：画一个由数组 *a* 定义的折线段。

```
#include<graphics.h>
main()
{
    int graphdriver,graphmode;
    int a[]={0,50,100,240,200,240,300,50};
    graphdriver=DETECT;
    graphmode=0;
    initgraph(&graphdriver,&graphmode," ");
    cleardevice();
    setbkcolor(LIGHTGRAY);
    setcolor(BLUE);
    drawpoly(4,a);
    getch();
    closegraph();
}
```

当数组中第一点的坐标与最后一点的坐标相同时，画出的折线段为闭合的多边形。

3.7.2　圆的绘制

设圆的半径为 r，圆心坐标为 (x_0, y_0)，则圆的方程为：

$$\begin{cases} x = x_0 + r \cdot \cos\theta \\ y = y_0 + r \cdot \sin\theta \end{cases}$$

绘制圆的方法是：将圆分成若干份，以直线段代替圆弧段连续画出每一段线。圆分成的份数越多，画出来的圆越光滑。

例 3-15：绘制一个圆心坐标为(200,200)，半径为 100 的圆，该圆等分为 120 份。

```
#include<graphics.h>
#include<math.h>
main()
{
    int graphdriver,graphmode;
    int i,x0=200,y0=200,r=100;
    float q,x,y,t=2*3.1416/120;
    graphdriver=DETECT;
    graphmode=0;
    initgraph(&graphdriver,&graphmode," ");
    cleardevice();
    setbkcolor(LIGHTGRAY);
    setcolor(BLUE);
    for(i=0;i<=120;i++)
    {
      q=t*i;
      x=r*cos(q)+x0;
      y=r*sin(q)+y0;
      if(i==0) moveto(x,y);
      lineto(x,y);
    }
    getch();
    closegraph();
}
```

说明：这个程序中用到了 cos 函数和 sin 函数，因此必须包含头文件 math.h。

3.7.3　利用圆绘制的图形

1. 正多边形的绘制

在绘制圆的程序中，若将圆分成需要的份数，如 6 份或 8 份，就会得到正六边形或正八边形。将例 3-15 中的语句作如下改动，每次运行程序时输入多边形的边数 n，就会得到所需要的多边形。

例 3-16：绘制正六边形。

```
#include<graphics.h>
#include<math.h>
main()
```

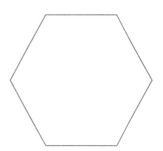

```
{
    int graphdriver,graphmode;
    int n,i,x0=200,y0=200,r=100;
    float q,x,y,t;
    graphdriver=DETECT;
    graphmode=0;
    initgraph(&graphdriver,&graphmode," ");
    cleardevice();
    setbkcolor(WHITE);
    setcolor(BLUE);
      printf("n=");
      scanf("%d",&n);
      t=2*3.1416/n;
    for(i=0;i<=n;i++)
    {
      q=t*i;
      x=r*cos(q)+x0;
      y=r*sin(q)+y0;
      if(i==0) moveto(x,y);
      lineto(x,y);
    }
    getch();
    closegraph();
}
```

说明：在程序运行时，用户输入 6，即可显示正六边形。

2. 五角星的绘制

在绘制圆的程序中，将圆分成五等份，得到的坐标位置存入数组中。将数组表示的坐标点按如下顺序连线，就会得到五角星的图案。

例 3-17：绘制五角星。

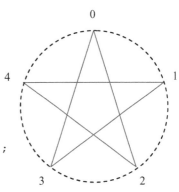

```
#include<graphics.h>
#include<math.h>
main()
{
    int graphdriver,graphmode;
    int i,x0=200,y0=200,r=100;
    float q,x[5],y[5],t;
    graphdriver=DETECT;
    graphmode=0;
    initgraph(&graphdriver,&graphmode," ");
    cleardevice();
    setbkcolor(WHITE);
    setcolor(BLUE);
      t=2*3.1416/5;
    for(i=0;i<=4;i++)
    {
      q=t*i-3.1416/2;
      x[i]=r*cos(q)+x0;
```

```
        y[i]=r*sin(q)+y0;
     }
     moveto(x[0],y[0]);
     lineto(x[2],y[2]);
     lineto(x[4],y[4]);
     lineto(x[1],y[1]);
     lineto(x[3],y[3]);
     lineto(x[0],y[0]);
     getch();
     closegraph();
  }
```

3. 艺术图案的绘制

把圆分成 *N* 等份，把每个等分点与其他的等分点相连，就会得到一金刚石图案。

例3-18： 绘制将圆分成30等份的金刚石图案。

```
#include<graphics.h>
#include<math.h>
#define N 30
main()
{
   int graphdriver,graphmode;
   int i,j,x0=200,y0=200,r=100;
   float q,x[N],y[N],t;
   graphdriver=DETECT;
   graphmode=0;
   initgraph(&graphdriver,&graphmode," ");
   cleardevice();
   setbkcolor(WHITE);
   setcolor(BLUE);
     t=2*3.1416/N;
   for(i=0;i<N;i++)
   {
     q=t*i;
     x[i]=r*cos(q)+x0;
     y[i]=r*sin(q)+y0;
   }
   for(i=0;i<N-1;i++)
     for(j=i;j<N;j++)
     {
       moveto(x[i],y[i]);
       lineto(x[j],y[j]);
     }
   getch();
   closegraph();
}
```

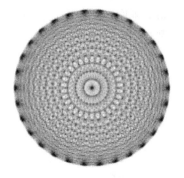

习题三

一、选择题

1. 直线 Bresenham 算法，if $d_i>0$ 则（　　）。

    A．$d_{i+1}= d_i +2dy-2dx$　　　　　　B．$d_{i+1}= d_i +2dy$

    C．$d_{i+1}= d_i +dy$　　　　　　　　D．$d_{i+1}= d_i +dy-2dx$

2. 以下那一条不是 Bresenham 算法的优点（　　）。

    A．不用浮点数，只用整数　　　　B．只做整数加减法

    C．不做乘法　　　　　　　　　　D．不做除法

3. 在扫描线多边形填充算法中，每个边结点的内容包括（　　）。（可多选）

    A．边的斜率倒数　　　　　　　　B．与当前扫描线相交点的 x 坐标值

    C．边的 x_{max} 值　　　　　　　　D．边的 y_{max} 值

4. 种子填充算法中，四连通的缺点是（　　）。（可多选）。

    A．有时不能通过狭窄区域　　　　B．不能填满多边形

    C．有时要填出多边形的边界　　　D．没有八连通算法更普通

5. 下面关于反走样的论述错误的是（　　）。

    A．提高分辨率　　　　　　　　　B．简单区域采样

    C．加权区域采样　　　　　　　　D．增强图象的显示亮度

二、计算题

1. 请指出用 Bresenham 算法扫描转换从像素点(1,1)到(8,5)的线段时的像素位置。

2. 写出待裁剪线段 P_1P_2（从 $P_1(x_1,y_1)$ 到 $P_2(x_2,y_2)$）与：

（a）垂直线 $x=a$；（b）水平线 $y=b$ 的交点。

3. 设 R 是左下角为 $L(1,2)$，右上角为 $R(9,8)$ 的矩形窗口，用梁友栋-Barsky 算法裁剪下列各线段。

AB：$A(11,6)$，$B(11,10)$

CD：$C(3,7)$，$D(3,10)$

EF：$E(2,3)$，$F(8,4)$

GH：$G(6,6)$，$H(8,9)$

IJ：$I(-1,7)$，$J(11,1)$

三、简答题

1. 当使用 8 路对称方法从 $0°\sim45°$ 或 $90°\sim45°$ 的 8 分圆中生成整个圆时，有些像素被设置或画了两次，这种现象称为重击（Overstrike）。请说明如何判断重击发生？如何彻底避免重击？除了浪费时间外，重击还有其他坏处吗？

2. 扫描转换的四个主要的缺点是什么？

3. 设 R 是左下角为 $L(-3,1)$，右上角为 $R(2,6)$ 的矩形窗口。请写出下列各线段端点的区域编码。

AB：*A*(-4,2)，*B*(-1,7)

CD：*C*(-1,5)，*D*(3,8)

EF：*E*(-2,3)，*F*(1,2)

GH：*G*(1,-2)，*H*(3,3)

IJ：I(-4,7)，*J*(-2,10)

4．给出 3 题中的线段分类。

5．如何确定一个点 *P* 在观察点的内部还是外部？

6．将梁友栋-Barsky 线段裁剪算法推广到三维，写出对下述三维观察体所要满足的不等式：

（a）平行规范化观察体；

（b）透视规范化观察体。

四、编程题

请用伪代码程序描述使用 DDA 算法扫描转换一条斜率介于 45°和-45°（即|m|>1）之间的直线所需的步骤。

第4章 图形变换

图形变换是指将图形的几何信息经过几何变换后产生新的图形，它是 CAD 系统必不可少的核心内容，也是实现动态仿真、虚拟现实的基础。通过使用一系列不同的变换绘制同一物体，就可以创建出多个变换后的不同物体，这使得用户可以使用简单的物体构造出复杂的场景（在真实的世界中，这个法则也同样成立，各种不同的建筑物，它们都是由同样的砖块堆积而成）。

图形变换有两种表示，第一种是坐标系不动而图形变动，称其为几何变换，第二种是图形不动而坐标系变动，称其为坐标变换，它们之间是相对的关系。本章主要介绍几何变换，其中，几何变换又包括二维几何变换和三维几何变换。

几何变换通常是以点变换为基础，即对图形对象的每个点进行变换，但是这样工作量太大。对于线框图形，可以取其一系列顶点作几何变换，连接新的顶点序列即可产生变换后的新图形，这样可以减小计算量，但图形质量并不会降低。

为了把三维空间中的立体几何图形显示到二维平面上，就要进行投影变换。有两种基本的投影变换，一种是透视投影，能表示真实看到的物体，另一种是平行投影，能表示真实大小和形状的物体。

4.1 二维图形几何变换

二维图形的几何变换，就是在 XY 平面内，对一个已定义的图形进行一些变换而得到新的图形。由于一幅二维图形可以看成是由许多小的直线段组成的，而一条直线段又是由始、终端点连接而成，因此，二维图形几何变换的实质就是在不改变图形连线顺序的情况下，对一个图形的"点"作几何变换。这些变换包括五种基本形式：平移、比例、旋转、对称、错切。

可以用数学方法证明，如果要对直线段进行上述五种基本变换之一，只需对其端点作同样变换。

4.1.1 齐次坐标

图形学中，实现图形变换时通常采用齐次坐标系来表示坐标值，这样可以方便地用变换矩阵实现对图形的变换。

所谓齐次坐标表示法就是将一个原本是 n 维的向量用一个 $n+1$ 维向量表示。例如，二维坐标点 $P(x,y)$ 的齐次坐标为 $(H \cdot x, H \cdot y, H)$，其中 H 是任意不为 0 的比例系数。

显然一个向量的齐次表示是不唯一的，齐次坐标的 H 取不同值表示的都是同一个点，例如齐次坐标(8,4,4)、(4,2,2)、(2,1,1)表示的都是二维点(2,1)。

当齐次坐标的比例系数 H 为 1 时，称为规范化齐次坐标，此时，前面的几项才表示点的实际物理坐标值。一个二维点 P 的齐次坐标由 $(H \cdot x, H \cdot y, H)$ 转为 $(x, y, 1)$ 的过程称为齐次坐标的规范化，此时，二维点 P 的实际坐标为 (x, y)。

采用齐次坐标技术表示图形的变换有很多优点：

（1）齐次坐标可以表达无穷远点。一个 $H=0$ 的齐次坐标表示了一个无穷远点，例如

(1,0,0)表示 X 轴上的无穷远点；(0,1,0)表示 Y 轴上的无穷远点；$(a,b,0)$ 表示 $ay=bx$ 直线上的无穷远点。

（2）采用齐次坐标可以统一图形变换的运算形式，提高计算机的运算性能。

引入齐次坐标之前，图形变换的运算形式既有矩阵加法，又有矩阵乘法。引入齐次坐标之后，图形变换的运算形式统一成表示图形的点集矩阵与某一变换矩阵进行矩阵相乘的单一形式。

4.1.2　二维图形的基本变换

在一个 XY 平面内，图形上的某一点 $P(x,y)$ 的坐标可以用一个行向量[x y 1]来表示，一个图形的点集则可以用如下的矩阵表示：

$$\begin{bmatrix} x_1 & y_1 & 1 \\ x_2 & y_2 & 1 \\ \vdots & \vdots & \vdots \\ x_n & y_n & 1 \end{bmatrix}$$

如果用 $P=[x \quad y \quad 1]$ 表示 XY 平面上一个未被变换的点，用 $P'=[x' \quad y' \quad 1]$ 表示 P 点经某种变换后的新点，用一个 3×3 矩阵 T 表示变换矩阵：

$$T = \begin{bmatrix} a & b & c \\ d & e & f \\ g & h & i \end{bmatrix}$$

则图形变换可以统一表示为 $P'=P \cdot T$：

$$[x' \quad y' \quad 1] = [x \quad y \quad 1] \cdot \begin{bmatrix} a & b & c \\ d & e & f \\ g & h & i \end{bmatrix}$$

$$= [ax+dy+g \quad bx+ey+h \quad cx+fy+i]$$

$$= [(ax+dy+g)/(cx+fy+i) \quad (bx+ey+h)/(cx+fy+i) \quad 1]$$

则变换后的点 P' 的坐标为：

$$x' = (ax+dy+g)/(cx+fy+i), \quad y' = (bx+ey+h)/(cx+fy+i)$$

下面分别讨论二维图形的五种基本变换。

1．平移变换

平移是一种不产生变形而移动物体的刚体变换，如图 4-1 所示。

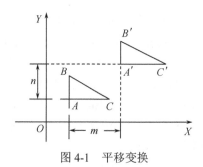

图 4-1　平移变换

假定从点 P 平移到点 P'，点 P 沿 X 方向的平移量为 m，沿 Y 方向的平移量为 n，则变换

后 P' 点的坐标值分别为：

$$x' = x + m$$
$$y' = y + n$$

构造平移矩阵 T：

$$T = \begin{bmatrix} 1 & 0 & 0 \\ 0 & 1 & 0 \\ m & n & 1 \end{bmatrix}$$

得到平移变换的矩阵运算表示为：

$$[x' \quad y' \quad 1] = [x+m \quad y+n \quad 1] = [x \quad y \quad 1] \cdot \begin{bmatrix} 1 & 0 & 0 \\ 0 & 1 & 0 \\ m & n & 1 \end{bmatrix} \tag{1}$$

简写为 $P' = P \cdot T$。

显而易见，正是由于采用了齐次坐标表示法，才使得平移变换的处理由原本的加法变为了矩阵乘法，从而与其余四种几何变换的运算方式相统一。

如果对图形点集中的每一个点都按（1）式进行变换，就可实现对图形的平移变换。

2. 比例变换

基本的比例变换是指图形相对于坐标原点，按比例系数 (Sx, Sy) 放大或缩小的变换，如图 4-2 所示。

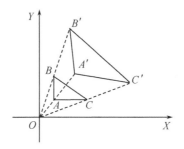

图 4-2　比例变换

假定点 P 相对于坐标原点沿 X 方向放缩 Sx 倍，沿 Y 方向放缩 Sy 倍，其中 Sx 和 Sy 称为比例系数，则变换后 P' 点的坐标值分别为：

$$x' = x \cdot Sx$$
$$y' = y \cdot Sy$$

构造比例矩阵 T：

$$T = \begin{bmatrix} Sx & 0 & 0 \\ 0 & Sy & 0 \\ 0 & 0 & 1 \end{bmatrix}$$

得到比例变换的矩阵运算表示为：

$$[x' \quad y' \quad 1] = [x \cdot Sx \quad y \cdot Sy \quad 1] = [x \quad y \quad 1] \cdot \begin{bmatrix} Sx & 0 & 0 \\ 0 & Sy & 0 \\ 0 & 0 & 1 \end{bmatrix} \tag{2}$$

简写为 $P' = P \cdot T$。

如果对图形点集中的每一个点都按（2）式进行变换，就可实现对图形的比例变换。

比例变换有以下几种情况：

（1）当 $Sx = Sy$ 时，图形为均匀缩放。

若 $Sx = Sy = 1$，图形不变，称为恒等变换；

若 $Sx = Sy > 1$（或 < 1），图形均匀放大（或缩小），称为等比例变换。

（2）当 $Sx \neq Sy$ 时，图形沿坐标轴方向作非均匀缩放会发生形变（如正方形变成长方形、圆变成椭圆等）。

（3）当 $Sx < 0$ 或 $Sy < 0$ 时，图形不仅大小发生变化，而且将相对于 Y 轴、X 轴或原点作对称变换。如图 4-3 所示，图（a）反映了当 $Sx = 1$，$Sy = -1$ 时的比例变换，此时相对于 X 轴作对称变换；图（b）反映了当 $Sx = -1$，$Sy = 1$ 时的比例变换，此时按 Y 轴对称变换；图（c）反映了当 $Sx = -1$，$Sy = -1$ 时的比例变换，此时相对于坐标原点作对称变换。

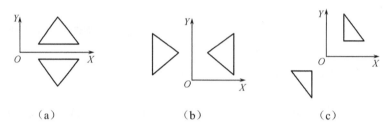

（a）　　　　　　　　　（b）　　　　　　　　　（c）

图 4-3　比例系数小于 0 时的比例变换示意图

（4）如果比例变换矩阵为如下形式：

$$T = \begin{bmatrix} 1 & 0 & 0 \\ 0 & 1 & 0 \\ 0 & 0 & S \end{bmatrix}$$

此时进行整体比例变换，比例系数为 $(1/S, 1/S)$。当 $0 < S < 1$ 时，图形等比例放大；当 $S > 1$ 时，图形等比例缩小；当 $S < 0$ 时，为等比例变换再加上对原点的对称变换。

需要注意的是，以上讨论的是相对于坐标原点的比例变换。从图 4-2 可见，按（2）式进行比例变换时，不仅图形对象的大小发生变化，而且图形对象离原点的距离也有可能发生了变化。如果只希望改变对象的大小，而不希望改变对象距原点的距离，则可相对于平面的任一固定点作比例变换，这将在后面的复合变换中讨论。

3. 旋转变换

基本的旋转变换是指将图形围绕坐标原点逆时针转动一个 θ 角度的变换，如图 4-4 所示。

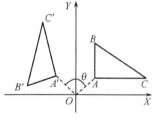

图 4-4　旋转变换

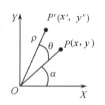

图 4-5　P' 坐标值的推导

假定 P 点离原点的距离为 ρ，P 点与 X 轴夹角为 α，如图 4-5 所示，则 P 的坐标值为：

$$x = \rho \cdot \cos \alpha$$
$$y = \rho \cdot \sin \alpha \qquad (3)$$

从 P 点绕原点逆时针旋转 θ 角到 P' 点，则变换后 P' 点的坐标值为：

$$x' = \rho \cdot \cos(\alpha + \theta) = \rho \cdot \cos \alpha \cos \theta - \rho \cdot \sin \alpha \sin \theta$$
$$y' = \rho \cdot \sin(\alpha + \theta) = \rho \cdot \sin \alpha \cos \theta + \rho \cdot \cos \alpha \sin \theta \qquad (4)$$

将（3）式代入（4）式，得到：

$$x' = x \cdot \cos \theta - y \cdot \sin \theta$$
$$y' = x \cdot \sin \theta + y \cdot \cos \theta$$

构造旋转矩阵 T：

$$T = \begin{bmatrix} \cos\theta & \sin\theta & 0 \\ -\sin\theta & \cos\theta & 0 \\ 0 & 0 & 1 \end{bmatrix}$$

得到旋转变换的矩阵运算表示为：

$$[x' \quad y' \quad 1] = [x \cdot \cos\theta - y \cdot \sin\theta \quad x \cdot \sin\theta + y \cdot \cos\theta \quad 1]$$
$$= [x \quad y \quad 1] \cdot \begin{bmatrix} \cos\theta & \sin\theta & 0 \\ -\sin\theta & \cos\theta & 0 \\ 0 & 0 & 1 \end{bmatrix} \qquad (5)$$

简写为 $P' = P \cdot T$。

如果对图形点集中的每一个点都按（5）式进行变换，就可实现对图形的旋转变换。

注意：

（1）当旋转方向为逆时针时，θ 角为正；当旋转方向为顺时针时，θ 角为负。

（2）以上讨论的是绕坐标原点的旋转变换。如何绕平面内的任一固定点作旋转变换，将在后面的复合变换中讨论。

4．对称变换

对称变换也称反射变换，它的基本变换包括对坐标轴、原点、±45°线的对称变换，下面分别介绍。

（1）关于 X 轴的对称变换

如图 4-6（a）所示，点 $P(x,y)$ 关于 X 轴的对称点为 $P'(x, -y)$，构造对称矩阵 T：

$$T = \begin{bmatrix} 1 & 0 & 0 \\ 0 & -1 & 0 \\ 0 & 0 & 1 \end{bmatrix}$$

得到关于 X 轴的对称变换矩阵运算表示为：

$$[x' \quad y' \quad 1] = [x \quad -y \quad 1] = [x \quad y \quad 1] \cdot \begin{bmatrix} 1 & 0 & 0 \\ 0 & -1 & 0 \\ 0 & 0 & 1 \end{bmatrix} \qquad (6)$$

简写为 $P' = P \cdot T$。

（2）关于 Y 轴的对称变换

如图 4-6（b）所示，点 $P(x,y)$ 关于 Y 轴的对称点为 $P'(-x, y)$，构造对称矩阵 T：

$$T = \begin{bmatrix} -1 & 0 & 0 \\ 0 & 1 & 0 \\ 0 & 0 & 1 \end{bmatrix}$$

得到关于 Y 轴的对称变换的矩阵运算表示为：

$$[x' \quad y' \quad 1] = [-x \quad y \quad 1] = [x \quad y \quad 1] \cdot \begin{bmatrix} -1 & 0 & 0 \\ 0 & 1 & 0 \\ 0 & 0 & 1 \end{bmatrix} \tag{7}$$

简写为 $P' = P \cdot T$。

（3）关于坐标原点的对称变换

如图 4-6（c）所示，点 $P(x,y)$ 关于坐标原点的对称点为 $P'(-x, -y)$，构造对称矩阵 T：

$$T = \begin{bmatrix} -1 & 0 & 0 \\ 0 & -1 & 0 \\ 0 & 0 & 1 \end{bmatrix}$$

得到关于坐标原点的对称变换的矩阵运算表示为：

$$[x' \quad y' \quad 1] = [-x \quad -y \quad 1] = [x \quad y \quad 1] \cdot \begin{bmatrix} -1 & 0 & 0 \\ 0 & -1 & 0 \\ 0 & 0 & 1 \end{bmatrix} \tag{8}$$

简写为 $P' = P \cdot T$。

（4）关于 $y=x$（+45°）直线的对称变换

如图 4-6（d）所示，点 $P(x,y)$ 关于 $y=x$ 直线的对称点为 $P'(y,x)$，构造对称矩阵 T：

$$T = \begin{bmatrix} 0 & 1 & 0 \\ 1 & 0 & 0 \\ 0 & 0 & 1 \end{bmatrix}$$

得到关于 $y=x$ 直线的对称变换的矩阵运算表示为：

$$[x' \quad y' \quad 1] = [y \quad x \quad 1] = [x \quad y \quad 1] \cdot \begin{bmatrix} 0 & 1 & 0 \\ 1 & 0 & 0 \\ 0 & 0 & 1 \end{bmatrix} \tag{9}$$

简写为 $P' = P \cdot T$。

（5）关于 $y=-x$（-45°）直线的对称变换

如图 4-6（e）所示，点 $P(x,y)$ 关于 $y=-x$ 直线的对称点为 $P'(-y,-x)$，构造对称矩阵 T：

$$T = \begin{bmatrix} 0 & -1 & 0 \\ -1 & 0 & 0 \\ 0 & 0 & 1 \end{bmatrix}$$

得到关于 $y=-x$ 直线的对称变换的矩阵运算表示为：

$$[x' \quad y' \quad 1] = [-y \quad -x \quad 1] = [x \quad y \quad 1] \cdot \begin{bmatrix} 0 & -1 & 0 \\ -1 & 0 & 0 \\ 0 & 0 & 1 \end{bmatrix} \tag{10}$$

简写为 $P' = P \cdot T$。

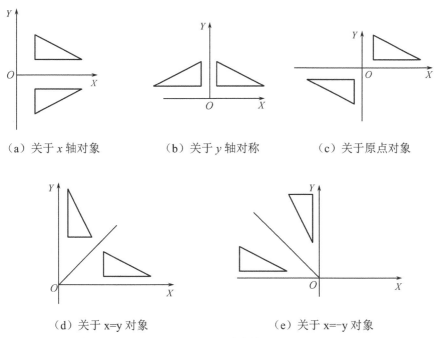

（a）关于 x 轴对象　　　　（b）关于 y 轴对称　　　　（c）关于原点对象

（d）关于 x=y 对象　　　　　　（e）关于 x=-y 对象

图 4-6　对称变换

5. 错切变换

错切变换也称剪切、错位或错移变换，用于产生弹性物体的变形处理。

（1）沿 X 轴方向关于 y 的错切，即变换前后 y 坐标不变，x 坐标呈线性变化。

如图 4-7（a）所示，原平行于 X 轴的直线依然平行于 X 轴，原平行于 Y 轴的直线沿 X 轴方向错切与 Y 轴成 α 角。令 $e=\mathrm{tg}\alpha$，则点 $P(x,y)$ 沿 X 轴方向关于 y 进行错切变换，得到变换后 P' 点的坐标值为：

$$x' = x + ey$$
$$y' = y$$

构造错切矩阵 T：

$$T = \begin{bmatrix} 1 & 0 & 0 \\ e & 1 & 0 \\ 0 & 0 & 1 \end{bmatrix}$$

得到沿 X 轴方向关于 y 的错切变换的矩阵运算表示为：

$$[x' \quad y' \quad 1] = [x+ey \quad y \quad 1] = [x \quad y \quad 1] \cdot \begin{bmatrix} 1 & 0 & 0 \\ e & 1 & 0 \\ 0 & 0 & 1 \end{bmatrix} \tag{11}$$

简写为 $P' = P \cdot T$。

可见，若 $ey>0$，则沿 X 轴正方向错切；若 $ey<0$，则沿 X 轴负方向错切。

（2）沿 Y 轴方向关于 x 的错切，即变换前后 x 坐标不变，y 坐标呈线性变化。

如图 4-7（b）所示，原平行于 Y 轴的直线依然平行于 Y 轴，原平行于 X 轴的直线沿 Y 轴方向错切与 X 轴成 β 角。令 $b=\mathrm{tg}\beta$，则点 $P(x,y)$ 沿 Y 轴方向关于 x 进行错切变换，得到变换后 P' 点的坐标值为：

$$x' = x$$
$$y' = y + bx$$

构造错切矩阵 T：

$$T = \begin{bmatrix} 1 & b & 0 \\ 0 & 1 & 0 \\ 0 & 0 & 1 \end{bmatrix}$$

得到沿 Y 轴方向关于 x 的错切变换的矩阵运算表示为：

$$[x' \quad y' \quad 1] = [x \quad y+bx \quad 1] = [x \quad y \quad 1] \cdot \begin{bmatrix} 1 & b & 0 \\ 0 & 1 & 0 \\ 0 & 0 & 1 \end{bmatrix} \qquad (12)$$

简写为 $P' = P \cdot T$。

可见，若 $bx>0$，则沿 Y 轴正方向错切；若 $bx<0$，则沿 Y 轴负方向错切。

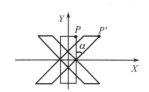　　　　　　　　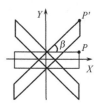

（a）沿 X 轴方向关于 y 的错切　　　　　　（b）沿 Y 轴方向关于 x 的错切

图 4-7　错切变换

6. 变换矩阵的功能分区

以上介绍的五种基本变换，变换矩阵都可以用如下的 3×3 矩阵来描述：

$$T = \left[\begin{array}{cc:c} a & b & c \\ d & e & f \\ \hdashline g & h & i \end{array} \right]$$

根据不同的功能，可以将这个 3×3 的变换矩阵分成四个子块：

（1）左上角的 2×2 子块可实现比例、旋转、对称、错切四种基本变换。

（2）左下角的 1×2 子块可实现平移变换。

（3）右上角的 2×1 子块可实现投影变换。

（4）右下角的 1×1 子块可实现整体比例变换。

将这四个子块分别写到矩阵中：

$$T = \begin{bmatrix} a & b & 0 \\ d & e & 0 \\ 0 & 0 & 1 \end{bmatrix} \text{——比例变换、旋转变换、对称变换、错切变换}$$

$$T = \begin{bmatrix} 1 & 0 & 0 \\ 0 & 1 & 0 \\ g & h & 1 \end{bmatrix} \text{——平移变换}$$

$$T = \begin{bmatrix} 1 & 0 & c \\ 0 & 1 & f \\ 0 & 0 & 1 \end{bmatrix} \text{——投影变换}$$

$$T = \begin{bmatrix} 1 & 0 & 0 \\ 0 & 1 & 0 \\ 0 & 0 & i \end{bmatrix} \text{——整体比例变换}$$

应该注意，点经过投影变换和整体比例变换后，一般情况下，齐次坐标的比例系数 H 并不等于 1，这时需要进行齐次坐标的规范化处理，即使 $H=1$。

4.1.3　复合变换

前面所介绍的平移、比例、旋转、对称、错切等变换均为二维基本几何变换，而实际应用中的二维变换大多比这些复杂。对于任何一个比较复杂的变换，都可以转换成若干个连续进行的基本变换。这些基本几何变换的组合称为复合变换，也称为级联变换。

变换的矩阵形式使得复合变换的计算工作量大为减少。设图形经过 n 次基本几何变换，其变换矩阵分别为 T_1，T_2，…，T_n。

则，经 T_1 变换后：$[x'\ y'\ 1] = [x\ y\ 1] \cdot T_1$

经 T_2 变换后：$[x''\ y''\ 1] = [x'\ y'\ 1] \cdot T_2 = [x\ y\ 1] \cdot T_1 \cdot T_2$

$$\vdots$$

经 T_n 变换后：$[x*\ y*\ 1] = [x\ y\ 1] \cdot T_1 \cdot T_2 \cdots T_n = [x\ y\ 1] \cdot T$

称 $T = T_1 \cdot T_2 \cdot \cdots \cdot T_n$ 为复合变换矩阵。

由上面推导可知，在计算复合变换时，首先可将各基本变换矩阵按序相乘，形成总的复合变换矩阵 T。然后，变换前的点 P 坐标只需与 T 相乘一次，便可同时完成一连串基本变换，这样可以提高其变换速度。

由于一般情况下，矩阵的乘法不满足交换率，因此复合变换应严格遵照一定的变换次序，不可将变换矩阵随意互换。假定 T_1 和 T_2 分别表示一个基本的平移、比例或旋转变换，那么在一般情况下，$T_1 \cdot T_2 \neq T_2 \cdot T_1$。而在一些特殊的情况下，这种互换是允许的。例如，在两个平移变换之间、在两个比例变换之间、在两个旋转变换之间、在旋转变换与等比例变换之间可以互换，此时不需要关心矩阵乘法的次序。

此外，讨论图形变换问题时可以采用前面讨论过的方法，即认为图形不动，而让坐标系作相应的变化。此时应考虑变换矩阵中的参数是取正值还是取负值。例如，点 P 沿 X 轴正向平移 m，相当于坐标系沿 X 轴反向平移 m，即坐标系平移了 $-m$；点 P 绕原点逆时针旋转 θ 角，相当于坐标系绕原点顺时针旋转了 θ 角，即坐标系绕原点逆时针旋转了 $-\theta$ 角等。因此，在以后讨论的各种变换中，可以根据需要，有时令图形变化，有时令坐标系变化。

下面介绍几种常见的二维图形复合变换。

1. 连续平移变换

令点 $P(x,y)$ 经过第一次平移变换 $(m1,n1)$ 和第二次平移变换 $(m2,n2)$ 后的坐标为 $P*(x*, y*)$。

其变换过程如下。

（1）设点 $P(x,y)$ 经第一次平移变换 T_1 后的坐标为 $P'(x',y')$，则：

$$T_1 = \begin{bmatrix} 1 & 0 & 0 \\ 0 & 1 & 0 \\ m1 & n1 & 1 \end{bmatrix} \qquad P' = P \cdot T_1$$

（2）设点 $P'(x',y')$ 经第二次平移变换 T_2 后的坐标为 $P^*(x^*,y^*)$，则：

$$T_2 = \begin{bmatrix} 1 & 0 & 0 \\ 0 & 1 & 0 \\ m2 & n2 & 1 \end{bmatrix} \qquad P^* = P' \cdot T_2 = (P \cdot T_1) \cdot T_2 = P \cdot (T_1 \cdot T_2) = P \cdot T$$

得到连续平移变换的复合矩阵 T 为：

$$T = T_1 \cdot T_2 = \begin{bmatrix} 1 & 0 & 0 \\ 0 & 1 & 0 \\ m1 & n1 & 1 \end{bmatrix} \cdot \begin{bmatrix} 1 & 0 & 0 \\ 0 & 1 & 0 \\ m2 & n2 & 1 \end{bmatrix} = \begin{bmatrix} 1 & 0 & 0 \\ 0 & 1 & 0 \\ m1+m2 & n1+n2 & 1 \end{bmatrix}$$

即：连续的平移变换是平移量的相加。

2. 连续比例变换

令点 $P(x,y)$ 经过第一次比例变换 $(Sx1,Sy1)$ 和第二次比例变换 $(Sx2,Sy2)$ 后的坐标为 $P^*(x^*,y^*)$。其变换过程如下。

（1）设点 $P(x,y)$ 经第一次比例变换 T_1 后的坐标为 $P'(x',y')$，则：

$$T_1 = \begin{bmatrix} Sx1 & 0 & 0 \\ 0 & Sy1 & 0 \\ 0 & 0 & 1 \end{bmatrix} \qquad P' = P \cdot T_1$$

（2）设点 $P'(x',y')$ 经第二次比例变换 T_2 后的坐标为 $P^*(x^*,y^*)$，则：

$$T_2 = \begin{bmatrix} Sx2 & 0 & 0 \\ 0 & Sy2 & 0 \\ 0 & 0 & 1 \end{bmatrix} \qquad P^* = P' \cdot T_2 = (P \cdot T_1) \cdot T_2 = P \cdot (T_1 \cdot T_2) = P \cdot T$$

得到连续比例变换的复合矩阵 T 为：

$$T = T_1 \cdot T_2 = \begin{bmatrix} Sx1 & 0 & 0 \\ 0 & Sy1 & 0 \\ 0 & 0 & 1 \end{bmatrix} \cdot \begin{bmatrix} Sx2 & 0 & 0 \\ 0 & Sy2 & 0 \\ 0 & 0 & 1 \end{bmatrix} = \begin{bmatrix} Sx1 \cdot Sx2 & 0 & 0 \\ 0 & Sy1 \cdot Sy2 & 0 \\ 0 & 0 & 1 \end{bmatrix}$$

即连续的比例变换是比例系数的相乘。

3. 连续旋转变换

令点 $P(x,y)$ 经过第一次旋转变换（旋转角度为 θ_1）和第二次旋转变换（旋转角度为 θ_2）后的坐标为 $P^*(x^*,y^*)$。其变换过程如下。

（1）设点 $P(x,y)$ 经第一次旋转变换 T_1 后的坐标为 $P'(x',y')$，则：

$$T_1 = \begin{bmatrix} \cos\theta_1 & \sin\theta_1 & 0 \\ -\sin\theta_1 & \cos\theta_1 & 0 \\ 0 & 0 & 1 \end{bmatrix} \qquad P' = P \cdot T_1$$

（2）设点 $P'(x',y')$ 经第二次旋转变换 T_2 后的坐标为 $P^*(x^*,y^*)$，则：

$$T_2 = \begin{bmatrix} \cos\theta_2 & \sin\theta_2 & 0 \\ -\sin\theta_2 & \cos\theta_2 & 0 \\ 0 & 0 & 1 \end{bmatrix} \qquad P^* = P' \cdot T_2 = (P \cdot T_1) \cdot T_2 = P \cdot (T_1 \cdot T_2) = P \cdot T$$

得到连续旋转变换的复合矩阵 T 为：

$$T = T_1 \cdot T_2 = \begin{bmatrix} \cos\theta_1 & \sin\theta_1 & 0 \\ -\sin\theta_1 & \cos\theta_1 & 0 \\ 0 & 0 & 1 \end{bmatrix} \cdot \begin{bmatrix} \cos\theta_2 & \sin\theta_2 & 0 \\ -\sin\theta_2 & \cos\theta_2 & 0 \\ 0 & 0 & 1 \end{bmatrix}$$

$$= \begin{bmatrix} \cos\theta_1 \cdot \cos\theta_2 - \sin\theta_1 \cdot \sin\theta_2 & \cos\theta_1 \cdot \sin\theta_2 + \sin\theta_1 \cdot \cos\theta_2 & 0 \\ -\sin\theta_1 \cdot \cos\theta_2 - \cos\theta_1 \cdot \sin\theta_2 & -\sin\theta_1 \cdot \sin\theta_2 + \cos\theta_1 \cdot \cos\theta_2 & 0 \\ 0 & 0 & 1 \end{bmatrix}$$

$$= \begin{bmatrix} \cos(\theta_1 + \theta_2) & \sin(\theta_1 + \theta_2) & 0 \\ -\sin(\theta_1 + \theta_2) & \cos(\theta_1 + \theta_2) & 0 \\ 0 & 0 & 1 \end{bmatrix}$$

即连续的旋转变换是旋转角度的相加。

4．相对任意参考点的二维几何变换

比例、旋转变换都与参考点有关，上面进行的各种变换都是以原点为参考点。如果相对于 XY 平面内的任意参考点 (x_r,y_r) 作比例、旋转等几何变换，其变换过程为：

（1）平移，即将该参考点 (x_r,y_r) 移到坐标原点处。

（2）针对坐标原点进行比例、旋转等二维几何变换。

（3）作（1）的逆变换，即将参考点 (x_r,y_r) 移回原来的位置。

所谓逆变换即是与上述变换过程相反的变换。例如：

平移变换的逆变换为：

$$T^{-1} = \begin{bmatrix} 1 & 0 & 0 \\ 0 & 1 & 0 \\ -m & -n & 1 \end{bmatrix}$$

比例变换的逆变换为：

$$T^{-1} = \begin{bmatrix} \dfrac{1}{Sx} & 0 & 0 \\ 0 & \dfrac{1}{Sy} & 0 \\ 0 & 0 & 1 \end{bmatrix}$$

旋转变换的逆变换为：

$$T^{-1} = \begin{bmatrix} \cos(-\theta) & \sin(-\theta) & 0 \\ -\sin(-\theta) & \cos(-\theta) & 0 \\ 0 & 0 & 1 \end{bmatrix}$$

例 4-1：求点 $P(x,y)$ 绕任意点 $S(x_r, y_r)$ 逆时针旋转 θ 角的变换矩阵。

解：变换步骤为：

（1）平移坐标系 XOY（相当于图形向相反方向平移）：使坐标系原点与任意点 S 重合，形成新的坐标系 $X'SY'$，如图 4-8 所示。平移矩阵 T_1 为：

$$T_1 = \begin{bmatrix} 1 & 0 & 0 \\ 0 & 1 & 0 \\ -x_r & -y_r & 1 \end{bmatrix}$$

点 P 在新坐标系下相应的坐标点为 P'，且 $P'=P \cdot T_1$。

（2）基本的旋转变换：在新坐标系 $X'SY'$ 下，使点 P' 绕 S 点（即新坐标系的原点）逆时针旋转 θ 角。旋转变换矩阵 T_2 为：

$$T_2 = \begin{bmatrix} \cos\theta & \sin\theta & 0 \\ -\sin\theta & \cos\theta & 0 \\ 0 & 0 & 1 \end{bmatrix}$$

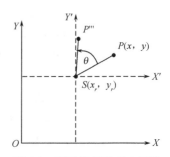

图 4-8　图形绕任意点 S 旋转

点 P' 经过旋转变换后变为 P''，且 $P''=P' \cdot T_2$。

（3）反平移：使坐标系 $X'SY'$ 回到原来位置，即与 XOY 坐标系重合。平移矩阵 T_3 为：

$$T_3 = \begin{bmatrix} 1 & 0 & 0 \\ 0 & 1 & 0 \\ x_r & y_r & 1 \end{bmatrix}$$

点 P'' 经过反平移变换后变为 P'''，且 $P'''=P'' \cdot T_3$。此时的点 P''' 就是点 $P(x,y)$ 绕任意点 $S(x_r, y_r)$ 逆时针旋转 θ 角所得到的最终坐标点。

由上可知，$P''' = P'' \cdot T_3 = (P' \cdot T_2) \cdot T_3 = ((P \cdot T_1) \cdot T_2) \cdot T_3 = P \cdot (T_1 \cdot T_2 \cdot T_3)$

因此，复合变换矩阵应为：

$$T = T_1 \cdot T_2 \cdot T_3 = \begin{bmatrix} 1 & 0 & 0 \\ 0 & 1 & 0 \\ -x_r & -y_r & 1 \end{bmatrix} \begin{bmatrix} \cos\theta & \sin\theta & 0 \\ -\sin\theta & \cos\theta & 0 \\ 0 & 0 & 1 \end{bmatrix} \begin{bmatrix} 1 & 0 & 0 \\ 0 & 1 & 0 \\ x_r & y_r & 1 \end{bmatrix}$$

$$= \begin{bmatrix} \cos\theta & \sin\theta & 0 \\ -\sin\theta & \cos\theta & 0 \\ x_r \cdot (1-\cos\theta) + y_r \cdot \sin\theta & y_r \cdot (1-\cos\theta) - x_r \cdot \sin\theta & 1 \end{bmatrix}$$

思考：若将一个三角形绕屏幕上一点(300,200)，以 100 为半径，旋转八个位置，如何根据例 4-1 求得的旋转矩阵编写绘图程序实现该旋转？

程序源代码：

```
#include<graphics.h>
#include<math.h>
main()
{
    int graphdriver,graphmode;
    int x0=300,y0=200;
    int x01=400,y01=200,x02=440,y02=180,x03=440,y03=220;
```

```
float x1,y1,x2,y2,x3,y3,q,t;
int x,y,r=100,i,n1=120,n2=8;
graphdriver=DETECT;
graphmode=0;
initgraph(&graphdriver,&graphmode," ");
cleardevice();
setbkcolor(WHITE);
setcolor(BLUE);

/* 画圆*/
t=2*3.1416/n1;
for(i=0;i<=n1;i++)
{
  q=t*i;
  x=r*cos(q)+x0;
  y=r*sin(q)+y0;
  if(i==0) moveto(x,y);
  lineto(x,y);
}

/* 画三角形*/
t=2*3.1416/n2;
for(i=0;i<n2;i++)
{
  q=t*i;
  x1=x01*cos(q)-y01*sin(q)+x0*(1-cos(q))+y0*sin(q);
  y1=x01*sin(q)+y01*cos(q)+y0*(1-cos(q))-x0*sin(q);
  x2=x02*cos(q)-y02*sin(q)+x0*(1-cos(q))+y0*sin(q);
  y2=x02*sin(q)+y02*cos(q)+y0*(1-cos(q))-x0*sin(q);
  x3=x03*cos(q)-y03*sin(q)+x0*(1-cos(q))+y0*sin(q);
  y3=x03*sin(q)+y03*cos(q)+y0*(1-cos(q))-x0*sin(q);
  moveto(x1,y1);
  lineto(x2,y2);
  lineto(x3,y3);
  lineto(x1,y1);
}
getch();
closegraph();
}
```

例 4-2：求点 $P(x,y)$ 相对任意点 $M(x_r, y_r)$ 作比例变换的变换矩阵。其中，比例系数为 (Sx, Sy)。

解：变换步骤为：

（1）平移坐标系 XOY，使坐标系原点与任意点 M 重合。平移矩阵 T_1 为：

$$T_1 = \begin{bmatrix} 1 & 0 & 0 \\ 0 & 1 & 0 \\ -x_r & -y_r & 1 \end{bmatrix}$$

点 P 在新坐标系下相应的坐标点为 P'，且 $P'=P \cdot T_1$。

（2）基本的比例变换：在新坐标系下，使点 P' 相对于 M 点进行比例变换。比例变换矩阵 T_2 为：

$$T_2 = \begin{bmatrix} Sx & 0 & 0 \\ 0 & Sy & 0 \\ 0 & 0 & 1 \end{bmatrix}$$

点 P' 经过比例变换后变为 P''，且 $P''=P' \cdot T_2$。

（3）反平移：使坐标系回到原来位置。平移矩阵 T_3 为：

$$T_3 = \begin{bmatrix} 1 & 0 & 0 \\ 0 & 1 & 0 \\ x_r & y_r & 1 \end{bmatrix}$$

点 P'' 经过反平移变换后变为 P'''，且 $P'''=P'' \cdot T_3$。此时的点 P''' 就是点 $P(x,y)$ 相对任意点 $M(x_r, y_r)$ 作比例变换所得到的最终坐标点。

由上可知，$P''' = P'' \cdot T_3 = (P' \cdot T_2) \cdot T_3 = ((P \cdot T_1) \cdot T_2) \cdot T_3 = P \cdot (T_1 \cdot T_2 \cdot T_3)$

因此，复合变换矩阵应为：

$$T = T_1 \cdot T_2 \cdot T_3 = \begin{bmatrix} 1 & 0 & 0 \\ 0 & 1 & 0 \\ -x_r & -y_r & 1 \end{bmatrix} \begin{bmatrix} Sx & 0 & 0 \\ 0 & Sy & 0 \\ 0 & 0 & 1 \end{bmatrix} \begin{bmatrix} 1 & 0 & 0 \\ 0 & 1 & 0 \\ x_r & y_r & 1 \end{bmatrix}$$

$$= \begin{bmatrix} Sx & 0 & 0 \\ 0 & Sy & 0 \\ x_r \cdot (1 - Sx) & y_r \cdot (1 - Sy) & 1 \end{bmatrix}$$

5. 以平面内任意直线为对称轴进行对称变换

前面介绍了五种基本对称变换，它们只能相对于坐标轴、原点、±45°线进行对称变换。如果相对于平面内的任意一条直线进行对称变换，其变换过程为：

（1）平移，使对称轴直线经过坐标原点。

（2）绕原点旋转，使对称轴直线的方向与某个坐标轴（如 X 轴）重合。

（3）关于某个坐标轴（如 X 轴）进行对称变换。

（4）作（2）的逆变换，使对称轴直线回到原来的方向。

（5）作（1）的逆变换，使对称轴直线回到原来的位置。

例 4-3：求点 $P(x,y)$ 关于直线 $ax + by + c = 0$ 进行对称变换的变换矩阵。

解：根据直线方程可知，直线在 X 轴上的截距为 $-c/a$（$a \neq 0$），直线在 Y 轴上的截距为 $-c/b$（$b \neq 0$）。设直线与 X 轴的夹角为 θ，则 $\theta = \text{arctg}(-a/b)$，如图 4-9 所示。变换步骤为：

（1）沿 X 轴方向平移坐标系 XOY（相当于图形向相反方向平移），使直线过原点。平移矩阵 T_1 为：

$$T_1 = \begin{bmatrix} 1 & 0 & 0 \\ 0 & 1 & 0 \\ c/a & 0 & 1 \end{bmatrix}$$

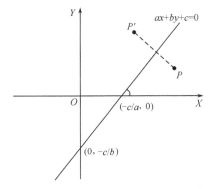

图 4-9　图形关于任意直线的对称变换

（2）坐标系绕原点逆时针旋转 θ 角（相当于直线绕原点顺时针旋转 θ 角），使直线与 X 轴重合。旋转矩阵 T_2 为：

$$T_2 = \begin{bmatrix} \cos(-\theta) & \sin(-\theta) & 0 \\ -\sin(-\theta) & \cos(-\theta) & 0 \\ 0 & 0 & 1 \end{bmatrix} = \begin{bmatrix} \cos\theta & -\sin\theta & 0 \\ \sin\theta & \cos\theta & 0 \\ 0 & 0 & 1 \end{bmatrix}$$

（3）关于 X 轴作对称变换，对称矩阵 T_3 为：

$$T_3 = \begin{bmatrix} 1 & 0 & 0 \\ 0 & -1 & 0 \\ 0 & 0 & 1 \end{bmatrix}$$

（4）反旋转，即坐标系绕原点顺时针旋转 θ 角（相当于直线绕原点逆时针旋转 θ 角），使直线返回到与 X 轴成 θ 角的位置。旋转矩阵 T_4 为：

$$T_4 = \begin{bmatrix} \cos\theta & \sin\theta & 0 \\ -\sin\theta & \cos\theta & 0 \\ 0 & 0 & 1 \end{bmatrix}$$

（5）反平移，沿 X 轴反方向平移坐标系，使直线回到原位置。平移矩阵 T_5 为：

$$T_5 = \begin{bmatrix} 1 & 0 & 0 \\ 0 & 1 & 0 \\ -c/a & 0 & 1 \end{bmatrix}$$

经过以上五步即实现了关于任意直线的对称变换，其复合变换矩阵为：

$$T = T_1 \cdot T_2 \cdot T_3 \cdot T_4 \cdot T_5 = \begin{bmatrix} \cos 2\theta & \sin 2\theta & 0 \\ \sin 2\theta & -\cos 2\theta & 0 \\ \dfrac{c}{a}(\cos 2\theta - 1) & \dfrac{c}{a}\sin 2\theta & 1 \end{bmatrix}$$

4.2　三维图形几何变换

三维图形几何变换是在二维方法的基础上考虑了 z 坐标而得到的，它可以看成上一节二维图形几何变换的扩展，有关二维图形几何变换的方法大部分都适合于三维空间，但三维空间的几何变换要复杂一些，而且三维空间几何变换直接与后边要讨论的投影变换有关。

本节所讨论的三维图形几何变换均规定在右手坐标系中进行。右手坐标系的三个坐标轴是正交坐标轴，伸出右手，当用大拇指指向 z 轴的正方向时，其余四指的方向是从 x 轴到 y 轴，如图 4-10（a）所示，与之相反的是左手坐标系，如图 4-10（b）所示。

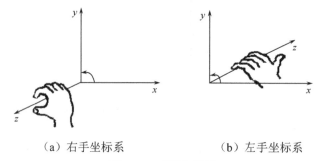

（a）右手坐标系　　　　　（b）左手坐标系

图 4-10　三维坐标系

与二维平面点的表示方式类似，三维空间点 $P(x, y, z)$ 的齐次坐标为：$(H \cdot x, H \cdot y, H \cdot z, H)$，其中 H 是任意不为 0 的比例系数。

同样，三维空间点 $P(x, y, z)$ 的齐次坐标表示是不唯一的，一个三维点 P 的齐次坐标由 $(H \cdot x, H \cdot y, H \cdot z, H)$ 转为 $(x, y, z, 1)$ 的过程称为齐次坐标的规范化，此时，三维点 P 的实际坐标为 (x, y, z)。

4.2.1　三维图形的基本变换

如果用 $P= [x\ \ y\ \ z\ \ 1]$ 表示三维空间上一个未被变换的点，用 $P'= [x'\ \ y'\ \ z'\ \ 1]$ 表示 P 点经某种变换后的新点，用一个 4×4 矩阵 T 表示变换矩阵：

$$T = \begin{bmatrix} a & b & c & p \\ d & e & f & q \\ g & h & i & r \\ l & m & n & s \end{bmatrix}$$

则图形变换可以统一表示为 $P'=P \cdot T$。即：

$$[x'\ \ y'\ \ z'\ \ 1] = [x\ \ y\ \ z\ \ 1] \cdot \begin{bmatrix} a & b & c & p \\ d & e & f & q \\ g & h & i & r \\ l & m & n & s \end{bmatrix}$$

同样可对三维图形几何变换的 4×4 矩阵 T 进行功能分区，其中：

（1）左上角的 3×3 子块可实现比例、旋转、对称、错切四种基本变换。

（2）左下角的 1×3 子块可实现平移变换。

（3）右上角的 3×1 子块可实现投影变换。

（4）右下角的 1×1 子块可实现整体比例变换。

将这四个子块分别写到矩阵中：

$$T = \begin{bmatrix} a & b & c & 0 \\ d & e & f & 0 \\ g & h & i & 0 \\ 0 & 0 & 0 & 1 \end{bmatrix}$$ ——比例变换、旋转变换、对称变换、错切变换

$$T = \begin{bmatrix} 1 & 0 & 0 & 0 \\ 0 & 1 & 0 & 0 \\ 0 & 0 & 1 & 0 \\ l & m & n & 1 \end{bmatrix}$$ ——平移变换

$$T = \begin{bmatrix} 1 & 0 & 0 & p \\ 0 & 1 & 0 & q \\ 0 & 0 & 1 & r \\ 0 & 0 & 0 & 1 \end{bmatrix}$$ ——投影变换

$$T = \begin{bmatrix} 1 & 0 & 0 & 0 \\ 0 & 1 & 0 & 0 \\ 0 & 0 & 1 & 0 \\ 0 & 0 & 0 & s \end{bmatrix}$$ ——整体比例变换

1. 平移变换

平移是指空间上的立体从一个位置移动到另一个位置时，其形状大小均不发生改变的变换，如图 4-11 所示。

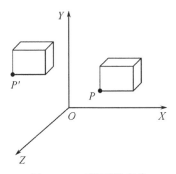

图 4-11　三维平移变换

假定从点 P 平移到点 P'，点 P 沿 X 方向的平移量为 l，沿 Y 方向的平移量为 m，沿 Z 方向的平移量为 n，则可构造平移矩阵 T：

$$T = \begin{bmatrix} 1 & 0 & 0 & 0 \\ 0 & 1 & 0 & 0 \\ 0 & 0 & 1 & 0 \\ l & m & n & 1 \end{bmatrix}$$

得到三维图形平移变换的矩阵运算表示为：

$$[x'\ y'\ z'\ 1]=[x+l\ \ y+m\ \ z+n\ \ 1]=[x\ y\ z\ 1]\cdot\begin{bmatrix}1&0&0&0\\0&1&0&0\\0&0&1&0\\l&m&n&1\end{bmatrix}\tag{13}$$

简写为 $P'=P\cdot T$。

2. 比例变换

（1）局部比例变换

假定点 P 相对于坐标原点沿 X 方向放缩 Sx 倍，沿 Y 方向放缩 Sy 倍，沿 Z 方向放缩 Sz 倍，其中 Sx、Sy 和 Sz 称为比例系数，则可构造比例矩阵 T：

$$T=\begin{bmatrix}Sx&0&0&0\\0&Sy&0&0\\0&0&Sz&0\\0&0&0&1\end{bmatrix}$$

得到比例变换的矩阵运算表示为：

$$[x'\ y'\ z'\ 1]=[x\cdot Sx\ \ y\cdot Sy\ \ z\cdot Sz\ \ 1]=[x\ y\ z\ 1]\cdot\begin{bmatrix}Sx&0&0&0\\0&Sy&0&0\\0&0&Sz&0\\0&0&0&1\end{bmatrix}\tag{14}$$

简写为 $P'=P\cdot T$。

（2）整体比例变换

其变换矩阵为：

$$T=\begin{bmatrix}1&0&0&0\\0&1&0&0\\0&0&1&0\\0&0&0&S\end{bmatrix}$$

则有：

$$[x'\ y'\ z'\ 1]=[x\ y\ z\ 1]\cdot\begin{bmatrix}1&0&0&0\\0&1&0&0\\0&0&1&0\\0&0&0&S\end{bmatrix}=[x\ y\ z\ S]\overset{\text{规范化}}{\Rightarrow}\left[\dfrac{x}{S}\ \dfrac{y}{S}\ \dfrac{z}{S}\ 1\right]$$

即：

$$x'=x/S$$
$$y'=y/S$$
$$z'=z/S$$

显然，S 的取值所起到的作用与二维变换相同。

3. 旋转变换

三维图形旋转变换是指空间上的立体绕直线旋转一个角度。三维旋转比二维旋转要复杂，它的基本旋转变换是立体绕坐标轴旋转，可分为三种基本旋转：绕 Z 轴旋转，绕 X 轴旋转，绕 Y 轴旋转。

一个点绕某一坐标轴旋转，实质上是此点在垂直于这一旋转轴的坐标平面内作二维旋转，即此旋转轴上的值不变，而另外两个坐标轴的值发生旋转变换，如图 4-12 所示。

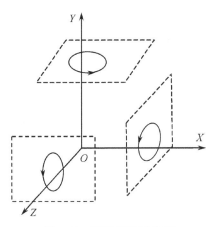

图 4-12　三维旋转示意图

在二维旋转变换中，根据旋转方向是逆时针还是顺时针，决定旋转角度是正值还是负值。而三维旋转角度的正负号取决于三个因素：首先，采用的坐标系是右手坐标系还是左手坐标系；其次，旋转方向是逆时针还是顺时针（旋转方向是从坐标轴的正向往原点看过去的方向）；最后，旋转的对象是物体还是坐标系。不同的因素可以导致旋转角度取值的正负不同。通常规定，在右手坐标系下，物体绕某坐标轴逆时针方向旋转，角度为正；当这三个因素中的任何一个取反，都会改变旋转角度的正负号。

下面讨论的三种基本旋转变换，都是考虑在右手坐标系下，某点绕坐标轴逆时针旋转 θ 角的情况。

（1）绕 Z 轴旋转

当点 $P(x,y,z)$ 绕 Z 轴逆时针旋转时，P 点的 Z 坐标不变，只是 X、Y 坐标相应变化。如图 4-13 所示，如果不考虑 Z 坐标值的差异，那么从 P 点绕 Z 轴逆时针旋转到 P' 点，就相当于在 XOY 平面内，M 点绕原点逆时针旋转到 M' 点，即在 XOY 平面内作二维旋转变换。故此，变换后的点 $P'(x',y',z')$ 的坐标为：

$$x' = x\cos\theta - y\sin\theta$$
$$y' = x\sin\theta + y\cos\theta$$
$$z' = z$$

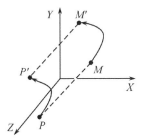

图 4-13　绕 Z 轴旋转

构造旋转矩阵 T：

$$T = \begin{bmatrix} \cos\theta & \sin\theta & 0 & 0 \\ -\sin\theta & \cos\theta & 0 & 0 \\ 0 & 0 & 1 & 0 \\ 0 & 0 & 0 & 1 \end{bmatrix}$$

得到绕 Z 轴旋转变换的矩阵运算表示为：

$$[x' \quad y' \quad z' \quad 1] = [x \cdot \cos\theta - y \cdot \sin\theta \quad x \cdot \sin\theta + y \cdot \cos\theta \quad z \quad 1]$$

$$= [x \quad y \quad z \quad 1] \cdot \begin{bmatrix} \cos\theta & \sin\theta & 0 & 0 \\ -\sin\theta & \cos\theta & 0 & 0 \\ 0 & 0 & 1 & 0 \\ 0 & 0 & 0 & 1 \end{bmatrix} \qquad (15)$$

简写为 $P' = P \cdot T$。

（2）绕 X 轴旋转

当点 $P(x,y,z)$ 绕 X 轴逆时针旋转时，P 点的 X 坐标不变，只是 Y、Z 坐标相应变化。变换后的点 $P'(x',y',z')$ 的坐标为：

$$x' = x$$
$$y' = y\cos\theta - z\sin\theta$$
$$z' = y\sin\theta + z\cos\theta$$

构造旋转矩阵 T：

$$T = \begin{bmatrix} 1 & 0 & 0 & 0 \\ 0 & \cos\theta & \sin\theta & 0 \\ 0 & -\sin\theta & \cos\theta & 0 \\ 0 & 0 & 0 & 1 \end{bmatrix}$$

得到绕 X 轴旋转变换的矩阵运算表示为：

$$[x' \quad y' \quad z' \quad 1] = [x \quad y \cdot \cos\theta - z \cdot \sin\theta \quad y \cdot \sin\theta + z \cdot \cos\theta \quad 1]$$

$$= [x \quad y \quad z \quad 1] \cdot \begin{bmatrix} 1 & 0 & 0 & 0 \\ 0 & \cos\theta & \sin\theta & 0 \\ 0 & -\sin\theta & \cos\theta & 0 \\ 0 & 0 & 0 & 1 \end{bmatrix} \qquad (16)$$

简写为 $P' = P \cdot T$。

（3）绕 Y 轴旋转

当点 $P(x,y,z)$ 绕 Y 轴逆时针旋转时，P 点的 Y 坐标不变，只是 Z、X 坐标相应变化。变换后的点 $P'(x',y',z')$ 的坐标为：

$$x' = z\sin\theta + x\cos\theta$$
$$y' = y$$
$$z' = z\cos\theta - x\sin\theta$$

构造旋转矩阵 T：

$$T = \begin{bmatrix} \cos\theta & 0 & -\sin\theta & 0 \\ 0 & 1 & 0 & 0 \\ \sin\theta & 0 & \cos\theta & 0 \\ 0 & 0 & 0 & 1 \end{bmatrix}$$

得到绕 Y 轴旋转变换的矩阵运算表示为：

$$[x' \quad y' \quad z' \quad 1] = [z\sin\theta + x\cos\theta \quad y \quad z\cos\theta - x\sin\theta \quad 1]$$

$$= [x \quad y \quad z \quad 1] \cdot \begin{bmatrix} \cos\theta & 0 & -\sin\theta & 0 \\ 0 & 1 & 0 & 0 \\ \sin\theta & 0 & \cos\theta & 0 \\ 0 & 0 & 0 & 1 \end{bmatrix} \quad (17)$$

简写为 $P' = P \cdot T$。

4. 对称变换

二维图形的对称变换是以点和线为基准，在三维空间中，对称变换则是以点、线、面为基准的，需要分别对三个坐标、两个坐标、一个坐标取反。

（1）关于坐标原点的对称变换

点 $P(x,y,z)$ 关于坐标原点的对称点为 $P'(-x,-y,-z)$。

构造对称矩阵 T：

$$T = \begin{bmatrix} -1 & 0 & 0 & 0 \\ 0 & -1 & 0 & 0 \\ 0 & 0 & -1 & 0 \\ 0 & 0 & 0 & 1 \end{bmatrix}$$

得到关于坐标原点的对称变换的矩阵运算表示为：

$$[x' \quad y' \quad z' \quad 1] = [-x \quad -y \quad -z \quad 1] = [x \quad y \quad z \quad 1] \cdot \begin{bmatrix} -1 & 0 & 0 & 0 \\ 0 & -1 & 0 & 0 \\ 0 & 0 & -1 & 0 \\ 0 & 0 & 0 & 1 \end{bmatrix} \quad (18)$$

简写为 $P' = P \cdot T$。

（2）关于坐标轴的对称变换

点 $P(x,y,z)$ 关于 X 轴的对称点为 $P'(x,-y,-z)$。

构造对称矩阵 T：

$$T = \begin{bmatrix} 1 & 0 & 0 & 0 \\ 0 & -1 & 0 & 0 \\ 0 & 0 & -1 & 0 \\ 0 & 0 & 0 & 1 \end{bmatrix}$$

得到关于 X 轴的对称变换的矩阵运算表示为：

$$[x' \quad y' \quad z' \quad 1] = [x \quad -y \quad -z \quad 1] = [x \quad y \quad z \quad 1] \cdot \begin{bmatrix} 1 & 0 & 0 & 0 \\ 0 & -1 & 0 & 0 \\ 0 & 0 & -1 & 0 \\ 0 & 0 & 0 & 1 \end{bmatrix} \quad (19)$$

简写为 $P'=P\cdot T$ 。

同理，关于 Y 轴的对称变换的矩阵运算表示为：

$$[x'\ y'\ z'\ 1]=[-x\ y\ -z\ 1]=[x\ y\ z\ 1]\cdot\begin{bmatrix}-1&0&0&0\\0&1&0&0\\0&0&-1&0\\0&0&0&1\end{bmatrix}\quad(20)$$

关于 Z 轴的对称变换的矩阵运算表示为：

$$[x'\ y'\ z'\ 1]=[-x\ -y\ z\ 1]=[x\ y\ z\ 1]\cdot\begin{bmatrix}-1&0&0&0\\0&-1&0&0\\0&0&1&0\\0&0&0&1\end{bmatrix}\quad(21)$$

（3）关于坐标平面的对称变换

点 $P(x,y,z)$ 关于 XOY 坐标平面的对称点为 $P'(x,y,-z)$ 。

构造对称矩阵 T ：

$$T=\begin{bmatrix}1&0&0&0\\0&1&0&0\\0&0&-1&0\\0&0&0&1\end{bmatrix}$$

得到关于 XOY 坐标平面的对称变换的矩阵运算表示为：

$$[x'\ y'\ z'\ 1]=[x\ y\ -z\ 1]=[x\ y\ z\ 1]\cdot\begin{bmatrix}1&0&0&0\\0&1&0&0\\0&0&-1&0\\0&0&0&1\end{bmatrix}\quad(22)$$

简写为 $P'=P\cdot T$ 。

同理，关于 XOZ 坐标平面的对称变换的矩阵运算表示为：

$$[x'\ y'\ z'\ 1]=[x\ -y\ z\ 1]=[x\ y\ z\ 1]\cdot\begin{bmatrix}1&0&0&0\\0&-1&0&0\\0&0&1&0\\0&0&0&1\end{bmatrix}\quad(23)$$

关于 YOZ 坐标平面的对称变换的矩阵运算表示为：

$$[x'\ y'\ z'\ 1]=[-x\ y\ z\ 1]=[x\ y\ z\ 1]\cdot\begin{bmatrix}-1&0&0&0\\0&1&0&0\\0&0&1&0\\0&0&0&1\end{bmatrix}\quad(24)$$

5. 错切变换

三维图形错切变换可以沿 X 轴、Y 轴、Z 轴三个方向产生错切变换。当变换矩阵形如

$$T = \begin{bmatrix} 1 & b & c & 0 \\ d & 1 & f & 0 \\ g & h & 1 & 0 \\ 0 & 0 & 0 & 1 \end{bmatrix}$$

时，将发生错切变换。此时

$$[x' \ y' \ z' \ 1] = [x \ y \ z \ 1] \cdot \begin{bmatrix} 1 & b & c & 0 \\ d & 1 & f & 0 \\ g & h & 1 & 0 \\ 0 & 0 & 0 & 1 \end{bmatrix} = [x+dy+gz \quad y+bx+hz \quad z+cx+fy \quad 1]$$

根据元素所在列可以判断出是沿哪个坐标轴方向进行错切。例如，若 d、g 不为 0，则沿 X 轴方向错切；若 b、h 不为 0，则沿 Y 轴方向错切；若 c、f 不为 0，则沿 Z 轴方向错切。

根据元素所在行可以判断出是关于哪个坐标变量的错切。例如，b、c 是关于 x 坐标变量的错切；d、f 是关于 y 坐标变量的错切；g，h 是关于 z 坐标变量的错切。

下面以沿 X 轴方向的错切变换为例，讨论错切变换的矩阵运算表示方法。沿 Y 轴和 Z 轴方向的错切变换矩阵表示与之类似，读者可自行推导。

沿 X 轴方向关于 y 的错切矩阵为：

$$T = \begin{bmatrix} 1 & 0 & 0 & 0 \\ d & 1 & 0 & 0 \\ 0 & 0 & 1 & 0 \\ 0 & 0 & 0 & 1 \end{bmatrix}$$

得到矩阵运算表示为：

$$[x' \ y' \ z' \ 1] = [x+dy \ y \ z \ 1] = [x \ y \ z \ 1] \cdot \begin{bmatrix} 1 & 0 & 0 & 0 \\ d & 1 & 0 & 0 \\ 0 & 0 & 1 & 0 \\ 0 & 0 & 0 & 1 \end{bmatrix} \tag{25}$$

沿 X 轴方向关于 z 的错切矩阵为：

$$T = \begin{bmatrix} 1 & 0 & 0 & 0 \\ 0 & 1 & 0 & 0 \\ g & 0 & 1 & 0 \\ 0 & 0 & 0 & 1 \end{bmatrix}$$

得到矩阵运算表示为：

$$[x' \ y' \ z' \ 1] = [x+gz \ y \ z \ 1] = [x \ y \ z \ 1] \cdot \begin{bmatrix} 1 & 0 & 0 & 0 \\ 0 & 1 & 0 & 0 \\ g & 0 & 1 & 0 \\ 0 & 0 & 0 & 1 \end{bmatrix} \tag{26}$$

显然，若 $dy(gz)>0$，则沿 X 轴正方向错切；若 $dy(gz)<0$，则沿 X 轴负方向错切。

6. 左手坐标系和右手坐标系的变换

对于左手坐标系和右手坐标系，将点在左手坐标系和右手坐标系之间转换的矩阵是它本身的逆，表示为：

$$T = \begin{bmatrix} 1 & 0 & 0 & 0 \\ 0 & 1 & 0 & 0 \\ 0 & 0 & 1 & 0 \\ 0 & 0 & 0 & s \end{bmatrix}$$

4.2.2　复合变换

与二维图形的复合变换类似，三维图形的复杂变换也可以转换成一系列的平移、旋转等基本变换，依序用各个基本变换矩阵的连乘表示总体变换的效果，称为三维图形的复合变换。

1.　相对空间任意点的几何变换

如果要相对空间的任意点(x_r, y_r, z_r)进行比例、对称等几何变换，其变换顺序为：

（1）将参考点(x_r, y_r, z_r)平移到坐标原点处，即坐标系平移$(-x_r, -y_r, -z_r)$。

（2）相对坐标原点进行比例、对称等基本变换。

（3）作（1）的逆变换，即将参考点(x_r, y_r, z_r)移回到原来的位置。

具体的复合变换过程可参考例4-2，只需将其中的二维基本变换矩阵替换成三维的即可，这里不再赘述。

2.　相对空间任意直线的几何变换

如果要相对空间任意直线进行对称、旋转等几何变换，其变换顺序为：

（1）平移，使参考直线通过坐标原点；

（2）旋转1，使参考直线落入某一个坐标平面内；

（3）旋转2，使参考直线与某一根坐标轴重合；

（4）作相对于此坐标轴的对称、旋转等基本变换；

（5）作（3）的逆变换；

（6）作（2）的逆变换；

（7）作（1）的逆变换，至此，参考直线恢复到原来的空间位置。

例4-4：求点$P(x, y, z)$绕空间中任意直线段AB逆时针旋转θ角的变换矩阵T。其中，A点的坐标为(x_A, y_A, z_A)，B点的坐标为(x_B, y_B, z_B)，如图4-14所示。

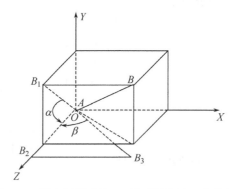

图4-14　绕空间任意轴AB逆时针旋转θ角的变换

解：所求变换矩阵可以分解成以下若干个变换的组合。

（1）平移变换T_1：平移坐标系，使新坐标系的原点与A点重合。其变换矩阵为：

$$T_1 = \begin{bmatrix} 1 & 0 & 0 & 0 \\ 0 & 1 & 0 & 0 \\ 0 & 0 & 0 & 1 \\ -x_A & -y_A & -z_A & 1 \end{bmatrix}$$

（2）旋转变换 T_2：将坐标系绕 X 轴顺时针旋转 α 角（即线段 AB 绕 X 轴逆时针旋转 α 角），使 AB 落到 XOZ 平面上。其变换矩阵为：

$$T_2 = \begin{bmatrix} 1 & 0 & 0 & 0 \\ 0 & \cos\alpha & \sin\alpha & 0 \\ 0 & -\sin\alpha & \cos\alpha & 0 \\ 0 & 0 & 0 & 1 \end{bmatrix}$$

此旋转可视为由三角形 AB_1B 转到三角形 AB_2B_3 的过程，所以 α 角即为 AB_1 线段与 Z 轴的夹角，由此得到下式：

$$\sin\alpha = (y_B - y_A)/r_1$$
$$\cos\alpha = (z_B - z_A)/r_1$$
$$r_1 = \sqrt{(y_B - y_A)^2 + (z_B - z_A)^2}$$

（3）旋转变换 T_3：将坐标系绕 Y 轴逆时针旋转 β 角（即线段 AB_3 绕 Y 轴顺时针旋转 β 角），使 AB_3 与 Z 轴重合。其变换矩阵为：

$$T_3 = \begin{bmatrix} \cos\beta & 0 & \sin\beta & 0 \\ 0 & 1 & 0 & 0 \\ -\sin\beta & 0 & \cos\beta & 0 \\ 0 & 0 & 0 & 1 \end{bmatrix}$$

其中：

$$\sin\beta = (x_B - x_A)/r_2$$
$$\cos\beta = r_1/r_2$$
$$r_2 = \sqrt{(x_B - x_A)^2 + r_1^2}$$

（4）旋转变换 T_4：此时绕直线段 AB 逆时针旋转 θ 角，即为绕 Z 轴逆时针旋转 θ 角。其变换矩阵为：

$$T_4 = \begin{bmatrix} \cos\theta & \sin\theta & 0 & 0 \\ -\sin\theta & \cos\theta & 0 & 0 \\ 0 & 0 & 1 & 0 \\ 0 & 0 & 0 & 1 \end{bmatrix}$$

（5）作逆变换，使线段 AB 回到原来的空间位置。其变换矩阵依次为：

$$T_5 = T_3^{-1} = \begin{bmatrix} \cos(-\beta) & 0 & \sin(-\beta) & 0 \\ 0 & 1 & 0 & 0 \\ -\sin(-\beta) & 0 & \cos(-\beta) & 0 \\ 0 & 0 & 0 & 1 \end{bmatrix}$$

$$T_6 = T_2^{-1} = \begin{bmatrix} 1 & 0 & 0 & 0 \\ 0 & \cos(-\alpha) & \sin(-\alpha) & 0 \\ 0 & -\sin(-\alpha) & \cos(-\alpha) & 0 \\ 0 & 0 & 0 & 1 \end{bmatrix}$$

$$T_7 = T_1^{-1} = \begin{bmatrix} 1 & 0 & 0 & 0 \\ 0 & 1 & 0 & 0 \\ 0 & 0 & 1 & 0 \\ x_A & y_A & z_A & 1 \end{bmatrix}$$

至此，绕空间任意轴逆时针旋转 θ 角的变换过程结束，其变换矩阵为：

$$T = T_1 \cdot T_2 \cdot T_3 \cdot T_4 \cdot T_3^{-1} \cdot T_2^{-1} \cdot T_1^{-1}$$

4.3　投影变换

三维的真实世界和它的计算机图形表示是有根本区别的。要将三维形体表示在二维平面上，必须经过投影变换。

4.3.1　投影变换的基本概念

通常情况下，图形输出设备（如显示器、打印机等）都是二维的，用这些二维的设备去显示具有立体感或真实感的三维图形时，就得把三维坐标系下图形上各点的坐标转化为某一平面坐标系下的二维坐标，也就是将点 $P(x,y,z)$ 变换为 (x',y') 或 (x',z') 或 (y',z')。这种将三维空间中的物体变为二维图形表示的过程称为投影变换。

投影变换的方式有很多种。在实际应用中，可根据不同的目的或需要而采用不同的变换方式。图 4-15 所示为投影变换的分类。

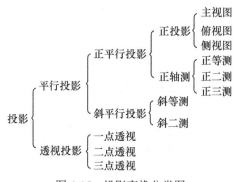

图 4-15　投影变换分类图

投影的要素包括投影对象、投影中心、投影平面、投影线和投影。要作投影变换的物体称为投影对象；在三维空间中，选择一个点，记该点为投影中心；不经过这个点再定义一个平面，记这个平面为投影平面；从投影中心向投影平面引任意多条射线，记这些射线为投影线；穿过物体的投影线与投影面相交，在投影面上形成物体的像，这个像记为三维物体在二维投影面上的投影。

投影变换可分为透视投影和平行投影两大类。它们的本质区别在于，透视投影的投影中心到投影面之间的距离是有限的，平行投影的投影中心到投影面之间的距离是无限的。定义透视投影时，需要明确地指定投影中心的位置；当定义平行投影时，由于投影中心在无限远，投影线互相平行，因此只要给出投影方向就可以了。如图 4-16 所示为同一条直线段 *AB* 的两种不同的投影。

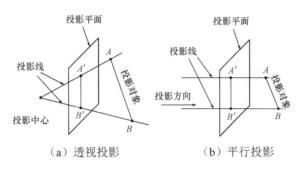

（a）透视投影　　　　　　　（b）平行投影

图 4-16　透视投影和平行投影的比较

投影变换的一个重要性质是投影保持直线不变。也就是说，直线投影后，原直线两个端点的投影点相连仍然是直线。所以，对直线段 *AB* 作投影变换时，只需对线段的两个端点 *A* 和 *B* 作投影变换，连接两个端点在投影面上的投影 *A′* 和 *B′*，就可得到整个直线段的投影线段 *A′B′*。

投影的结果依赖于投影中心到投影平面的距离、投影线方向与投影平面之间的夹角以及投影平面与坐标轴的夹角等空间关系。但不管是哪一类投影，它们的共同特点是有一个投影面和一个投影中心或投影方向。

下面分别介绍各类投影的定义、性质和表示方法。

4.3.2　平行投影

平行投影的投影中心与投影平面之间的距离为无穷远；投影线之间相互平行；平行线的平行投影仍是平行线。按照投影方向与投影平面的交角不同，平行投影分为正平行投影和斜平行投影两类。如图 4-17 所示为这两种平行投影的示意图。

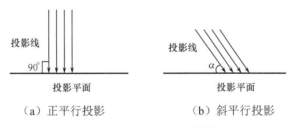

（a）正平行投影　　　　　　　（b）斜平行投影

图 4-17　平行投影示意图

1．正平行投影

正平行投影的投影方向垂直于投影平面。其中，按照投影平面与坐标轴的交角不同，正平行投影又可分为正投影与正轴测两类。当投影平面与某一坐标轴垂直时，得到的投影为正投影；否则，得到的投影为正轴测。

（1）正投影

正投影也称为三视图。按照投影平面是否与 *Y* 轴、*X* 轴、*Z* 轴垂直，正投影分为主视图、侧视图和俯视图 3 种，此时投影方向分别与这个坐标轴的方向一致。如图 4-18 所示为一个物体的三视图。

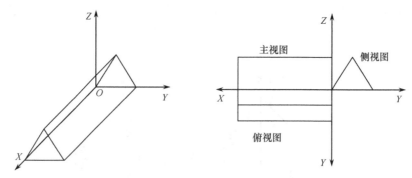

图 4-18   物体的空间图及三视图

1）主视图

以 XOZ 平面作为投影平面所得到的正投影称为主视图。其变换矩阵为：

$$T_Y = \begin{bmatrix} 1 & 0 & 0 & 0 \\ 0 & 0 & 0 & 0 \\ 0 & 0 & 1 & 0 \\ 0 & 0 & 0 & 1 \end{bmatrix}$$

即令单位矩阵 $I_{4\times4}$ 中的第 2 列元素全为零就得 T_Y。设投影对象为三维点 $P(x,y,z)$，则：

$$[x' \quad y' \quad z' \quad 1] = [x \quad y \quad z \quad 1] \cdot T_Y = [x \quad y \quad z \quad 1]\begin{bmatrix} 1 & 0 & 0 & 0 \\ 0 & 0 & 0 & 0 \\ 0 & 0 & 1 & 0 \\ 0 & 0 & 0 & 1 \end{bmatrix} \tag{27}$$

即 $x' = x$，$y' = 0$，$z' = z$。

2）侧视图

以 YOZ 平面作为投影平面所得到的正投影称为侧视图。其变换矩阵为：

$$T_X = \begin{bmatrix} 0 & 0 & 0 & 0 \\ 0 & 1 & 0 & 0 \\ 0 & 0 & 1 & 0 \\ 0 & 0 & 0 & 1 \end{bmatrix}$$

即令单位矩阵 $I_{4\times4}$ 中的第 1 列元素全为零就得 T_X。设投影对象为三维点 $P(x,y,z)$，则：

$$[x' \quad y' \quad z' \quad 1] = [x \quad y \quad z \quad 1] \cdot T_X = [x \quad y \quad z \quad 1]\begin{bmatrix} 0 & 0 & 0 & 0 \\ 0 & 1 & 0 & 0 \\ 0 & 0 & 1 & 0 \\ 0 & 0 & 0 & 1 \end{bmatrix} \tag{28}$$

即 $x' = 0$，$y' = y$，$z' = z$。

3）俯视图

以 XOY 平面作为投影平面所得到的正投影称为俯视图。其变换矩阵为：

$$T_Z = \begin{bmatrix} 1 & 0 & 0 & 0 \\ 0 & 1 & 0 & 0 \\ 0 & 0 & 0 & 0 \\ 0 & 0 & 0 & 1 \end{bmatrix}$$

即令单位矩阵 $I_{4\times4}$ 中的第 3 列元素全为零就得 T_Z。设投影对象为三维点 $P(x,y,z)$，则：

$$[x' \quad y' \quad z' \quad 1] = [x \quad y \quad z \quad 1] \cdot T_Z = [x \quad y \quad z \quad 1] \begin{bmatrix} 1 & 0 & 0 & 0 \\ 0 & 1 & 0 & 0 \\ 0 & 0 & 0 & 0 \\ 0 & 0 & 0 & 1 \end{bmatrix} \tag{29}$$

即 $x' = x$，$y' = y$，$z' = 0$。

三视图常作为主要的工程施工图纸，因为在三视图上可以测量距离和角度。但一种三视图只有物体一个面的投影，所以以单独从某一个方面的三视图很难想象出物体的三维形状，只有将主视图、侧视图和俯视图放在一起，才有可能综合出物体的空间形状。

（2）正轴测

轴测投影是获得具有立体感三维图形的一种最常用的方法。由于这种投影的投影平面不与轴线垂直，同时可见到物体的多个面，因而可以产生立体效果，给人一种直观的立体形状感。而且它在画法上也比透视图简单，常用来绘制机器、部件、机箱等的外观图。轴测投影采用平行投影，分为正轴测投影和斜轴测投影两种。在此主要介绍正轴测投影，斜轴测投影将在斜平行投影部分予以介绍。

正轴测投影是指投影方向与投影面垂直，但投影面不与任何一个坐标轴垂直的平行投影。经过正轴测投影变换后，物体线间的平行性不变，但角度有变化。

正轴测投影的形成过程如图 4-19 所示，分为如下三步：

（1）绕 Y 轴顺时针旋转 α 角，令变换矩阵为 T_1。

（2）绕 X 轴逆时针旋转 β 角，令变换矩阵为 T_2。

（3）向 XOY 平面作正投影变换，令变换矩阵为 T_3。

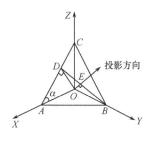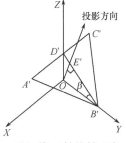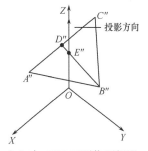

（a）绕 Y 轴旋转 α 角　　（b）绕 X 轴旋转 β 角　　（c）向 XOY 平面作正投影

图 4-19　正轴测投影的形成过程

由此可以得到正轴测投影的变换矩阵为：

$$T = T_1 \cdot T_2 \cdot T_3 = \begin{pmatrix} \cos\alpha & 0 & \sin\alpha & 0 \\ 0 & 1 & 0 & 0 \\ -\sin\alpha & 0 & \cos\alpha & 0 \\ 0 & 0 & 0 & 1 \end{pmatrix} \begin{pmatrix} 1 & 0 & 0 & 0 \\ 0 & \cos\beta & \sin\beta & 0 \\ 0 & -\sin\beta & \cos\beta & 0 \\ 0 & 0 & 0 & 1 \end{pmatrix} \begin{pmatrix} 1 & 0 & 0 & 0 \\ 0 & 1 & 0 & 0 \\ 0 & 0 & 0 & 0 \\ 0 & 0 & 0 & 1 \end{pmatrix}$$

$$
= \begin{bmatrix} \cos\alpha & -\sin\alpha \cdot \sin\beta & 0 & 0 \\ 0 & \cos\beta & 0 & 0 \\ -\sin\alpha & -\cos\alpha \cdot \sin\beta & 0 & 0 \\ 0 & 0 & 0 & 1 \end{bmatrix} \tag{30}
$$

在正轴测投影中，沿三维空间坐标轴方向的直线段的投影长度与实际长度之比称为变形系数，记为 C_X、C_Y 和 C_Z。如变形系数为 0.6，表示三维空间里 1 米长的直线段投影后变成了 0.6 米长的直线段。根据变形系数之间的关系，正轴测投影可分为如下几类。

1）如果三个坐标轴方向上的变形系数相等，即 $C_X = C_Y = C_Z$，这时的正轴测投影称为正等测投影，如图 4-20 所示。

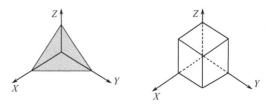

图 4-20　正方体的正等测投影示意图

图中可见，正等测的变形系数相等，即投影平面与三个坐标轴之间的夹角相等，或者投影平面与三个坐标轴的交点到坐标原点的距离相等。由数学方法可知：

$$
\alpha = 45°, \quad \sin\alpha = \cos\alpha = \frac{\sqrt{2}}{2}
$$

$$
\beta = 35°, \quad \sin\beta = \frac{\sqrt{3}}{3}, \quad \cos\beta = \frac{\sqrt{6}}{3}
$$

代入式（30），得到正等测投影变换矩阵为：

$$
T = \begin{bmatrix} 0.7071 & 0 & -0.4082 & 0 \\ 0 & 0 & 0.8165 & 0 \\ -0.7071 & 0 & -0.4082 & 0 \\ 0 & 0 & 0 & 1 \end{bmatrix} \tag{31}
$$

2）如果三个坐标轴方向上的变形系数 C_X、C_Y 和 C_Z 存在关系：$C_X = C_Y \neq C_Z$ 或 $C_X = C_Z \neq C_Y$ 或 $C_Y = C_Z \neq C_X$，这时的正轴测投影称为正二测投影，如图 4-21 所示。

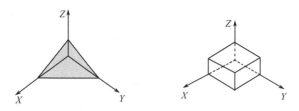

图 4-21　正方体的正二测投影示意图

图中可见，正二测投影的某两个变形系数相等，即投影平面与某两个坐标轴之间的夹角相等，或者说投影平面与某两个坐标轴的交点到坐标原点的距离相等。例如，图 4-21 中就是假设投影平面与 X 轴和 Y 轴之间的夹角相等。与正等测投影图相比，正二测投影改变了立方体的形状，使它成为一个长方体。

3）如果 3 个坐标轴方向上的变形系数均不相等，即 $C_X \neq C_Y \neq C_Z$，这时的正轴测投影称为正三测投影，如图 4-22 所示。

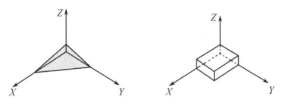

图 4-22　正方体的正三测投影示意图

图中可见，正三测投影的变形系数均不相等，即投影平面与坐标轴之间的夹角都不相等，或者说投影平面与坐标轴的交点到坐标原点的距离都不相等。

2. 斜平行投影

斜平行投影与正平行投影的区别在于：斜平行投影的投影方向不垂直于投影平面，而是与投影面成 α 夹角。斜投影将正投影的三视图和正轴测的特性结合起来，既能像三视图那样在平面上测量距离和角度，又能像正轴测那样同时反映物体的多个面，具有立体效果。通常选择投影平面垂直于某个主轴，这样，对平行于投影平面的物体表面可以进行角度和距离的测量，而对物体的其他面，可沿这根主轴测量距离。

在工程制图中，经常选择一些兼有美观和绘图方便的 α 角作斜平行投影，常用的两种是斜等测和斜二测，如图 4-23 所示。斜等测的投影方向与投影平面成 45° 角，所以与投影平面垂直的任何直线段，其投影后的长度不变，此时可以在投影图上直接量出距离；斜二测的投影方向与投影平面成 arctg2（约 63.4°）的角度，所以与投影平面垂直的任何直线段，其投影后的长度为原来的一半，此时的图形比较美观，距离值也比较容易算出。

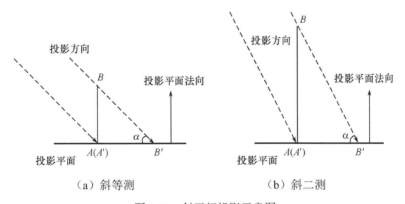

（a）斜等测　　　　　　　　　　（b）斜二测

图 4-23　斜平行投影示意图

下面讨论如何求在观察坐标系下斜平行投影的变换矩阵。

观察坐标系的定义见本章 4.4 节。如图 4-24 所示，设观察坐标系中立方体上一点 $P(0,0,1)$ 在 XOY 平面上的投影为 P'，投影方向为 PP'。又设 l 为 OP' 的长度，α 为 OP' 与 X 轴的夹角，β 为 PP' 与投影平面的夹角。可知 P' 点的坐标为 $(l\cos\alpha, l\sin\alpha, 0)$，投影方向矢量为 $(l\cos\alpha, l\sin\alpha, 1)$。现考虑空间任意点 (x_e, y_e, z_e) 在 XOY 平面上的投影 (x_s, y_s)。

因为投影方向与投影线 PP' 平行，投影线的方程为：

$$\frac{z_e - z_s}{-1} = \frac{x_e - x_s}{l\cos\alpha} = \frac{y_e - y_s}{l\sin\alpha} \text{ 且 } z_s = 0$$

所以：

$$\begin{cases} x_s = x_e + z_e \cdot l \cos\alpha \\ y_s = y_e + z_e \cdot l \sin\alpha \end{cases}$$

得到斜平行投影的变换矩阵为：

$$T = \begin{bmatrix} 1 & 0 & 0 & 0 \\ 0 & 1 & 0 & 0 \\ l\cos\alpha & l\sin\alpha & 0 & 0 \\ 0 & 0 & 0 & 1 \end{bmatrix}$$

矩阵运算表示为：

$$\begin{bmatrix} x_s & y_s & z_s & 1 \end{bmatrix} = \begin{bmatrix} x_e & y_e & z_e & 1 \end{bmatrix} \cdot \begin{bmatrix} 1 & 0 & 0 & 0 \\ 0 & 1 & 0 & 0 \\ l\cos\alpha & l\sin\alpha & 0 & 0 \\ 0 & 0 & 0 & 1 \end{bmatrix} \qquad (32)$$

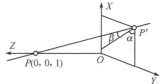

图 4-24   观察坐标系下的斜平行投影

4.3.3 透视投影

在日常生活中，经常会看到一些明显的透视现象。例如：站在笔直的马路上向远处看，马路边具有相同高度的路灯柱子会感到近高远低；宽度相等的路面会感到近宽远窄，最后汇聚于一点。这些现象称为透视现象。透视投影是一种中心投影法，它的思想来自于艺术家画三维物体和场景透视图时所遵循的原则。艺术家的眼睛在投影中心，而画布所在的平面就是投影平面（视平面），投影平面上的点是由通过物体上的点和投影中心点的投影线决定的。

1. 透视投影的术语和分类

透视投影的投影中心与投影平面之间的距离是有限的。投影线（视线）从投影中心（视点）出发，投影线是不平行的。

对于透视投影，一束平行于投影平面的平行线的投影仍可保持平行，而不平行于投影平面的平行线的投影会收敛到一个点，这个点称为灭点（Vanishing Point）。灭点可以看作是无限远处的一点在投影平面上的投影。

透视投影的灭点可以有无限多个，不同方向的平行线在投影平面上能形成不同的灭点。平行于坐标轴的平行线在投影平面上形成的灭点称为主灭点。

主灭点的数目和投影平面切割坐标轴的数量相对应，即由坐标轴与投影平面交点的数量来决定。例如，若投影平面仅切割 Z 轴，则 Z 轴是投影平面的法线，X 轴、Y 轴与投影平面平行，因此只在 Z 轴上有一个主灭点；平行于 X 轴或 Y 轴的直线也平行于投影平面，因而没有主灭点。因为只有 X、Y、Z 三个坐标轴，所以主灭点最多有三个。

根据主灭点的个数，透视投影可分为一点透视、二点透视和三点透视，如图 4-25 所示。

（1）一点透视：有一个主灭点，即投影平面与一个坐标轴正交，与另外两个坐标轴平行。

（2）二点透视：有两个主灭点，即投影平面与两个坐标轴相交，与另一个坐标轴平行。

（3）三点透视：有三个主灭点，即投影面与三个坐标轴都相交。

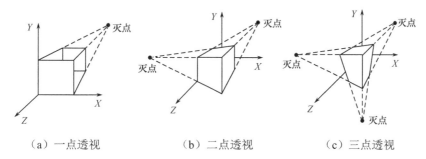

（a）一点透视　　　　　（b）二点透视　　　　　（c）三点透视

图 4-25　透视投影示意图

2. 透视投影的表示方法

假设投影中心在坐标原点，投影平面与 Z 轴垂直，在 $z=d$ 的位置上。点 $P(x,y,z)$ 在投影平面上的投影点为：$P'(x',y',d)$，如图 4-26 所示。由三角形的相似性，可以计算出 x'，y'的值：

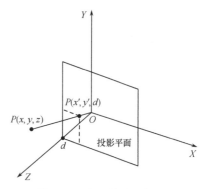

图 4-26　点 P 的透视投影

$$\frac{x'}{x} = \frac{y'}{y} = \frac{d}{z}$$

即：

$$x' = \frac{x}{z/d}$$

$$y' = \frac{y}{z/d}$$

则点 $P'(x',y',d)$的齐次坐标为：

$$\begin{bmatrix} x' & y' & d & 1 \end{bmatrix} = \begin{bmatrix} \dfrac{x}{z/d} & \dfrac{y}{z/d} & d & 1 \end{bmatrix}$$

$$= \begin{bmatrix} x & y & z & z/d \end{bmatrix} = \begin{bmatrix} x & y & z & 1 \end{bmatrix} \cdot T$$

故此，构造透视投影的变换矩阵 T 为：

$$T = \begin{bmatrix} 1 & 0 & 0 & 0 \\ 0 & 1 & 0 & 0 \\ 0 & 0 & 1 & 1/d \\ 0 & 0 & 0 & 0 \end{bmatrix}$$

得到透视投影变换的矩阵运算表示为：

$$\begin{bmatrix} x' & y' & z' & 1 \end{bmatrix} = \begin{bmatrix} x & y & z & z/d \end{bmatrix} = \begin{bmatrix} x & y & z & 1 \end{bmatrix} \cdot \begin{bmatrix} 1 & 0 & 0 & 0 \\ 0 & 1 & 0 & 0 \\ 0 & 0 & 1 & 1/d \\ 0 & 0 & 0 & 0 \end{bmatrix} \quad (33)$$

简写为 $P' = P \cdot T$。

如果在 Z 轴上取一点 E 作为投影中心，以 XOY 平面作为投影平面，投影中心到投影平面的距离记为 d，则点 P(x,y,z)在投影平面上的投影点为 P'(x',y',0)。那么，同样利用三角形的相似性，可计算出 x'、y'的值：

$$\frac{x'}{x} = \frac{y'}{y} = \frac{d}{d-z}$$

即：

$$x' = x \cdot \frac{d}{d-z}$$

$$y' = y \cdot \frac{d}{d-z}$$

则点 P' (x',y',0)的齐次坐标为：

$$\begin{bmatrix} x' & y' & 0 & 1 \end{bmatrix} = \begin{bmatrix} x \cdot \dfrac{d}{d-z} & y \cdot \dfrac{d}{d-z} & 0 & 1 \end{bmatrix}$$

$$= \begin{bmatrix} x & y & 0 & \dfrac{d-z}{d} \end{bmatrix} = \begin{bmatrix} x & y & 0 & 1-\dfrac{z}{d} \end{bmatrix} = \begin{bmatrix} x & y & z & 1 \end{bmatrix} \cdot T$$

故此，可构造出透视投影变换矩阵的另一种形式为：

$$T_Z = \begin{bmatrix} 1 & 0 & 0 & 0 \\ 0 & 1 & 0 & 0 \\ 0 & 0 & 0 & -1/d \\ 0 & 0 & 0 & 1 \end{bmatrix}$$

相应地，得到透视投影变换的矩阵运算表示为：

$$\begin{bmatrix} x' & y' & z' & 1 \end{bmatrix} = \begin{bmatrix} x & y & z & 1 \end{bmatrix} \cdot \begin{bmatrix} 1 & 0 & 0 & 0 \\ 0 & 1 & 0 & 0 \\ 0 & 0 & 0 & -1/d \\ 0 & 0 & 0 & 1 \end{bmatrix} \tag{34}$$

简写为 $P' = P \cdot T$。

同理，如果投影中心在(d,0,0)，以 YOZ 平面作为投影平面的透视变换，其变换矩阵为：

$$T_X = \begin{bmatrix} 0 & 0 & 0 & -1/d \\ 0 & 1 & 0 & 0 \\ 0 & 0 & 1 & 0 \\ 0 & 0 & 0 & 1 \end{bmatrix}$$

如果投影中心在(0,d,0)，以 XOZ 平面作为投影平面的透视变换，其变换矩阵为：

$$T_Y = \begin{bmatrix} 1 & 0 & 0 & 0 \\ 0 & 0 & 0 & -1/d \\ 0 & 0 & 1 & 0 \\ 0 & 0 & 0 & 1 \end{bmatrix}$$

以上 4×4 矩阵 T_X、T_Y、T_Z 均称为一点透视变换矩阵。

二点透视就是具有两个主灭点的透视，根据主灭点方向的不同，其透视投影变换矩阵分别为 $T_X \cdot T_Y$、$T_X \cdot T_Z$ 或 $T_Y \cdot T_Z$；三点透视是具有三个主灭点的透视，这时的透视投影变换矩

阵为 $T_X \cdot T_Y \cdot T_Z$。

　　3. 透视异常

　　与平行投影相比，透视投影的深度感更强，看上去更加真实，但透视投影不能真实地反映物体的精确尺寸和形状。透视观察过程中会发生某些变形，而实际上也是随着深度的改变，物体的大小和形状也发生了变化，称之为透视异常。

　　（1）透视缩小效应

　　物体透视投影的大小与物体到投影中心的距离成反比，即投影对象离投影中心（视点）越远，投影的尺寸会越小。如图 4-27 所示，同样大小不同远近的两根线段 AB 和 CD，在投影平面上的投影 $A'B'$ 大于 $C'D'$。

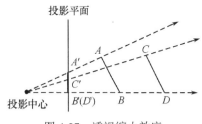

图 4-27　透视缩小效应

　　（2）灭点效应

　　不平行于投影平面的平行线的投影好像相交于投影平面的某些点，改变了其平行性。

　　（3）观察混淆

　　投影中心后面的物体投影到投影平面的背面，并且上下颠倒。

　　（4）布局失真

　　对于通过投影中心并平行于投影平面的平面，平面上的点通过透视投影变换后变为无限发散的点。特别是对于观察者眼前的一个点和观察者背后的一个点相连的有限线段，其投影出来的结果是一条断裂的无限延伸的直线。

4.4　坐标系统及其变换

4.4.1　坐标系统

　　几何物体具有很多重要的性质，如大小、形状、位置、方向以及相互之间的空间关系等。为了描述、分析、度量这些特性，需要一个称为坐标系统的参考框架，从本质上来说，坐标系统自身也是一个几何物体。

　　坐标系统以其维度上看，可分为一维坐标系统、二维坐标系统和三维坐标系统；从其坐标轴之间的空间关系来看，可分为直角坐标系统、圆柱坐标系统、球坐标系统和极坐标系统等。在不同的空间，计算机图形学使用不同的坐标系，常用的坐标系统是人们所熟悉的直角坐标系，也称笛卡儿坐标系。

　　PHIGS（Programmer's Hierarchical Interactive Graphics System）是计算机图形学的国际标准，它包括如下五种坐标系统。

1. 建模坐标系（Modeling Coordinate System，简称 MC）

建模坐标系也称为局部坐标系，主要为考察物体方便起见，独立于世界坐标系来定位和定义物体。通常是在不需要指定物体在世界坐标系中方位的情况下，使用建模坐标系。建模坐标系是右手三维坐标系。

2. 世界坐标系（World Coordinate System，简称 WC）

世界坐标系是用户用来定义图形的坐标系，因此也称用户坐标系。该坐标系统主要用于计算机图形场景中所有图形对象的空间定位和定义，包括观察者的位置、视线等。计算机图形系统中涉及的其他坐标系统都是参照它进行定义。世界坐标系理论上是无限大且连续的，即它的定义域为实数域，但实际上应为计算机的实数域。用户可以在世界坐标系中指定一个区域用来确定要显示的图形部分，此区域称为窗口。世界坐标系是右手三维坐标系。

3. 观察坐标系（Viewing Coordinate Systems，简称 VC）

观察坐标系可以在世界坐标系的任何位置、任何方向定义，它通常是以视点的位置为原点，通过用户指定的一个向上的观察向量（View Up Vector）来定义整个坐标系统。观察坐标系主要用于从观察者的角度对整个世界坐标系内的对象进行重新定位和描述，从而简化几何物体在投影面的成像的数学推导和计算。观察坐标系是左手三维坐标系。

4. 投影坐标系（Project Coordinate Systems，简称 PC）

投影坐标系主要用于指定物体在投影平面上的所有点。投影平面有时也称为成像面，通常是通过指定投影平面与投影中心（视点）之间的距离来定义投影平面。投影坐标系是二维坐标系。

5. 设备坐标系（Device Coordinate System，简称 DC）

设备坐标系也称为物理坐标系，它主要用于某一特殊的计算机图形输出设备（如光栅显示器）表面的点的定义。在多数情况下，对于每一个具体的输出设备（如显示器、绘图仪），都有一个单独的坐标系统。设备坐标系的度量单位是像素（显示器）或步长（绘图仪），因此，它的定义域是整数域且是有界的。用户可以在设备坐标系中指定多个小于或等于定义域的区域，该区域称为视区，视区中的图形即为实际输出的。设备坐标系是左手三维坐标系，但显示器或工程图纸大多数为二维平面，一种简单的方法是将 Z 坐标值取零即可。

如图 4-28 所示表明了对建模以及将场景的世界坐标描述变换到设备坐标的一般处理步骤。一旦对场景建好模型，世界坐标就转换成观察坐标。接着执行投影操作，从而将场景的观察坐标描述变换到投影平面上的坐标位置，然后将其映射到输出设备。观察范围以外的物体部分被裁剪，剩下的物体经过消隐后显示在设备视区。

图 4-28   三维图形变换流水线

物体的坐标描述从一个系统变换到另一个系统与二维坐标变换具有相同的步骤，需要建立让两个坐标系对齐的变换矩阵。首先，建立将新坐标原点变到其他坐标原点位置的变换。接着进行关于坐标轴的一系列旋转。如果在两个坐标系中使用不同的缩放，也需要一个缩放变换来补偿坐标系之间的差别。

下面主要介绍这些坐标系统之间的变换。

4.4.2　模型变换

模型变换是将建模坐标系中的形体转换为世界坐标系中描述的变换。一旦用户定义建模坐标系中的"局部"物体，通过指定建模坐标系的原点在世界坐标系中的位置，然后经过几何变换，就能很容易地将"局部"物体放入世界坐标系内，使它由局部上升为全局。

4.4.3　观察变换

观察变换是将一个三维对象在世界坐标系中的坐标转变为在观察坐标系中的坐标的过程。物体在空间的表示是用世界坐标系来表示的，但是当人们观察物体时，世界坐标系就转化为观察坐标系，这就需要进行观察变换，其大致过程为，首先建立观察坐标系，然后建立垂直于观察 Z_V 轴的观察平面。将场景中的世界坐标位置转变成观察坐标后，再将观察坐标投影到观察平面上。

1. 观察平面

世界坐标系与观察坐标系的关系如图 4-29 所示。

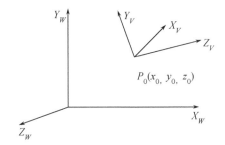

图 4-29　世界坐标系与观察坐标系

为了建立观察坐标系，首先挑选一个世界坐标系中的点，称为观察参考点（View Reference Point），该点是观察坐标系的原点。该点通常选择靠近物体的位置或在场景中某物体的表面位置，也可以选择物体的中心点，或某组物体的中心点，或距离显示物体的前部有一段距离的点。接着，通过给定观察平面法向量 N 作为观察 Z_V 轴的正方向和观察平面方向，通常是从世界坐标点到观察参考点的方向，如图 4-30 所示。然后，指定一向量 V 作为观察向上的向量。最后，利用向量 N 和 V 计算既与 N 又与 V 垂直的第三个向量 U，作为观察 X_V 轴的方向；并将 V 的方向调整到同时垂直于 N 和 U，作为观察 Y_V 轴的方向。故此，观察坐标系通常描述成 UVN 坐标系，如图 4-31 所示。

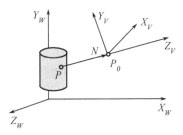

图 4-30　法向量 N 的定义

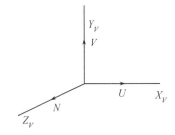

图 4-31　由 U、V、N 向量描述的坐标系

通常情况下，用户沿 Z_V 轴通过指定观察平面离开观察原点的距离来选择观察平面的位

置。观察平面总是平行于 X_VY_V 平面，物体到观察平面的投影与在输出设备上显示的场景视图相一致。如果使观察平面的距离为 0，那么观察坐标的 X_VY_V 平面则变成了投影变换的观察平面。

2. 观察体

观察体是世界坐标系的一个子空间，可以在观察平面上定义一个窗口（多为矩形），利用投影中心（或投影方向）和窗口来定义观察体。对于平行投影来说，此时的观察体是一个无限的四棱柱，棱边通过观察平面上的窗口，如图 4-32（a）所示；对于透视投影来说，此时的观察体是一个无限的四棱锥，其顶点是投影中心，棱边同样通过观察平面上的窗口，如图 4-32（b）所示。

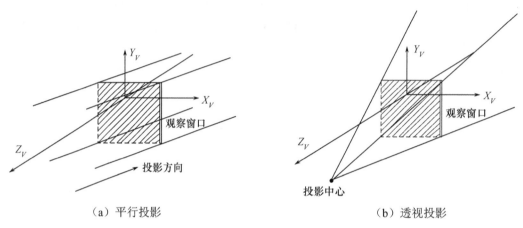

（a）平行投影　　　　　　　　　（b）透视投影

图 4-32　无限观察体

通常，用户要求观察体是有限的，可以用一个前截面和一个后截面来确定有限的观察体。对于平行投影来说，此时的观察体是一个四棱柱，如图 4-33（a）所示；对于透视投影来说，此时的观察体是一个四棱台，如图 4-33（b）所示。

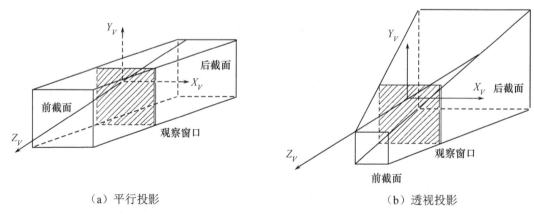

（a）平行投影　　　　　　　　　（b）透视投影

图 4-33　有限观察体

3. 规范化观察体

观察体的作用与裁剪窗口的作用一样，用于裁剪空间物体图形，以区分可见域和不可见域。为了减少裁剪计算量，可以定义一个规范化观察体。

对于平行投影，定义其规范化观察体为如下正四棱柱：

$$\begin{cases} -1 \leqslant x \leqslant 1 \\ -1 \leqslant y \leqslant 1 \\ -1 \leqslant z \leqslant 1 \end{cases}$$

对于透视投影，定义其规范化观察体为如下正四棱台：

$$\begin{cases} -z \leqslant x \leqslant z \\ -z \leqslant y \leqslant z \\ -1 \leqslant z \leqslant 1 \end{cases}$$

通常，利用规范化观察体裁剪图形是在投影之前进行，而不放在投影之后。这是因为三维图形在显示过程中需要被消隐，这个工作需要图形的深度信息，所以必须在投影之前完成。消隐工作需要占据计算机运算的大量时间，如果在此之前裁剪掉（或部分裁剪掉）不可见的图形，可使需要消隐的图形减至最小，从而简化算法，提高显示速度。

4. 从世界坐标系到观察坐标系的变换

观察变换的过程可以看成将世界坐标系中的三个坐标轴转换为与观察坐标系的三个坐标轴对应重合的逆变换。该变换的步骤如下。

（1）平移变换，将观察参考点移到世界坐标系的原点处。

如图 4-34（b）所示，如果观察参考点在世界坐标系的位置为(x_0, y_0, z_0)，则平移变换矩阵为：

$$T_1 = \begin{bmatrix} 1 & 0 & 0 & 0 \\ 0 & 1 & 0 & 0 \\ 0 & 0 & 1 & 0 \\ -x_0 & -y_0 & -z_0 & 1 \end{bmatrix}$$

（2）旋转变换，将X_V、Y_V、Z_V坐标轴分别对应到X_W、Y_W、Z_W坐标轴。

如图 4-34（c）所示，通过计算单位向量 uvn 直接形成旋转矩阵。给定向量 N 和 V，其单位向量的计算方法为：

1）$n = \dfrac{N}{|N|} = (n_x, n_y, n_z)$

2）$u = \dfrac{V \times N}{|V \times N|} = (u_x, u_y, u_z)$

3）$v = n \times u = (v_x, v_y, v_z)$

得到旋转矩阵为：

$$T_2 = \begin{bmatrix} u_x & v_x & n_x & 0 \\ u_y & v_y & n_y & 0 \\ u_z & v_z & n_z & 0 \\ 0 & 0 & 0 & 1 \end{bmatrix}$$

因此观察变换的变换矩阵为：

$$T = T_1 \cdot T_2 = \begin{bmatrix} 1 & 0 & 0 & 0 \\ 0 & 1 & 0 & 0 \\ 0 & 0 & 1 & 0 \\ -x_0 & -y_0 & -z_0 & 1 \end{bmatrix} \cdot \begin{bmatrix} u_x & v_x & n_x & 0 \\ u_y & v_y & n_y & 0 \\ u_z & v_z & n_z & 0 \\ 0 & 0 & 0 & 1 \end{bmatrix}$$

$$= \begin{bmatrix} u_x & v_x & n_x & 0 \\ u_y & v_y & n_y & 0 \\ u_z & v_z & n_z & 0 \\ -(u_x x_0 + u_y y_0 + u_z z_0) & -(v_x x_0 + v_y y_0 + v_z z_0) & -(n_x x_0 + n_y y_0 + n_z z_0) & 1 \end{bmatrix}$$

（a）　　　　　　　　（b）　　　　　　　　（c）

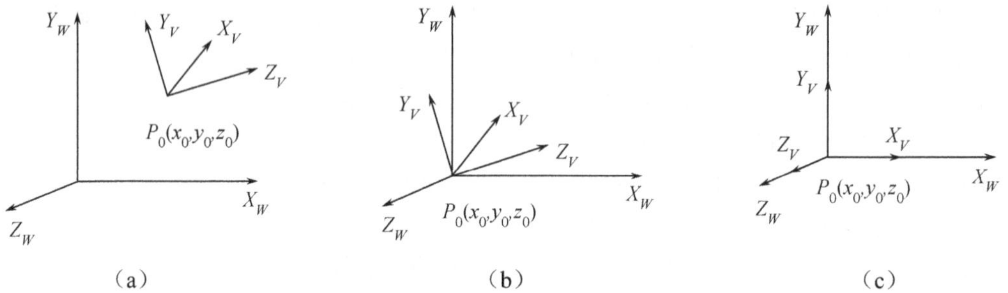

图 4-34　观察变换的过程

4.4.4　窗口—视区变换

前面已经提到，窗口用来确定要显示的物体，视区确定实际显示图形。实际情况中，窗口与视区的大小往往不一样。如果要在视区正确地显示形体，必须将其从窗口变换到视区，此过程称为窗口—视区变换。

窗口通常定义为一个边和坐标轴平行的矩形，它由右上角顶点的坐标(wxr,wyt)和左下角顶点的坐标(wxl,wyb)共同决定，如图 4-35（a）所示；视区常定义为一个边和坐标轴平行的矩形，它由右上角顶点的坐标(vxr,vyt)和左下角顶点的坐标(vxl,vyb)共同决定，如图 4-35（b）所示。

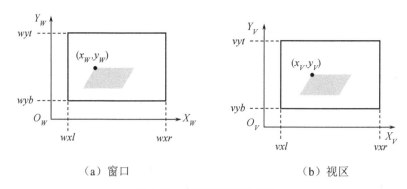

（a）窗口　　　　　　　　　　（b）视区

图 4-35　窗口和视区的定义

窗口中的图形在变换到视区的过程中应该满足一定比例关系，两者的变换公式为：

$$x_v - vxl = \frac{vxr - vxl}{wxr - wxl}(x_w - wxl)$$

$$y_v - vyb = \frac{vyt - vyb}{wyt - wyb}(y_w - wyb)$$

将此公式简单表述为:

$$x_v = a \cdot x_w + b$$

$$y_v = c \cdot y_w + d$$

其中:

$$a = \frac{vxr - vxl}{wxr - wxl}$$

$$b = vxl - \frac{vxr - vxl}{wxr - wxl} \cdot wxl$$

$$c = \frac{vyt - vyb}{wyt - wyb}$$

$$d = vyb - \frac{vyt - vyb}{wyt - wyb} \cdot wyb$$

故此得到窗口—视区变换的矩阵运算表示为:

$$\begin{bmatrix} x_v & y_v & 1 \end{bmatrix} = \begin{bmatrix} a & 0 & 0 \\ 0 & c & 0 \\ b & d & 1 \end{bmatrix} \cdot \begin{bmatrix} x_w & y_w & 1 \end{bmatrix} \tag{35}$$

矩阵中的 a、c 分别反映了窗口和视区之间在 x、y 方向上的伸缩比;b、d 分别反映了定位点在 x、y 方向上的偏移量。当 $a \neq c$ 时,即 x 方向与 y 方向的比例系数不同时,视区中的图形会发生畸变,例如正方形变长方形,圆变椭圆等;当 $a=c=1$,$b=d=0$ 时,窗口和视区的大小相等,位置相同。

由于不同的图形输出设备有不同的设备坐标系(如原点位置和定义域不同),即使是同一设备,坐标系也不相同,这就使得应用程序与具体的图形输出设备有关,给图形处理和应用程序的移植带来不便。为了解决这个问题,可以在窗口—视区变换之间加入一个规格化变换。

引入一个与设备无关的规格化设备坐标系(Normalized Device Coordinate System,简称 NDC)。NDC 的 x,y 坐标的取值范围(定义域)均为 0~1,无量纲。进行窗口—视区变换时,先用 NDC 进行窗口—视区变换,输出图形时再由 NDC 变换到具体的 DC,这样可使应用程序与具体的图形设备无关,增加了程序的可移植性。

由于 NDC 的视区是规格化的,即 $vxl=vyb=0$,$vxr=vyt=1$,则有:

$$a^* = \frac{1}{wxr - wxl}$$

$$b^* = -\frac{1}{wxr - wxl} \cdot wxl$$

$$c^* = \frac{1}{wyt - wyb}$$

$$d^* = -\frac{1}{wyt - wyb} \cdot wyb$$

因此，利用式（35）同样可实现规格化变换，只需将其中的参数 a、b、c、d 用 $a*$、$b*$、$c*$、$d*$ 代替即可。

习题四

一、选择题

1．采用齐次坐标表示图形变换是因为（　　）。（可多选）
    A．表示无穷远点　　　　　　　　B．统一运算形式
    C．增加物理坐标值　　　　　　　D．便于用矩阵实现图形变换

2．下列哪个齐次坐标不是点 $P(3,2)$ 的表示（　　）。
    A．(6,4,2)　　　　　　　　　　　B．(12,8,4)
    C．(3,2,1)　　　　　　　　　　　D．(3,2,2)

3．几何变换包括（　　）。（可多选）
    A．旋转　　　　　　　　　　　　B．平移
    C．三阶导数　　　　　　　　　　D．比例缩放

4．相对于参考点 F 作比例变换、旋转变换的过程可分为哪几步（　　）。（可多选）
    A．把坐标系原点平移至参考点 F
    B．任意地放大
    C．在新坐标系下相对原点作比例、旋转变换
    D．将坐标系再平移回原点

二、计算题

1．将三角形 $A(0,0)$，$B(1,1)$，$C(5,2)$ 旋转 $45°$：
（a）绕原点；（b）绕点 $P(-1,-1)$，
求变换后的三角形 3 顶点坐标。

2．将三角形 $A(0,0)$，$B(1,1)$，$C(5,2)$ 放大两倍，保持 $C(5,2)$ 不变，求变换后的三角形 3 顶点坐标。

3．将类似菱形的多边形 $A(-1,0)$，$B(0,-2)$，$C(1,0)$，$D(0,2)$ 进行如下的反射变换：
（a）相对于水平线 $y=2$；
（b）相对于垂直线 $x=2$；
（c）相对于直线 $y=x+2$。
求变换后的多边形 4 顶点坐标。

4．请写出一个图例变换，将正方形 $A(0,0)$，$B(1,0)$，$C(1,1)$，$D(0,1)$ 一半大小的复本放到主图形的坐标系中，且正方形的中心在 $(-1,-1)$ 点。

三、简答题

1．假设有一条从 P_1 到 P_2 的直线上的任意一点 P，证明对任何组合变换，变换后的点 P 都在 P_1 到 P_2 之间。

2．二次旋转变换定义为先绕 x 轴旋转再绕 y 轴旋转的变换：

（a）写出这个变换的矩阵；

（b）旋转的先后顺序对结果有影响吗？

3．写出关于某个给定平面对称的镜面反射变换。（注：用一个法向量 N 和 $P_0(x_0,y_0,z_0)$ 参考点确定一个参考平面。）

4．矩阵 $\begin{bmatrix} 1 & b & 0 \\ e & 1 & 0 \\ 0 & 0 & 1 \end{bmatrix}$ 被称为同时错切变换，在 $b=0$ 的特例下叫沿 X 轴方向错切变换；$e=0$ 时叫沿 Y 轴方向错切变换。请说明在 $e=2$ 和 $b=3$ 时，对正方形 $A(0,0)$，$B(1,0)$，$C(1,1)$，$D(0,1)$ 分别进行 X 方向错切、Y 方向错切和同时错切变换的结果。

5．同时错切的效果与先沿某一方向错切然后再沿另一方向错切的效果相同吗？为什么？

三、编程题

1．编写一段程序，实现对物体的平行投影。

2．编写一段程序，实现对物体的透视投影。

第5章 曲线和曲面

自然界中的事物形态总是以曲线、曲面的形式出现。要建立三维物体的模型，曲线和曲面是必不可少的研究内容。曲线是曲面的基础，当生成一条基本曲线后，即可运用平移、旋转等变换来生成复杂曲面，进而构造出三维形体。本章主要介绍自由曲线、曲面的基础知识和常见的表示形式。

5.1 参数表示曲线和曲面的基础知识

工程中经常遇到的曲线和曲面有两种，一种是规则曲线和曲面，如抛物线、双曲线、摆线等，这些规则曲线和曲面可以用函数方程或参数方程给出；另一种是形状比较复杂，不能用二次方程描述的曲线和曲面，称为自由曲线和曲面，如船体、车身和机翼的曲线和曲面，如何表示这些自由曲线和曲面成了工程设计与制造中遇到的首要问题。

5.1.1 曲线和曲面的表示方法

曲线和曲面的表示方法分为显式表示、隐式表示和参数表示三种，在计算机图形学中最常用的是参数表示。

1. 显式表示

显式表示是将曲线上各点的坐标表示成方程的形式，且一个坐标变量能够用其余的坐标变量显式地表示出来。对于一个二维平面曲线，显式表示的一般形式是：

$$y = f(x)$$

对于一个三维空间曲线，显式表示的一般形式是：

$$\begin{cases} y = f(x) \\ z = g(x) \end{cases}$$

例如，最简单的曲线是直线，对于一条二维直线，其显式方程为 $y = kx + b$。

可见，显式表示中坐标变量之间一一对应，因此不能表示封闭曲线或多值曲线，如不能表示一个完整的圆弧。

2. 隐式表示

隐式表示不要求坐标变量之间一一对应，它只是规定了各坐标变量必须满足的关系。对于一个二维平面曲线，隐式表示的一般形式是：

$$f(x, y) = 0$$

对于一个三维空间曲线，显式表示的一般形式是：

$$f(x, y, z) = 0$$

例如，对于一条二维直线，其隐式方程为 $ax + by + c = 0$。

可见，隐式表示通过计算函数 $f(x, y)$ 或 $f(x, y, z)$ 的值是否大于、等于或小于零，来判断坐标点是否落在曲线外侧、曲线上或曲线内侧。

3．参数表示

参数表示是将曲线上各点的坐标表示成参数方程的形式。假定用 t 表示参数，对于一个二维平面曲线，参数表示的一般形式是：

$$P(t) = [x(t), y(t)] \quad t \in [0,1]$$

对于一个三维空间曲线，参数表示的一般形式是：

$$P(t) = [x(t), y(t), z(t)] \quad t \in [0,1]$$

参数 t 在[0，1]区间内变化，当 $t=0$ 时，对应曲线段的起点；当 $t=1$ 时，对应曲线段的终点。

例如，对于一条二维直线，设其起点和终点分别为 P_1 和 P_2，则其参数方程为：

$$P(t) = P_1 + (P_2 - P_1)t \quad t \in [0,1]$$

与显式、隐式方程相比，用参数方程表示曲线和曲面更为通用，其优越性主要体现在以下几个方面：

（1）曲线的边界容易确定。规格化的参数区间[0, 1]可以很容易地指定任意一段曲线，而不必用另外的参数去定义边界。

（2）点动成线。当参数 t 从 0 变化到 1 时，曲线段从起点变换到终点。

（3）具有几何不变性。曲线、曲面的参数方程的形式与坐标系的选取无关，当坐标系改变时，参数方程的形式不变。

（4）易于变换。对参数表示的曲线、曲面进行变换，可对其参数方程直接进行几何变换；对非参数表示的曲线、曲面进行变换，必须对曲线、曲面上的每个点进行几何变换。

（5）易于处理斜率为无穷大的情形。非参数方程用斜率表示变化率，有时会出现斜率无穷大的情况；参数方程用切矢量来表示变化率，不会出现无穷大的情况。

（6）表示能力强。参数表示中的系数具有直观的几何意义，容易控制和调整曲线、曲面的形状。

基于上述优点，本章将主要介绍参数曲线和曲面的相关内容。

5.1.2 位置矢量、切矢量、法矢量、曲率与挠率

1．位置矢量

设空间曲线如图 5-1 所示，曲线上任意一点 P 的位置矢量 $P(t)$ 可表示为：

$$P(t) = [x(t), y(t), z(t)] \quad t \in [0,1]$$

式中 t 为参数，$x(t)$、$y(t)$、$z(t)$ 为 P 点的三个坐标分量。

2．切矢量

将位置矢量对参数 t 求导（即对各分量的参数 t 求导），得到：

$$T(t) = P'(t) = \frac{\mathrm{d}P}{\mathrm{d}t} = [x'(t) \quad y'(t) \quad z'(t)]$$

$T(t)$ 称为曲线在点 P 处的切矢量，即该点处的一阶导数。

当切矢量的值超过曲线弦长（曲线两端点之间的距离）几倍时，曲线会出现回转或过顶点等现象；当切矢量的值小于弦长许多时，会使曲线变得过于平坦。

3．法矢量

对于空间参数曲线任意一点，所有垂直于切矢量 $T(t)$ 的矢量有一束，且位于同一平面上，该平面称为法平面。若 $P''(t)$ 不为 0，则称 $T'(t)$ 方向上的单位矢量为曲线在点 P 处的主法矢量，记为 $N(t)$；称 $T(t) \times N(t)$ 为曲线在点 P 处的副法矢量，记为 $B(t)$。显然，单位矢量 $T(t)$、$N(t)$、

$B(t)$两两垂直，构成了曲线在点 P 处的 Frenet 活动标架。其中，将 $N(t)$、$B(t)$构成的平面称为法平面，$N(t)$、$T(t)$构成的平面称为密切平面，$B(t)$、$T(t)$构成的平面称为副法平面，如图 5-2 所示。

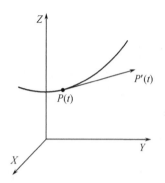

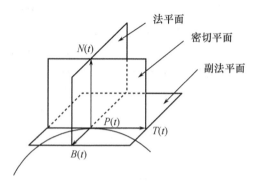

图 5-1　曲线在点 P 处的位置矢量和切矢量　　　　图 5-2　Frenet 活动标架

4. 曲率和挠率

如图 5-3 所示，设曲线上点 $P(t)$处的单位切矢量为 $T(t)$，点 $P(t+\Delta t)$ 处的单位切矢量为$T(t+\Delta t)$，它们的夹角为$\Delta\alpha$，从点 $P(t)$ 到点 $P(t+\Delta t)$的弧长为Δc，则曲线上点 $P(t)$处的曲率为：

$$k(t) = \lim_{\Delta c \to 0} \left| \frac{\Delta\alpha}{\Delta c} \right|$$

当$k(t) \neq 0$时，$\rho(t) = \dfrac{1}{k(t)}$ 称为曲线在点 $P(t)$处的曲率半径。

某点的曲率可以衡量曲线在此点处的弯曲程度。例如，对于直线来说，曲率半径处处为 0；对于圆来说，曲率半径处处相等。

如图 5-4 所示，设曲线上点 $P(t)$处的单位副法矢量为 $B(t)$，点 $P(t+\Delta t)$ 处的单位副法矢量为 $B(t+\Delta t)$，它们的夹角为$\Delta\beta$，则曲线上点 $P(t)$处的挠率为：

$$\tau(t) = \lim_{\Delta c \to 0} \left| \frac{\Delta\beta}{\Delta c} \right|$$

某点的挠率可以衡量曲线在此点处的扭曲程度。挠率大于 0、等于 0 和小于 0 分别表示曲线为右旋空间曲线、平面曲线和左旋空间曲线。例如，对于平面曲线来说，挠率处处为 0。

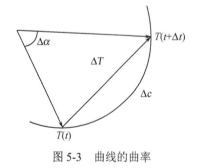

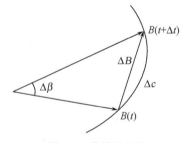

图 5-3　曲线的曲率　　　　　　　　　　　图 5-4　曲线的挠率

5.1.3　样条表示

样条原指通过一组指定点集而生成平滑曲线的柔性带，使用这种方式绘制的曲线、曲面称为样条曲线、样条曲面。在计算机图形学中，样条曲线指由多项式曲线段连接而成的曲线，在每段的边界处满足特定的连续性条件；样条曲面则是利用两组正交的样条曲线进行描述。

1. 插值、逼近和拟合

给定一组称为控制点的有序坐标点，这些点描绘了曲线的大致形状；连接这组有序控制点的直线序列称为控制多边形或特征多边形。通过这些控制点，可以构造出一条样条曲线，其构造方法主要是插值和逼近。如果样条曲线顺序通过每一个控制点，称为对这些控制点进行插值，所构造的曲线称为插值样条曲线，如图 5-5（a）所示；如果样条曲线在某种意义下最接近这些控制点（不一定通过每个控制点），称为对这些控制点进行逼近，所构造的曲线为逼近样条曲线，如图 5-5（b）所示。

曲线的插值和逼近都可以推广到曲面。一般将插值和逼近统称为拟合。

（a）插值样条曲线　　　　　　　　　　（b）逼近样条曲线

图 5-5　曲线的拟合

2. 曲线的连续性

样条曲线是由各个多项式曲线段连接而成，为了保证各个曲线段在连接点处是光滑的，需要满足各种连续性条件。这里讨论两种意义上的连续性：参数连续性与几何连续性。

假定参数曲线段 p_i 以参数形式进行描述：

$$p_i = p_i(t) \quad t \in [t_{i0}, t_{i1}]$$

（1）参数连续性

若两条相邻参数曲线段在连接点处具有 n 阶连续导矢，即 n 阶连续可微，则将这类连续性称为 n 阶参数连续性，记为 C^n。

1）0 阶参数连续性：记为 C^0，是指两个相邻曲线段的几何位置连接，即：

$$p_i(t_{i1}) = p_{(i+1)}(t_{(i+1)0})$$

如图 5-6（a）所示。

2）1 阶参数连续性：记为 C^1，是指两个相邻曲线段不仅是 C^0 的，而且在连接点处是有相同的一阶导数，即：

$$p_i(t_{i1}) = p_{(i+1)}(t_{(i+1)0}), \quad \text{且} \ p_i'(t_{i1}) = p_{(i+1)}'(t_{(i+1)0})$$

如图 5-6（b）所示。

3）2 阶参数连续性：记为 C^2，是指两个相邻曲线段不仅是 C^1 的，而且在连接点处具有相同的二阶导数，即：

$$p_i(t_{i1}) = p_{(i+1)}(t_{(i+1)0}), \quad p_i'(t_{i1}) = p_{(i+1)}'(t_{(i+1)0}), \quad \text{且} \ p_i''(t_{i1}) = p_{(i+1)}''(t_{(i+1)0})$$

如图 5-6（c）所示。

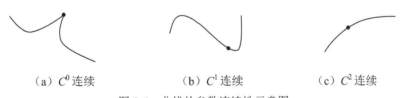

（a）C^0 连续　　　　　　（b）C^1 连续　　　　　　（c）C^2 连续

图 5-6　曲线的参数连续性示意图

从图 5-6 中可以看到，C^n 连续的条件比 C^{n-1} 连续的条件苛刻。例如，C^2 连续能保证 C^1 连续，但反过来不行。在实际曲线、曲面造型中往往只用到 C^1 和 C^2，C^1 连续多用于数字化绘图，C^2 连续多用于精密 CAD。

（2）几何连续性

若只要求两条相邻参数曲线段在连接点处的 n 阶导矢成比例，而不要求必须相等，则将这类连续性称为 n 阶几何连续性，记为 G^n。

1）0 阶几何连续性：记为 G^0，与 0 阶参数连续性的定义相同，即：

$$p_i(t_{i1}) = p_{(i+1)}(t_{(i+1)0})$$

2）1 阶几何连续性：记为 G^1，指两个相邻曲线段的一阶导数在交点处成比例，即：

$$p'_{(i+1)}(t_{(i+1)0}) = \alpha_i p'_i(t_{i1}) \quad (\alpha > 0)$$

3）2 阶几何连续性：记为 G^2，指两个相邻曲线段的一阶导数、二阶导数在交点处均成比例，即：

$$p''_{(i+1)}(t_{(i+1)0}) = \alpha_i^2 p''_i(t_{i1}) + \beta_i p'_i(t_{i1}) \quad (\beta \text{ 为任意常数})$$

可见，当所有的 $\alpha_i = 1$，$\beta_i = 0$ 时，G^2 连续就成为 C^2 连续。

比较参数连续性和几何连续性的定义可知，参数连续性的条件比几何连续性的条件更加苛刻一些。例如，C^1 连续必然能保证 G^1 连续，但反过来 G^1 连续并不能保证 C^1 连续。

5.2　Hermite 曲线

参数曲线的形式多种多样，其中最简单实用的就是参数样条曲线。参数样条曲线的次数可能有高有低，次数太高会导致计算复杂，存储量增大，而次数太低则会导致控制曲线的灵活性降低，曲线不连续。三次参数样条曲线在计算速度和灵活性之间提供了一个合理的折衷方案，通常用于建立物体的运动路径或设计物体的外观形状。三次 Hermite 插值曲线是三次参数样条曲线的基础。

5.2.1　n 次参数多项式曲线

给定 $n+1$ 个控制点，可以得到如下方程组表示的 n 次参数多项式曲线 $p(t)$：

$$\begin{cases} x(t) = a_{xn}t^n + \cdots + a_{x2}t^2 + a_{x1}t^1 + a_{x0} \\ y(t) = b_{yn}t^n + \cdots + b_{y2}t^2 + b_{y1}t^1 + b_{y0} \quad t \in [0,1] \\ z(t) = c_{zn}t^n + \cdots + c_{z2}t^2 + c_{z1}t^1 + c_{z0} \end{cases} \quad (1)$$

将上式改写为矩阵形式为：

$$p(t) = \begin{bmatrix} x(t) & y(t) & z(t) \end{bmatrix} = \begin{bmatrix} t^n & \cdots & t & 1 \end{bmatrix} \cdot \begin{bmatrix} a_{xn} & b_{yn} & c_{zn} \\ \cdots & \cdots & \cdots \\ a_{x1} & b_{y1} & c_{z1} \\ a_{x0} & b_{y0} & c_{z0} \end{bmatrix} = T \cdot C \quad t \in [0,1] \quad (2)$$

其中，$T = \begin{bmatrix} t^n & \cdots & t & 1 \end{bmatrix}$ 是由 $n+1$ 个幂次形式的基函数组成的矢量矩阵。

$$C = \begin{bmatrix} a_{xn} & b_{yn} & c_{zn} \\ \cdots & \cdots & \cdots \\ a_{x1} & b_{y1} & c_{z1} \\ a_{x0} & b_{y0} & c_{z0} \end{bmatrix}_{(n+1) \times 3} \quad \text{是一个系数矩阵。}$$

为了使系数矩阵 C 具有一定几何意义，将 C 分解为 $M \cdot G$，其中：

$G = [G_n \quad \cdots \quad G_1 \quad G_0]^T$ 是几何系数矩阵，矩阵中的各个分量 G_i 均具有较为直观的几何意义。M 是一个 $(n+1) \times (n+1)$ 阶的基矩阵，它将矩阵 G 变换成矩阵 C。

经过这种分解，式（2）可改写为如下形式：

$$p(t) = T \cdot M \cdot G \qquad t \in [0,1] \tag{3}$$

通常，将 $T \cdot M$ 矩阵称为 n 次参数多项式曲线的基函数（或称调和函数、混合函数）。

例 5-1： 直线是最基本的曲线形式。对于一条二维直线段，设其起点和终点分别为 p_1 和 p_2。已知其参数方程：$p(t) = p_1 + (p_2 - p_1)t$，$t \in [0,1]$，试将其转化为式（3）的形式。

解： 这是一个二次参数多项式曲线，首先，将参数方程转化为式（2）的形式：

$$p(t) = p_1 + (p_2 - p_1)t = \begin{bmatrix} t & 1 \end{bmatrix} \begin{bmatrix} p_2 - p_1 \\ p_1 \end{bmatrix} \quad t \in [0,1]$$

然后，将系数矩阵 $\begin{bmatrix} p_2 - p_1 \\ p_1 \end{bmatrix}$ 分解为如下形式：

$$\begin{bmatrix} p_2 - p_1 \\ p_1 \end{bmatrix} = \begin{bmatrix} 1 & -1 \\ 0 & 1 \end{bmatrix} \begin{bmatrix} p_2 \\ p_1 \end{bmatrix}$$

故此，二维直线段的参数多项式曲线表示为：

$$p(t) = \begin{bmatrix} t & 1 \end{bmatrix} \begin{bmatrix} 1 & -1 \\ 0 & 1 \end{bmatrix} \begin{bmatrix} p_2 \\ p_1 \end{bmatrix} \quad t \in [0,1]$$

5.2.2　三次 Hermite 曲线的定义

三次 Hermite 曲线段是一个仅依赖于端点约束，可以局部调整的三次参数样条曲线，它是以法国数学家 Charles Hermite 命名的。

与式（1）同理，对于一段三次参数样条曲线，其位置矢量和切矢量的矩阵表示分别为：

$$p(t) = \begin{bmatrix} t^3 & t^2 & t & 1 \end{bmatrix} \cdot \begin{bmatrix} a_{x3} & b_{y3} & c_{z3} \\ a_{x2} & b_{y2} & c_{z2} \\ a_{x1} & b_{y1} & c_{z1} \\ a_{x0} & b_{y0} & c_{z0} \end{bmatrix} = \begin{bmatrix} t^3 & t^2 & t & 1 \end{bmatrix} \cdot \begin{bmatrix} a_3 \\ a_2 \\ a_1 \\ a_0 \end{bmatrix} \tag{4}$$

$$p'(t) = \begin{bmatrix} 3t^2 & 2t & 1 & 0 \end{bmatrix} \cdot \begin{bmatrix} a_{x3} & b_{y3} & c_{z3} \\ a_{x2} & b_{y2} & c_{z2} \\ a_{x1} & b_{y1} & c_{z1} \\ a_{x0} & b_{y0} & c_{z0} \end{bmatrix} = \begin{bmatrix} 3t^2 & 2t & 1 & 0 \end{bmatrix} \cdot \begin{bmatrix} a_3 \\ a_2 \\ a_1 \\ a_0 \end{bmatrix} \tag{5}$$

如果给定这段曲线两个端点的位置矢量为 P_0、P_1，切矢量为 R_0、R_1，即：

$$\begin{cases} p(0) = P_0 \\ p(1) = P_1 \\ p'(0) = R_0 \\ p'(1) = R_1 \end{cases} \tag{6}$$

则称满足式（6）的这样一段曲线为三次 Hermite 曲线，如图 5-7 所示。

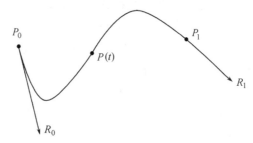

图 5-7　三次 Hermite 曲线

5.2.3　三次 Hermite 曲线的矩阵表示

将曲线的端点坐标和切矢量分别代入式（4）和式（5），得到：

$$p(0) = \begin{bmatrix} 0 & 0 & 0 & 1 \end{bmatrix} \cdot \begin{bmatrix} a_3 & a_2 & a_1 & a_0 \end{bmatrix}^T, \quad p(1) = \begin{bmatrix} 1 & 1 & 1 & 1 \end{bmatrix} \cdot \begin{bmatrix} a_3 & a_2 & a_1 & a_0 \end{bmatrix}^T$$

$$p'(0) = \begin{bmatrix} 0 & 0 & 1 & 0 \end{bmatrix} \cdot \begin{bmatrix} a_3 & a_2 & a_1 & a_0 \end{bmatrix}^T, \quad p'(1) = \begin{bmatrix} 3 & 2 & 1 & 0 \end{bmatrix} \cdot \begin{bmatrix} a_3 & a_2 & a_1 & a_0 \end{bmatrix}^T$$

即：

$$\begin{bmatrix} p(0) \\ p(1) \\ p'(0) \\ p'(1) \end{bmatrix} = \begin{bmatrix} 0 & 0 & 0 & 1 \\ 1 & 1 & 1 & 1 \\ 0 & 0 & 1 & 0 \\ 3 & 2 & 1 & 0 \end{bmatrix} \begin{bmatrix} a_3 \\ a_2 \\ a_1 \\ a_0 \end{bmatrix}$$

在两端乘以 4×4 矩阵的逆矩阵，得到：

$$\begin{bmatrix} a_3 \\ a_2 \\ a_1 \\ a_0 \end{bmatrix} = \begin{bmatrix} 0 & 0 & 0 & 1 \\ 1 & 1 & 1 & 1 \\ 0 & 0 & 1 & 0 \\ 3 & 2 & 1 & 0 \end{bmatrix}^{-1} \begin{bmatrix} p(0) \\ p(1) \\ p'(0) \\ p'(1) \end{bmatrix} = \begin{bmatrix} 2 & -2 & 1 & 1 \\ -3 & 3 & -2 & -1 \\ 0 & 0 & 1 & 0 \\ 1 & 0 & 0 & 0 \end{bmatrix} \begin{bmatrix} p(0) \\ p(1) \\ p'(0) \\ p'(1) \end{bmatrix} = M_h \cdot G_h$$

代入式（4），得到三次 Hermite 曲线的矩阵表示为：

$$p(t) = T \cdot M_h \cdot G_h$$

$$= \begin{bmatrix} t^3 & t^2 & t & 1 \end{bmatrix} \cdot \begin{bmatrix} 2 & -2 & 1 & 1 \\ -3 & 3 & -2 & -1 \\ 0 & 0 & 1 & 0 \\ 1 & 0 & 0 & 0 \end{bmatrix} \begin{bmatrix} p(0) \\ p(1) \\ p'(0) \\ p'(1) \end{bmatrix} \qquad t \in [0,1] \tag{7}$$

通常，T 称为矢量矩阵，M_h 称为通用变换矩阵，G_h 称为 Hermite 系数，$T \cdot M_h$ 称为 Hermite 基函数，如图 5-8 所示。对于不同的三次 Hermite 曲线，Hermite 系数不同，而 Hermite 基函数都相同。Hermite 基函数的 4 个分量分别为：

$$H_0(t) = 2t^3 - 3t^2 + 1$$
$$H_1(t) = -2t^3 + 3t^2$$
$$H_2(t) = t^3 - 2t^2 + t$$
$$H_3(t) = t^3 - t^2$$

故此，得到三次 Hermite 曲线的几何形式为：

$$p(t) = P_0 H_0(t) + P_1 H_1(t) + R_0 H_2(t) + R_1 H_3(t) \tag{8}$$

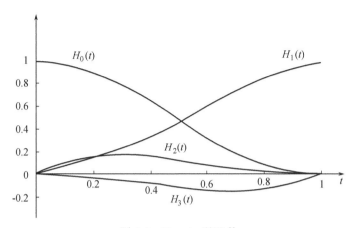

图 5-8　Hermite 基函数

注意：如果三次 Hermite 曲线两端点的位置矢量、切矢量的大小和方向发生改变，都会对曲线的形状产生影响。

实际应用中，常将次数较高的复杂样条曲线分解成多段子曲线进行生成。如果给定空间 n+1 个控制点，则可以生成 n 段三次 Hermite 曲线。由于每段子曲线的形状只受两端点的控制，故对于每段子曲线都可以进行局部调整，从而提高了设计的灵活性和自由性，降低了计算的复杂性。

5.2.4　三次 Hermite 曲线的算法

生成一段三次 Hermite 曲线的算法程序如下：

```
typedef float vector[3];
void HermiteCurve(vector p[2],vector r[2],int count)
        /*参数区间[0,1]被等分为 count 份*/
{
    float c[3][4],t,dt;
    vector v,newv;
    int i,j;
    for (j=0;j<3;j++)
    {
        c[j][0]=p[0][j];
        c[j][1]=r[0][j];
        c[j][2]=(-3)*p[0][j]+3*p[1][j]-2*r[0][j]-r[1][j];
    }
    v[0]=p[0][0], v[1]=p[0][1], v[2]=p[0][2];
    t=0.0;
```

```
dt=1.0/count;
for(i=1;i<=count;i++)
{
    t+=dt;
    newv[0]=c[0][0]+t*c[0][1]+t*t*c[0][2]+t*t*t*c[0][3];
    newv[1]=c[1][0]+t*c[1][1]+t*t*c[1][2]+t*t*t*c[1][3];
    newv[2]=c[2][0]+t*c[2][1]+t*t*c[2][2]+t*t*t*c[2][3];
    lineto(v,newv);          /*从 v 到 newv 画一条直线段*/
    v[0]=newv[0], v[1]=newv[1], v[2]=newv[2];
}
}
```

5.3 Bezier 曲线

1971 年，法国雷诺（Renault）汽车公司的贝塞尔（Bezier）发表了用控制多边形定义曲线和曲面的方法。Bezier 曲线是以逼近为基础的参数多项式曲线，它能够比较直观地表示给定条件与所产生曲线之间的关系，可以通过修改输入参数方便地更改曲线的形状和次数，数学处理方法简单，易于被设计人员接受。

5.3.1 Bezier 曲线的定义

在空间给定 $n+1$ 个控制点，其位置矢量表示为 P_i（$i = 0$，1，$\cdots$，n）。可以逼近生成如下的 n 次 Bezier 曲线：

$$P(t) = \sum_{i=0}^{n} P_i B_{i,n}(t) \quad t \in [0,1] \tag{9}$$

其中，$B_{i,n}(t)$ 称为伯恩斯坦（Bernstein）基函数，它的多项式表示为：

$$B_{i,n}(t)C_n^i t^i (1-t)^{n-i} = \frac{n!}{i!(n-i)!} t^i (1-t)^{n-i} \quad t \in [0,1] \tag{10}$$

依次用直线段连接相邻的两个控制点 P_i，P_{i+1}（$i = 0$，1，$\cdots$，$n-1$），便得到一条 n 边的折线 $P_0 P_1 P_2 \cdots P_n$，将这样一条 n 边的折线称为 Bezier 控制多边形（或特征多边形），简称为 Bezier 多边形。按式（9）所产生的 Bezier 曲线和它的控制多边形十分逼近，通常认为控制多边形是对 Bezier 曲线的大致勾画，如图 5-9 所示，因此在设计中可以通过调整控制多边形的形状来控制 Bezier 曲线的形状。

图 5-9　Bezier 曲线和它的控制多边形

由式（9）可以推出一次、二次和三次 Bezier 曲线的数学表示及矩阵表示。

1．一次 Bezier 曲线（$n=1$）

一次多项式有两个控制点，其数学表示及矩阵表示为：

$$P(t) = \sum_{i=0}^{1} P_i B_{i,1}(t) = P_0 B_{0,1}(t) + P_1 B_{1,1}(t) = P_0 C_1^0 t^0 (1-t)^{1-0} + P_1 C_1^1 t^1 (1-t)^{1-1}$$

$$= (1-t)P_0 + tP_1$$

$$= \begin{bmatrix} t & 1 \end{bmatrix} \begin{bmatrix} -1 & 1 \\ 1 & 0 \end{bmatrix} \begin{bmatrix} P_0 \\ P_1 \end{bmatrix} \qquad t \in [0,1] \tag{11}$$

显然，它是一条以 P_0 为起点、P_1 为终点的直线段。

2. 二次 Bezier 曲线（$n=2$）

二次多项式有三个控制点，其数学表示及矩阵表示为：

$$P(t) = \sum_{i=0}^{2} P_i B_{i,2}(t) = P_0 B_{0,2}(t) + P_1 B_{1,2}(t) + P_2 B_{2,2}(t)$$

$$= P_0 C_2^0 t^0 (1-t)^{2-0} + P_1 C_2^1 t^1 (1-t)^{2-1} + P_2 C_2^2 t^2 (1-t)^{2-2}$$

$$= (t^2 - 2t + 1)P_0 + (-2t^2 + 2t)P_1 + t^2 P_2$$

$$= \begin{bmatrix} t^2 & t & 1 \end{bmatrix} \begin{bmatrix} 1 & -2 & 1 \\ -2 & 2 & 0 \\ 1 & 0 & 0 \end{bmatrix} \begin{bmatrix} P_0 \\ P_1 \\ P_2 \end{bmatrix} \qquad t \in [0,1] \tag{12}$$

显然，式（12）也可以改写为 $P(t) = (P_2 - 2P_1 + P_0)t^2 + 2(P_1 - P_0)t + P_0$，说明它是一条以 P_0 为起点、以 P_2 为终点的抛物线，如图 5-10 所示。

3. 三次 Bezier 曲线（$n=3$）

三次多项式有四个控制点，其数学表示及矩阵表示为：

$$P(t) = \sum_{i=0}^{3} P_i B_{i,3}(t) = P_0 B_{0,3}(t) + P_1 B_{1,3}(t) + P_2 B_{2,3}(t) + P_3 B_{3,3}(t)$$

$$= P_0 C_3^0 t^0 (1-t)^{3-0} + P_1 C_3^1 t^1 (1-t)^{3-1} + P_2 C_3^2 t^2 (1-t)^{3-2} + P_3 C_3^3 t^3 (1-t)^{3-3}$$

$$= (1-t)^3 P_0 + 3t(1-t)^2 P_1 + 3t^2(1-t)P_2 + t^3 P_3$$

$$= \begin{bmatrix} t^3 & t^2 & t & 1 \end{bmatrix} \begin{bmatrix} -1 & 3 & -3 & 1 \\ 3 & -6 & 3 & 0 \\ -3 & 3 & 0 & 0 \\ 1 & 0 & 0 & 0 \end{bmatrix} \begin{bmatrix} P_0 \\ P_1 \\ P_2 \\ P_3 \end{bmatrix} \qquad t \in [0,1] \tag{13}$$

可知，三次 Bezier 曲线是一条以 P_0 为起点、P_3 为终点的自由曲线，如图 5-11 所示。

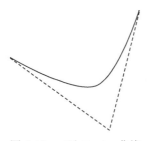

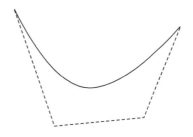

图 5-10 二次 Bezier 曲线   图 5-11 三次 Bezier 曲线

一般地，n 次 Bezier 曲线可表示为：

$$P(t) = T \cdot M_b \cdot G_b = [t^n \quad t^{n-1} \quad .... \quad t \quad 1] \cdot M_{(n+1) \times (n+1)} \cdot \begin{bmatrix} P_0 \\ P_1 \\ \vdots \\ P_{n-1} \\ P_n \end{bmatrix} \quad t \in [0,1] \qquad (14)$$

其中，M_b 为 n 次 Bezier 曲线系数矩阵，它的第 i 列为 Bernsteinl 基函数 $B_{i,n}(t)$ 按 t 降幂排列的系数；$G_b = [P_0 \quad P_1 \quad \cdots \quad P_n]^T$ 为 n 次 Bezier 曲线的 $n+1$ 个控制点的位置矢量。

5.3.2 Bernstein 基函数的性质

在前面的介绍中，已知三次 Bezier 曲线有四个 Bernstein 基函数，分别是 $B_{0,3}(t)$，$B_{1,3}(t)$，$B_{2,3}(t)$，$B_{3,3}(t)$，它们的图形如图 5-12 所示。

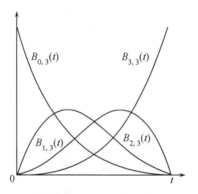

图 5-12   三次 Bezier 曲线的 Bernstein 基函数 $B_{i,3}(t)$（$i=0$，1，2，3）

下面以三次 Bezier 曲线的 Bernstein 基函数 $B_{i,3}(t)$ 为参照，讨论 n 次 Bezier 曲线的 Bernstein 基函数 $B_{i,n}(t)$ 的有关性质。

1. 正性

对于任意 $t \in [0,1]$，都有 $B_{i,n}(t) \geqslant 0$，$i = 0$，1，$\cdots$，n。

2. 端点性质

$$B_{i,n}(0) = \begin{cases} 1 & i = 0 \\ 0 & i \neq 0 \end{cases}$$

$$B_{i,n}(1) = \begin{cases} 1 & i = n \\ 0 & i \neq n \end{cases}$$

3. 权性（规范性）

如果函数 $F_i(t)$ 满足条件 $F_i(t) \geqslant 0$ 且 $\sum_{i=0}^{n} F_i(t) \equiv 1$，则称之为权函数。由正性已知 $B_{i,n}(t) \geqslant 0$，又由下式推得：

$$\sum_{i=0}^{n} B_{i,n}(t) = \sum_{i=0}^{n} C_n^i t^i (1-t)^{n-i} = [t + (1-t)]^n \equiv 1$$

故此，基函数 $B_{i,n}(t)$ 具有权性，Bezier 曲线实质为 $B_{i,n}(t)$ 对控制点 P_i 加权求和而得到的。

4. 对称性
$$B_{i,n}(t) = B_{n-i,n}(1-t)$$
因为：　$B_{n-i,n}(1-t) = C_n^{n-i}(1-t)^{n-i}[1-(1-t)]^{n-(n-i)} = C_n^i(1-t)^{n-i}t^i = B_{i,n}(t)$

5. 最大值

基函数 $B_{i,n}(t)$ 在 $t = \dfrac{i}{n}$ 处取得最大值，即在 $t = \dfrac{i}{n}$ 时，基函数 $B_{i,n}(t)$ 相对于其他基函数而言对 Bezier 曲线的影响最大。

6. 递推性

（1）降阶公式
$$B_{i,n}(t) = (1-t)B_{i,n-1}(t) + tB_{i-1,n-1}(t)$$
即一个高一次的基函数可由两个低一次的基函数线性组合而成。因为：
$$B_{i,n}(t) = C_n^i t^i (1-t)^{n-i} = (C_{n-1}^i + C_{n-1}^{i-1})t^i(1-t)^{n-i}$$
$$= (1-t)C_{n-1}^i t^i(1-t)^{(n-1)-i} + tC_{n-1}^{i-1}t^{i-1}(1-t)^{(n-1)-(i-1)}$$
$$= (1-t)B_{i,n-1}(t) + tB_{i-1,n-1}(t)$$

（2）升阶公式
$$B_{i,n}(t) = \frac{i+1}{n+1}B_{i+1,n+1}(t) + \frac{n+1-i}{n+1}B_{i,n+1}(t)$$
即一个低一次的基函数可由两个高一次的基函数线性组合而成。因为：
$$B_{i,n}(t) = C_n^i t^i(1-t)^{n-i} = C_n^i t^i(1-t)^{n-i}[t+(1-t)]$$
$$= C_n^i t^{i+1}(1-t)^{(n+1)-(i+1)} + C_n^i t^i(1-t)^{(n+1)-i}$$
$$= \frac{i+1}{n+1}C_{n+1}^{i+1}t^{i+1}(1-t)^{(n+1)-(i+1)} + \frac{n+1-i}{n+1}C_{n+1}^i t^i(1-t)^{(n+1)-i}$$
$$= \frac{i+1}{n+1}B_{i+1,n+1}(t) + \frac{n+1-i}{n+1}B_{i,n+1}(t)$$

7. 导函数
$$B_{i,n}'(t) = n \cdot \left[B_{i-1,n-1}(t) - B_{i,n-1}(t) \right]$$
因为：
$$B_{i,n}'(t) = [C_n^i t^i(1-t)^{n-i}]' = C_n^i\left[i \cdot t^{i-1}(1-t)^{n-i} - (n-i)t^i(1-t)^{n-i-1} \right]$$
$$= \frac{n!}{i!(n-i)!}\left[i \cdot t^{i-1}(1-t)^{n-i} - (n-i)t^i(1-t)^{n-i-1} \right]$$
$$= n \cdot \left[C_{n-1}^{i-1}t^{i-1}(1-t)^{(n-1)-(i-1)} - C_{n-1}^i t^i(1-t)^{(n-1)-i} \right]$$
$$= n \cdot \left[B_{i-1,n-1}(t) - B_{i,n-1}(t) \right]$$

5.3.3　Bezier 曲线的性质

1. 端点性质

（1）位置矢量
$$P(0) = \sum_{i=0}^n P_i B_{i,n}(0) = P_0 B_{0,n}(0) + P_1 B_{1,n}(0) + \cdots + P_n B_{n,n}(0) = P_0$$

$$P(1) = \sum_{i=0}^{n} P_i B_{i,n}(1) = P_0 B_{0,n}(1) + P_1 B_{1,n}(1) + \cdots + P_n B_{n,n}(1) = P_1$$

这表明，Bezier 曲线的起点、终点与相应的控制多边形的起点、终点重合。

（2）切矢量

$$B'_{i,n}(t) = \frac{n!}{i!(n-i)!}(i \cdot t^{i-1}(1-t)^{n-i} - (n-i)(1-t)^{n-i-1} \cdot t^i)$$

$$= \frac{n(n-1)!}{(i-1)!((n-1)-(i-1))!} \cdot t^{i-1} \cdot (1-t)^{(n-1)-(i-1)}$$

$$- \frac{n(n-1)!}{i!((n-1)-i)!} \cdot t^i \cdot (1-t)^{(n-1)-i}$$

$$= n(B_{i-1,n-1}(t) - B_{i,n-1}(t))$$

$$P'(t) = n \sum_{i=0}^{n} P_i (B_{i-1,n-1}(t) - B_{i,n-1}(t))$$

$$= n((P_1 - P_0)B_{0,n-1}(t) + (P_2 - P_1)B_{1,n-1}(t) + \cdots + (P_n - P_{n-1})B_{n-1,n-1}(t))$$

$$= n \sum_{i=1}^{n} (P_i - P_{i-1})B_{i-1,n-1}(t)$$

由此推出： $P'(0) = n(P_1 - P_0)$， $P'(1) = n(P_n - P_{n-1})$。

这表明，Bezier 曲线在起点、终点与相应的控制多边形相切，且在起点和终点处的切线方向与控制多边形的第一条边和最后一条边的走向一致。

例如，三次 Bezier 曲线段在起始点和终止点处的一阶导数为：

$$P'(0) = 3(P_1 - P_0), \quad P'(1) = 3(P_3 - P_2)$$

（3）二阶导矢

$$P''(t) = n \sum_{i=1}^{n} (P_i - P_{i-1}) \cdot B'_{i-1,n-1}(t)$$

$$= n(n-1) \sum_{i=1}^{n} (P_i - P_{i-1})[B_{i-2,n-2}(t) - B_{i-1,n-2}(t)]$$

$$= n(n-1)[\sum_{i=2}^{n} B_{i-2,n-2}(t)(P_i - P_{i-1}) - \sum_{i=1}^{n-1} B_{i-1,n-2}(t)(P_i - P_{i-1})]$$

$$= n(n-1)[\sum_{i=0}^{n-2} B_{i,n-2}(t)(P_{i+2} - P_{i+1}) - \sum_{i=0}^{n-2} B_{i,n-2}(t)(P_{i+1} - P_i)]$$

$$= n(n-1) \sum_{i=0}^{n-2} (P_{i+2} - 2P_{i+1} + P_i)B_{i,n-2}(t)$$

由此推出： $P''(0) = n(n-1)(P_2 - 2P_1 + P_0)$， $P''(1) = n(n-1)(P_n - 2P_{n-1} + P_{n-2})$。

这表明，Bezier 曲线在起点处的二阶导矢仅与 P_2、P_1、P_0 有关，在终点处的二阶导矢仅与 P_n、P_{n-1}、P_{n-2} 有关。

例如，三次 Bezier 曲线段在起始点和终止点处的二阶导数为：

$$P''(0) = 6(P_2 - 2P_1 + P_0), \quad P''(1) = 6(P_3 - 2P_2 + P_1)$$

一般来说，Bezier 曲线在起点处的 m 阶导数仅与离起点最近的 $m+1$ 个向量 P_0、P_1、$\cdots$、P_m 有关；在终点处的 m 阶导数仅与离终点最近的 $m+1$ 个向量 P_n、P_{n-1}、$\cdots$、P_{n-m} 有关。

2. 对称性

已知 $B_{i,n}(t) = B_{n-i,n}(1-t)$，如果将所有控制点的顺序颠倒过来，记 $P_i^* = P_{n-i}$，则根据 Bezier 曲线的定义可推出：

$$P^*(t) = \sum_{i=0}^{n} P_i^* B_{i,n}(t) = \sum_{i=0}^{n} P_{n-i} B_{i,n}(t) = \sum_{k=n}^{0} P_k B_{n-k,n}(t) = \sum_{k=n}^{0} P_k B_{k,n}(1-t) = P(1-t)$$

这表明，如果保持所有控制点的位置不变，但顺序颠倒，所得的新 Bezier 曲线形状不变，但参数变化方向相反。

3. 凸包性

由 Bernstein 基函数的性质可知：$B_{i,n}(t) \geqslant 0$，$\sum_{i=0}^{n} B_{i,n}(t) \equiv 1$。

这表明，Bezier 曲线是用 $B_{i,n}(t)$ 对 P_i 进行加权平均，所以 Bezier 曲线必定落在其控制多边形的凸包之内，如图 5-13 所示。

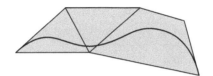

图 5-13　阴影部分为控制多边形的凸包

4. 几何不变性

几何不变性是指某些几何特性不随坐标变换而变化的特性。

由 Bezier 曲线的定义可知，曲线的形状仅与其控制多边形（各控制顶点的相对位置）有关，而与具体坐标系的选择无关。

5. 变差缩减性

Bezier 曲线的变差缩减性是指，若曲线的控制多边形是一个平面图形，则平面内任意直线与曲线的交点个数不多于该直线与其控制多边形的交点个数，如图 5-14 所示。

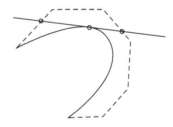

图 5-14　Bezier 曲线的变差缩减性

这一性质说明 Bezier 曲线比其控制多边形的波动小，也就是说 Bezier 曲线比其控制多边形的折线更加平滑。

6. 仿射不变性

对于任意的仿射变换 A：

$$A([P(t)]) = A\left\{ \sum_{i=0}^{n} P_i B_{i,n}(t) \right\} = \sum A[P_i] B_{i,n}(t)$$

即在仿射变换下，$P(t)$ 的形式不变。

5.3.4　Bezier 曲线的生成

1. Bezier 曲线的生成算法

这里仅以在屏幕上任意绘制一条二次 Bezier 曲线为例，说明 Bezier 曲线的生成算法。

例 5-2： 编程绘制一条二次 Bezier 曲线。

已知由三个控制顶点所构成的控制多边形可绘制一条二次 Bezier 曲线。下面的程序中给出了屏幕上三个控制顶点的位置矢量，生成了一段首尾相连的二次 Bezier 曲线。

```
#include<graphics.h>
#include<conio.h>
#include<stdio.h>
float px[5]={60,100,260};   /*三个控制顶点的 x 坐标*/
float py[5]={150,30,180};   /*三个控制顶点的 y 坐标*/
main()
{
    float a0,a1,a2,a3,b0,b1,b2,b3;
    int k,m,y;
    float i,t,dt,n=20;
    int graphdriver=DETECT;
    int graphmode=0;
    initgraph(&graphdriver,&graphmode," ");
    setbkcolor(BLUE);
    setcolor(YELLOW);
    line(px[0],py[0],px[1],py[1]);
    line(px[1],py[1],px[2],py[2]);
    ine(px[0],py[0],px[2],py[2]);
        line(px[1],py[1],(px[0]+px[2])/2,(py[0]+py[2])/2);
    dt=1/n;
    a0=px[0];
    a1=2.0*(px[1]-px[0]);
    a2=px[2]-2*px[1]+px[0];
    b0=py[0];
    b1=2.0*(py[1]-py[0]);
    b2=py[2]-2*py[1]+py[0];
    setlinestyle(0,0,3);
    for(i=0;i<=n;i+=0.1)
    {
        t=i*dt;
        m=a0+a1*t+a2*t*t;
        y=b0+b1*t+b2*t*t;
        if(i==0)
            moveto(m,y);
        else
            lineto(m,y);
    }
    getch();
    closegraph();
}
```

任意次数的 Bezier 曲线均可参考此程序，根据其表达式作相应的修改即可生成。

2. 手工绘制一段 Bezier 曲线

要画出 Bezier 曲线，实质上就是在 $t \in [0, 1]$ 的区间内，以 Δt 为增量，对每一个 t_i 值计算出相应的 $P(t_i)$，然后用一系列直线段连接相邻的 $P(t_i)$，从而近似地画出整个 Bezier 曲线。这一过程如果用计算机来完成十分简单，但如果人工计算则十分繁琐。下面介绍一种手工绘制 n 次 Bezier 曲线的方法，它能使 Bezier 曲线的绘制十分简单方便。其步骤如下：

（1）给定一个 t 值，$t \in [0, 1]$。将控制多边形的第 i 条边以比值 t、$(1-t)$ 分为两段，得分点 $P_{i,1}(t)$，如图 5-15 所示。

可计算出 $P_{i,1}(t) = P_i + (P_{i+1} - P_i)t = (1-t)P_i + tP_{i+1}$　$i = 0, 1, \cdots, n-1$。

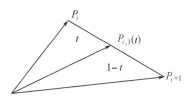

图 5-15　$P_{i,1}(t)$ 的计算

（2）对控制多边形的每一条边都进行第（1）步操作后，得到 n 个分点 $P_{i,1}(t)$。将这 n 个分点用直线段一一连接，得到一个有 $n-1$ 条边的控制多边形，对于这个控制多边形，重复第（1）步，又得到 $n-1$ 个分点 $P_{i,2}(t)$，且 $P_{i,2}(t) = (1-t)P_{i,1}(t) + tP_{i+1,1}(t)$，这 $n-1$ 个分点又可构成一个具有 $n-2$ 条边的控制多边形……

（3）反复进行第（1）（2）步，直到只剩下一个分点 $P_{0,n}(t)$，它就是 $P(t)$，即 $P_{0,n}(t) = P(t)$。

（4）修改 t 值，$t \leftarrow t + \Delta t$（增量），再重复第（1）（2）（3）步，便可找到一系列的 $P(t)$。

如图 5-16 所示给出了手工绘制 $n = 3$，$t = 1/3$ 的三次 Bezier 曲线上的一个点 $P(1/3)$ 的全部过程。

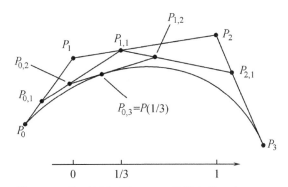

图 5-16　手工绘制三次 Bezier 曲线上的一点 $P(1/3)$

下面采用归纳法证明手工绘制 Bezier 曲线的过程是正确的，即对 n 归纳，最终证明 $P_{0,n}(t) = P(t)$ 成立。

证明：

（1）$n = 1$ 时，按手工绘制法，$P_{0,1}(t) = (1-t)P_0 + tP_1$。根据 Bezier 曲线的定义：

$$P(t) = \sum_{i=0}^{1} B_{i,1}(t)P_i = (1-t)P_0 + tP_1$$

所以 $P_{0,1}(t) = P(t)$ 成立。

（2）现假设对 $n-1$ 条边成立，并把 n 边形分成两个 $n-1$ 边形，即由 P_0、P_1、$\cdots P_{n-1}$ 组成 $n-1$ 边形，由 P_1、P_2、$\cdots P_n$ 组成另一个 $n-1$ 边形，根据手工绘制法和假设：

$$P_{0,n-1}(t)=\sum_{i=0}^{n-1}B_{i,n-1}(t)P_i \qquad P_{1,n-1}(t)=\sum_{i=0}^{n-1}B_{i,n-1}(t)P_{i+1}$$

再将这两点 $P_{0,n-1}(t)$、$P_{1,n-1}(t)$ 按手工绘制法求得关于 n 边形的点 $P_{0,n}(t)$，即：

$$P_{0,n}(t)=(1-t)P_{0,n-1}(t)+tP_{1,n-1}(t)=(1-t)\sum_{i=0}^{n-1}B_{i,n-1}(t)P_i+t\sum_{i=0}^{n-1}B_{i,n-1}(t)P_{i+1}$$

$$=\sum_{i=0}^{n}\left[(1-t)B_{i,n-1}(t)P_i+tB_{i-1,n-1}(t)P_i\right]=\sum_{i=0}^{n}B_{i,n}(t)P_i=P(t)$$

从而证明了对任意 n，手工绘制法求得的 $P_{0,n}(t)$ 是正确的。

不仅如此，还可求得：

$$P'_{0,n}(t)=\sum_{i=0}^{n}B'_{i,n}(t)P_i=n\sum_{i=0}^{n}\left[B_{i-1,n-1}(t)-B_{i,n-1}(t)\right]P_i=n\left[P_{1,n-1}(t)-P_{0,n-1}(t)\right]$$

$$=n\overrightarrow{P_{0,n-1}P_{1,n-1}}$$

表明在进行第 $n-1$ 次分割后得到的两个分点 $P_{0,n-1}(t)$ 和 $P_{1,n-1}(t)$ 的连线的 n 倍恰好为 $P(t)$ 的切矢量。

3. Bezier 曲线的连接

在前面讨论的 Bezier 曲线中，所指的 Bezier 曲线仅仅是一段曲线。例如，三次 Bezier 曲线仅仅是给定四个控制点 P_i（$i=0,1,2,3$）所得到的一段 Bezier 曲线，还不是样条曲线。所谓 Bezier 样条曲线应该是一段段的 Bezier 曲线在保证足够光滑的条件下连接起来的整条曲线。因此，这就存在着两段 Bezier 曲线应如何连接才能保持足够光滑的问题。下面以三次 Bezier 样条曲线为例来讨论这一问题。

假设两段三次 Bezier 曲线分别记为 B_1 和 B_2，B_1 的控制点为 P_0、P_1、P_2、P_3，B_2 的控制点为 Q_0、Q_1、Q_2、Q_3，现在来讨论 B_1 和 B_2 光滑连接的条件。

（1）要求 B_1 和 B_2 有共同的连接点，即 G^0 连续。根据 Bezier 曲线的端点性质可知，应该满足 $P_3=Q_0$ 这一条件。

（2）要求 B_1 和 B_2 在连接点处有成比例的一阶导数，即 G^1 连续。也即除了满足条件（1）外，还应该使 $B'_1(1)$ 与 $B'_2(0)$ 成比例。

已知端点处的一阶导数为 $B'_1(1)=3(P_3-P_2)$，$B'_2(0)=3(Q_1-Q_0)$，为实现 G^1 连续，则有：
$$B'_2(0)=\alpha\cdot B'_1(1)，$$
即：
$$Q_1-Q_0=\alpha\cdot(P_3-P_2)（\alpha 为一常数）$$
这也表明，P_2、$P_3(Q_0)$、Q_1 三点共线。

（3）要求 B_1 和 B_2 在连接点处有成比例的二阶导数，即 G^2 连续，也即除了满足投机倒把（1）（2）外，还应该使 $B''_1(1)$ 与 $B''_2(0)$ 成比例。

已知端点处的二阶导数为 $B''_1(1)=6(P_1-2P_2+P_3)$，$B''_2(0)=6(Q_0-2Q_1+Q_2)$，为实现 G^2 连续，则有：
$$B''_2(0)=\beta\cdot B''_1(1)$$

即：

$$(Q_0 - 2Q_1 + Q_2) = \beta \cdot (P_1 - 2P_2 + P_3) \quad (\beta \text{ 为一常数})$$

这也表明，向量和 P_1、P_2、$P_3(Q_0)$、Q_1、Q_2 五点共面。

如图 5-17 所示给出了两段三次 Bezier 曲线连接的实例。

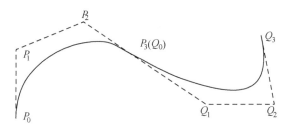

图 5-17　两段三次 Bezier 曲线的连接

4．Bezier 曲线的升阶与降阶

（1）Bezier 曲线的升阶

升阶是指保持 Bezier 曲线的形状与方向不变，增加定义它的控制顶点数，即提升该 Bezier 曲线的次数。

增加控制顶点数，不仅能加强对曲线进行形状控制的灵活性，还在构造曲面方面起着重要作用。对于一些由曲线生成曲面的算法，要求那些曲线必须是同次的，应用升阶的方法，就可以把低于最高次数的曲线提升到最高次数，使得各条曲线具有相同的次数。

曲线升高一阶后，原控制顶点会发生变化，形成一组新的控制顶点。假设原始控制顶点为 P_0、P_1、…、P_n，定义了一条 n 次 Bezier 曲线 $P(t)$：

$$P(t) = \sum_{i=0}^{n} P_i B_{i,n}(t) \quad t \in [0,1]$$

如果增加一个顶点后，定义同一条曲线的新控制顶点为 P_0^*、P_1^*、…、P_{n+1}^*，则：

$$\sum_{i=0}^{n} P_i C_n^i t^i (1-t)^{n-i} = \sum_{i=0}^{n+1} P_i^* C_{n+1}^i t^i (1-t)^{n+1-i}$$

将上式左边乘以 $(t+(1-t))$，得到：

$$\sum_{i=0}^{n} P_i C_n^i [t^i(1-t)^{n+1-i} + t^{i+1}(1-t)^{n-i}] = \sum_{i=0}^{n+1} P_i^* C_{n+1}^i t^i (1-t)^{n+1-i}$$

比较等式两边 $t^i(1-t)^{n+1-i}$ 项的系数，得到：

$$P_i C_n^i + P_{i-1} C_n^{i-1} = P_i^* C_{n+1}^i$$

化简即得 Bezier 曲线的升阶公式：

$$P_i^* = \frac{i}{n+1} P_{i-1} + \left(1 - \frac{i}{n+1}\right) P_i \quad (i = 0,\ 1,\ \cdots,\ n+1)$$

其中 $P_{-1} = P_{n+1} = 0$。

此式说明，新的控制顶点 P_i^* 是以参数值 $\dfrac{i}{n+1}$ 按分段线性插值从原始控制多边形得出的。

升阶后，新的控制多边形在原始控制多边形的凸包内，并且更靠近 Bezier 曲线。

三次 Bezier 曲线的升阶实例如图 5-18 所示。

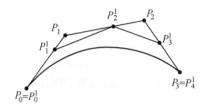

图 5-18 Bezier 曲线的升阶

（2）Bezier 曲线的降阶

降阶是指保持 Bezier 曲线的形状与方向不变，减少定义它的控制顶点数，即降低该 Bezier 曲线的次数。

降阶是升阶的逆过程。给定一条由原始控制顶点 P_i（i=0，1，…，n）定义的 n 次 Bezier 曲线，要求找到一条由新控制顶点 P_i^*（i=0，1，…，n-1)定义的 n-1 次 Bezier 曲线来逼近原始曲线。基于 Bezier 曲线的升阶公式，很容易推出 Bezier 曲线的降阶公式。

假定 P_i 是由 P_i^* 升阶得到，则由升阶公式有：

$$P_i = \frac{n-i}{n}P_i^* + \frac{i}{n}P_{i-1}^*$$

从这个方程可以导出两个递推公式：

$$P_i^* = \frac{nP_i - iP_{i-1}^*}{n-i} \qquad i = 0,\ 1,\ \cdots,\ n-1$$

和

$$P_{i-1}^* = \frac{nP_i - (n-i)P_i^*}{i} \qquad i = n,\ n-1,\ \cdots,\ 1$$

其中，第一个递推公式在靠近 P_0 处趋向生成较好的逼近，而第二个递推公式在靠近 P_n 处趋向生成较好的逼近。

5. 反求 Bezier 曲线控制点

反求 Bezier 曲线控制点是指：已知一组空间点 Q_i（$i = 0$，1，2，…，n），要找出一条 n 次 Bezier 曲线顺序通过这组点，即找一组与点列 Q_i 对应的 Bezier 曲线的控制顶点 P_i（$i = 0$，1，…，n）。通常可以取参数 t=i/n 与点 Q_i 相对应，用来反算 P_i。

设 Q_i 在曲线 $P(t)$ 上，且有：

$$P(t) = P_0 C_n^0 t^0 (1-t)^{n-0} + P_1 C_n^1 t^1 (1-t)^{n-1} + \cdots\cdots + P_n C_n^n t^n (1-t)^{n-n}$$

由此式可得到下面关于 P_i（i=0，1，…，n）的 n+1 个方程组成的线性方程组：

$$Q_0 = P_0$$
$$\vdots$$
$$Q_i = P_0 C_n^0 (1-i/n)^n + P_1 C_n^1 (i/n)(1-i/n)^{n-1} + \cdots\cdots + P_n C_n^n (i/n)^n \quad (i=1,\ 2,\ \cdots,\ n-1)$$
$$\vdots$$
$$Q_n = P_n$$

解此方程组，可得到通过 Q_i 的 Bezier 曲线的特征多边形的顶点。

例 5-3：设一条三次 Bezier 曲线的控制顶点为 P_0，P_1，P_2，P_3，对曲线上一点 $P(\frac{1}{2})$ 和一个给定的目标点 T，给出一种调整 Bezier 曲线形状的方法，使得 $P(\frac{1}{2})$ 精确通过点 T。

解：保持原三次 Bezier 曲线的 4 个控制点 P_0、P_1、P_2、P_3 不变，在中间增加一个控制点 Q，使其变为 5 个控制点的四次 Bezier 曲线，则曲线的矢量方程为（$n=4$）：

$$P(t) = (1-t)^4 P_0 + 4t(1-t)^3 P_1 + 6t^2(1-t)^2 Q + 4(1-t)t^3 P_2 + t^4 P_3$$

对曲线上的点 $P(1/2)$，将 $t=1/2$ 代入上式得到：

$$P(1/2) = (P_0 + 4P_1 + 6Q + 4P_2 + P_3)/16$$

要使 $P(1/2)$ 精确通过点 T，应有 $P(1/2)=T$，即：

$$(P_0 + 4P_1 + 6Q + 4P_2 + P_3)/16 = T$$

或

$$Q = [16T - (P_0 + 4P_1 + 4P_2 + P_3)]/6$$

即在 P_1、P_2 间新增加一个控制点 Q，并使 $Q = [16T - (P_0 + 4P_1 + 4P_2 + P_3)]/6$，可调整曲线形状使 $P(1/2)$ 精确通过点 T。

例 5-4：已知 Bezier 曲线上的四个点分别为 $(6,0)$、$(3,0)$、$(0,3)$、$(0,6)$，它们对应的参数 t 分为 0、1/3、2/3、1，反求三次 Bezier 曲线的控制顶点。

解：对于三次 Bezier 曲线，分别将型值点 $Q_0(6,0)$、$Q_1(3,0)$、$Q_2(0,3)$、$Q_3(0,6)$ 及参数 $t=0$、1/3、2/3、1 代入下式：

$$P(t) = (1-t)^3 P_0 + 3t(1-t)^2 P_1 + 3t^2(1-t)P_2 + t^3 P_3$$

有：

$$(6,0) = (1-0)^3 P_0 + 3 \cdot 0 \cdot (1-0)^2 P_1 + 3 \cdot 0^2 \cdot (1-0)P_2 + 0^3 \cdot P_3$$

$$(3,0) = (1-1/3)^3 P_0 + 3 \cdot 1/3 \cdot (1-1/3)^2 P_1 + 3 \cdot (1/3)^2 \cdot (1-1/3)P_2 + (1/3)^3 \cdot P_3$$

$$(0,3) = (1-2/3)^3 P_0 + 3 \cdot 2/3 \cdot (1-2/3)^2 P_1 + 3 \cdot (2/3)^2 \cdot (1-2/3)P_2 + (2/3)^3 \cdot P_3$$

$$(0,6) = (1-1)^3 P_0 + 3 \cdot 1 \cdot (1-1)^2 P_1 + 3 \cdot 1^2 \cdot (1-1)P_2 + 1^3 \cdot P_3$$

联解以上方程组可得：

$$\begin{cases} P_0 = (6,0) \\ P_1 = (4,-2.5) \\ P_2 = (-2.5,4) \\ P_3 = (0,6) \end{cases}$$

即三次 Bezier 曲线的控制点为 $(6,0)$、$(4,-2.5)$、$(-2.5,4)$、$(0,6)$。

例 5-5：已知一条 Bezier 曲线的控制顶点依次为 $(30,0)$、$(60,10)$、$(80,30)$、$(90,60)$、$(90,90)$。用手工绘制法求出 $t=1/4$ 处的值，并写出相应的递推三角形（De Casteljau 三角形）。

解：[解法一]

由于有五个控制顶点，故为四次 Bezier 曲线，将 $t=1/4$、$n=4$ 代入 Bezier 曲线公式，可求得：

$$P(1/4) = \sum_{i=0}^{4} C_4^i (1-1/4)^{4-i} \cdot (1/4)^i \cdot P_i = \sum_{i=0}^{4} 0.25^i \cdot 0.75^{4-i} \cdot C_4^i \cdot P_i$$

$$= 0.25^0 \cdot 0.75^4 \cdot C_4^0 \cdot P_0 + 0.25^1 \cdot 0.75^3 \cdot C_4^1 \cdot P_1 + 0.25^2 \cdot 0.75^2 \cdot C_4^2 \cdot P_2$$

$$+ 0.25^3 \cdot 0.75^1 \cdot C_4^3 \cdot P_3 + 0.25^4 \cdot 0.75^0 \cdot C_4^4 \cdot P_4$$

$$= 0.31640625 \cdot (30,0) + 0.421875 \cdot (60,10) + 0.2109375 \cdot (80,30)$$

$$+ 0.046875 \cdot (90,60) + 0.00390625 \cdot (90,90)$$

$$= (56.25,13.71)$$

即曲线在 $t=1/4$ 处的值为$(56.25, 13.71)$。

[解法二]

由于有五个控制顶点，故为四次 Bezier 曲线，将 $t=1/4$、$n=4$ 代入 Bezier 曲线手工绘制得证公式：

$$P_i^r(t) = (1-t)P_i^{r-1}(t) + tP_{i+1}^{r-1}(t) \qquad (r=1, 2, \cdots, n; \ i=0, 1, \cdots, n-r, \ t\in[0,1])$$

可求得：

$$P_i^r(1/4) = (1-1/4)P_i^{r-1} + 1/4 \cdot P_{i+1}^{r-1} = 0.75 \cdot P_i^{r-1} + 0.25 \cdot P_{i+1}^{r-1}$$

依次求出：

$$P_0^1 = 0.75P_0^0 + 0.25P_1^0 = 0.75 \cdot (30,0) + 0.25 \cdot (60,10) = (37.5, 2.5)$$

$$P_1^1 = 0.75P_1^0 + 0.25P_2^0 = 0.75 \cdot (60,10) + 0.25 \cdot (80,30) = (65,15)$$

$$P_2^1 = 0.75P_2^0 + 0.25P_3^0 = 0.75 \cdot (80,30) + 0.25 \cdot (90,60) = (82.5, 37.5)$$

$$P_3^1 = 0.75P_3^0 + 0.25P_4^0 = 0.75 \cdot (90,60) + 0.25 \cdot (90,90) = (90, 67.5)$$

$$P_0^2 = 0.75P_0^1 + 0.25P_1^1 = 0.75 \cdot (37.5, 2.5) + 0.25 \cdot (65,15) = (44.375, 625)$$

$$P_1^2 = 0.75P_1^1 + 0.25P_2^1 = 0.75 \cdot (65,15) + 0.25 \cdot (82.5, 37.5) = (69.375, 20.625)$$

$$P_2^2 = 0.75P_2^1 + 0.25P_3^1 = 0.75 \cdot (82.5, 37.5) + 0.25 \cdot (90, 67.5) = (84.375, 45)$$

$$P_0^3 = 0.75P_0^2 + 0.25P_1^2 = 0.75 \cdot (44.375, 5.625) + 0.25 \cdot (69.375, 20.625) = (50.625, 9.375)$$

$$P_1^3 = 0.75P_2^2 + 0.25P_2^2 = 0.75 \cdot (69.375, 20.625) + 0.25 \cdot (84.375, 45) = (73.125, 26.71875)$$

$$P_0^4 = 0.75P_4^4 + 0.25P_3^3 = 0.75 \cdot (50.675, 3.375) + 0.25 \cdot (73.125, 26.71875) = (56.25, 13.71)$$

即曲线在 $t=1/4$ 处的值为$(56.25, 13.71)$。

相应的 De Casteljau 三角形如下：

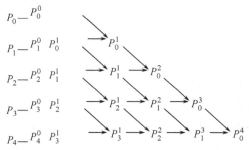

例 5-6：给定三次 Beizer 曲线的控制顶点$(0,0)$，$(0,100)$，$(100,0)$，$(100,100)$，计算升阶一次后的控制顶点。

解：将三次 Beizer 曲线的控制顶点 $P_0(0,0)$、$P_1(0,100)$、$P_2(100,0)$、$P_3(100,100)$ 代入升阶公式，可得升阶后的各控制顶点：

$$P_0^* = P_0 = (0,0)$$

$$P_1^* = 0.25P_0 + 0.75P1$$
$$= 0.25 * (0,0) + 0.75 * (0,100) = (0,75)$$

$$P_2^* = 0.5P_1 + 0.5P_2$$
$$= 0.5 * (0,100) + 0.5 * (100,0) = (50,50)$$

$$P_3^* = 0.75P_2 + 0.25P_3$$
$$= 0.75 * (100,0) + 0.25 * (100,100) = (100,25)$$
$$P_4^* = P_3 = (100,100)$$

即升阶后的控制点分别为(0,0)、(0,75)、(50,50)、(100,25)、(100,100)。

5.4　B 样条曲线

Bezier 曲线虽然有许多优点，但也有几点不足：

（1）Bezier 曲线的阶次是由控制多边形的顶点个数决定的，n 个顶点的控制多边形产生 $n-1$ 次的 Bezier 曲线。

（2）Bezier 曲线不能作局部修改，由 Bernstein 基函数的正性可知，曲线在(0,1)区间内的任何一点都要受到全部控制顶点的影响，改变其中任何一个控制顶点的位置都将对整个曲线产生影响。

为了克服 Bezier 曲线的上述几点不足，1972 年，德布尔（De Boor）与考克斯（Cox）分别给出了 B 样条的标准计算方法。1974 年，美国通用汽车公司的戈登（Gorden）和里森费尔德（Riesenfeld）将 B 样条理论用于形状描述，提出了 B 样条曲线和曲面。B 样条曲线使得控制多边形顶点数与曲线的阶次无关，并可以进行局部修改，而且曲线更逼近于控制多边形。

5.4.1　B 样条曲线的定义

在空间给定 $m + n + 1$ 个控制点，用向量 P_i（$i = 0$，1，$\cdots$，$m + n$）表示，称 n 次参数曲线：

$$P_{i,n}(t) = \sum_{l=0}^{n} P_{i+l} F_{l,n}(t) \qquad 0 \leqslant t \leqslant 1, \quad l = 0, 1, \cdots, n \qquad (15)$$

为 n 次 B 样条的第 i 段曲线（$i = 0$，1，$\cdots$，m）。其中：$F_{l,n}(t)$ 是新引进的 B 样条基函数，即：

$$F_{l,n}(t) = \frac{1}{n!} \sum_{j=0}^{n-l} (-1)^j C_{n+1}^j (t + n - l - j)^n \quad 0 \leqslant t \leqslant 1, \quad l = 0, 1, \cdots, n \qquad (16)$$

这样一共有 $m + 1$ 段 B 样条曲线，统称为 n 次 B 样条曲线。

与 Bezier 曲线定义中的控制多边形类似，依次用直线段连接相邻的两个控制点 P_{i+l} 与 P_{i+l+1}（$l = 0$，1，$\cdots$，$n-1$），将得到的折线称为第 i 段的 B 控制多边形；由第 i 段的 B 控制多边形决定的 B 样条曲线称为第 i 段 B 样条曲线，如图 5-19 所示。

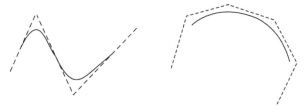

图 5-19　B 样条曲线和它的控制多边形

由此可见，B 样条曲线不同于 Bezier 曲线，它是一段段连接起来的，并且在后面的讨论中可以发现，这一段段的 B 样条曲线是自然连接的，这也就是我们称之为 B 样条的原因。由于任意一段 B 样条曲线具有相同的几何性质，因此，取 $i=0$，即对第 0 段的 B 样条曲线进行研究，第 0 段的 B 样条曲线定义式为：

$$P_{0,n}(t)=\sum_{l=0}^{n}P_l F_{l,n}(t) \qquad 0\leqslant t\leqslant 1$$

在不引起混淆的情况下，直接用 $P(t)$ 表示 $P_{0,n}(t)$，即：

$$P(t)=\sum_{l=0}^{n}P_l F_{l,n}(t) \qquad 0\leqslant t\leqslant 1 \qquad (17)$$

5.4.2　B 样条曲线的表示及性质

在实际应用中，最常用的是二次和三次 B 样条曲线。下面简单地推导二次、三次 B 样条曲线的表示方法及其性质。至于更高次的 B 样条曲线，由于表示及性质均可类推，故此这里不作介绍。

1．二次 B 样条曲线的表示方法及其性质

（1）二次 B 样条曲线的数学表示和矩阵表示

由式（17）有：

$$P(t)=\sum_{l=0}^{2}P_l\cdot F_{l,2}(t)=P_0 F_{0,2}(t)+P_1 F_{1,2}(t)+P_2 F_{2,2}(t)$$

$$=\frac{1}{2}\Big[(t+2)^2-3(t+1)^2+3t^2\Big]P_0+\frac{1}{2}\Big[(t+1)^2-3t^2\Big]P_1+\frac{1}{2}t^2 P_2$$

$$=\frac{1}{2}(t^2-2t+1)P_0+\frac{1}{2}(-2t^2+2t+1)P_1+\frac{1}{2}t^2 P_2$$

用矩阵形式表示为：

$$P(t)=\frac{1}{2}\begin{bmatrix}t^2 & t & 1\end{bmatrix}\begin{bmatrix}1 & -2 & 1\\ -2 & 2 & 0\\ 1 & 1 & 0\end{bmatrix}\begin{bmatrix}P_0\\ P_1\\ P_2\end{bmatrix} \qquad 0\leqslant t\leqslant 1$$

（2）二次 B 样条曲线的端点性质

1）位置矢量

分别令 $t=0$，$t=1$，得到：

$$P(0)=\frac{1}{2}(P_0+P_1), \quad P(1)=\frac{1}{2}(P_1+P_2)$$

这表明二次 B 样条曲线的起点在向量 $\overrightarrow{P_0 P_1}$ 的中点上，终点在向量 $\overrightarrow{P_1 P_2}$ 的中点上，如图 5-20 所示。

2）切矢量

将 $t=0$ 和 $t=1$ 分别代入公式：$P'(t)=P_0(t-1)+P_1(-2t+1)+P_2 t$，可得到：

$$P'(0)=P_1-P_0 \qquad P'(1)=P_2-P_1$$

这表明二次 B 样条曲线的起点切矢量为 $\overrightarrow{P_0 P_1}$，终点切矢量为 $\overrightarrow{P_1 P_2}$，如图 5-20 所示。

（3）二次 B 样条曲线的连续性

从上面的讨论中可知，起点的位置矢量及切矢量仅与控制点 P_0、P_1 有关，终点的位置矢

量及切矢量仅与控制点 P_1、P_2 有关，而且起点位置矢量及切矢量的表达式与终点位置矢量及切矢量的表达式具有完全相同的形式。从这点可以推出，两段的相邻二次 B 样条曲线在终点（起点）处是自然连接的，并具有 C^1 阶连续。

例 5-7：在图 5-20 的基础上增加一个控制点 P_3，会增加一段连续的二次 B 样条曲线，如图 5-21 所示。给定空间 4 个控制点 P_i（$i = 0$，1，…，3），即 $n + m + 1 = 4$，由于 $n = 2$，故 $m = 1$，所以，4 个控制点得到的二次 B 样条曲线是由 $m + 1 = 2$ 段相邻的二次 B 样条曲线段连接而成的，并自动保持 C^1 连续。

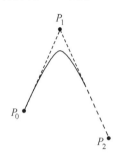
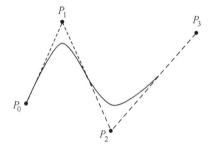

图 5-20　一个二次 B 样条曲线段　　　　图 5-21　两个 C^1 连续二次 B 样条曲线段

这一性质可推广为：两段相邻的 n 次 B 样条曲线在终点（起点）处是自然连接的，并具有 C^{n-1} 阶连续。

（4）二次 B 样条曲线的凸包性

二次 B 样条曲线的凸包性是指，第 i 段 B 样条曲线必落在第 i 段的 B 控制多边形构成的凸包之中，这一性质从图 5-21 中显而易见。

这一性质可以推广至任意阶次的 B 样条曲线。

（5）二次 B 样条曲线的局部性

二次 B 样条曲线的局部性是指，每一段二次 B 样条曲线由 3 个控制点的位置矢量决定；同时，在二次 B 样条曲线中改变一个控制点的位置矢量，最多影响 3 个曲线段。

局部性是一个很重要的性质。通过改变控制点的位置，就可以实现对 B 样条曲线的局部修改，这一修改不会扩散到整个曲线，从而可以极大地提高设计的灵活性。

这一性质可以推广为：任意一段 n 次 B 样条曲线由 $n+1$ 个控制点的位置矢量决定；同时，在 n 次 B 样条曲线中改变一个控制点的位置矢量，最多影响 $n+1$ 个曲线段。

（6）二次 B 样条曲线的扩展性

从图 5-21 中可以看出，如果增加一个控制点，就相应地增加了一段 B 样条曲线，此时，原有的 B 样条曲线不受影响，而且新增的曲线段与原曲线段自动保持连续性，不需要附加任何条件。

利用扩展性和连续性可以对原有 B 样条曲线进行扩展，从而减少重新设计或修改的工作量。特别是，可以由多个控制点方便地生成一个低次的 B 样条曲线，从而降低高次计算所带来的复杂性。

这一性质可以推广至任意阶次的 B 样条曲线。

2．三次 B 样条曲线的表示方法及其性质

（1）三次 B 样条曲线的数学表示和矩阵表示

由式（17）有：

$$P(t) = \sum_{l=0}^{3} P_l \cdot F_{l,3}(t) = P_0 F_{0,3}(t) + P_1 F_{1,3}(t) + P_2 F_{2,3}(t) + P_3 F_{3,3}(t)$$

$$= \frac{1}{6}(-t^3 + 3t^2 - 3t + 1)P_0 + \frac{1}{6}(3t^3 - 6t^2 + 4)P_1 + \frac{1}{6}(-3t^3 + 3t^2 + 3t + 1)P_2 + \frac{1}{6}t^3 P_3$$

用矩阵形式表示为：

$$P(t) = \frac{1}{6}(t^3 \quad t^2 \quad t \quad 1) \begin{bmatrix} -1 & 3 & -3 & 1 \\ 3 & -6 & 3 & 0 \\ -3 & 0 & 3 & 0 \\ 1 & 4 & 1 & 0 \end{bmatrix} \begin{bmatrix} P_0 \\ P_1 \\ P_2 \\ P_3 \end{bmatrix} \quad 0 \leqslant t \leqslant 1$$

一般地，n 次 B 样条曲段线可表示为：

$$P(t) = T \cdot M_B \cdot G_B = [t^n \quad t^{n-1} \quad \cdots \quad t \quad 1] \cdot M_{(n+1) \times (n+1)} \cdot \begin{bmatrix} P_0 \\ P_1 \\ \vdots \\ P_{n-1} \\ P_n \end{bmatrix} \quad t \in [0,1] \tag{18}$$

其中，M_B 为 n 次 B 样条曲线系数矩阵，它的第 l 列为 B 样条基函数 $F_{l,n}(t)$ 按 t 降幂排列的系数；$G_B = \begin{bmatrix} P_0 & P_1 & \cdots & P_n \end{bmatrix}^T$ 为 n 次 B 样条曲线的 $n+1$ 个控制点的位置矢量。

（2）三次 B 样条曲线的端点性质

1）位置矢量

分别令 $t = 0$，$t = 1$，得到：

$$P(0) = \frac{1}{3}\left(\frac{P_0 + P_2}{2}\right) + \frac{2}{3}P_1, \quad P(1) = \frac{1}{3}\left(\frac{P_1 + P_3}{2}\right) + \frac{2}{3}P_2$$

这表明，三次 B 样条曲线的起点在 $\triangle P_0 P_1 P_2$ 底边 $\overrightarrow{P_0 P_2}$ 中线 $\overrightarrow{P_1 P_1}*$ 且离 P_1 点 $\frac{1}{3}$ 处，终点在 $\triangle P_1 P_2 P_3$ 底边 $\overrightarrow{P_1 P_3}$ 中线 $\overrightarrow{P_2 P_2}*$ 且离 P_2 点 $\frac{1}{3}$ 处，如图 5-22 所示。

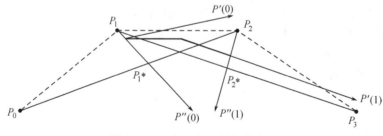

图 5-22　一个三次 B 样条曲线段

2）切矢量

将 $t = 0$ 和 $t = 1$ 分别代入一阶导数公式：

$$P'(t) = P_0 \cdot \frac{1}{6}(-3t^2 + 6t - 3) + P_1 \frac{1}{6}(9t^2 - 12t) + P_2 \frac{1}{6}(-9t^2 + 6t + 3) + P_3 \frac{1}{6} \cdot 3t^2$$

可得到 $P'(0) = \frac{1}{2}(P_2 - P_0)$，$P'(1) = \frac{1}{2}(P_3 - P_1)$。

这表明，三次 B 样条曲线在起点处的切矢量 $P'(0)$ 平行于 $\triangle P_0P_1P_2$ 的底边 $\overrightarrow{P_0P_2}$，且长度为 $\overrightarrow{P_0P_2}$ 的一半；同样地，在终点处的切向量 $P'(1)$ 平行于 $\triangle P_1P_2P_3$ 的底边 $\overrightarrow{P_1P_3}$，且长度为 $\overrightarrow{P_1P_3}$ 的一半，如图 5-22 所示。

3）二阶导数

将 $t = 0$ 和 $t = 1$ 分别代入二阶导数公式：

$$P''(t) = \frac{1}{6}\left[(-6t+6)P_0 + (18t-12)P_1 + (-18t+6)P_2 + 6tP_3\right]$$

可得到：$P''(0) = P_0 - 2P_1 + P_2$，$P''(1) = P_1 - 2P_2 + P_3$。

仍以图 5-22 为参考，图中可见：

$$(P_1 - P_0) = \overrightarrow{P_0P_1}，\quad \frac{1}{2}(P_2 - P_0) = \overrightarrow{P_0P_1}*$$

又有：

$$\overrightarrow{P_0P_1} + \overrightarrow{P_1P_1}* = \overrightarrow{P_0P_1}*$$

故此得到：

$$P_1 - P_0 + \overrightarrow{P_1P_1}* = \frac{1}{2}(P_2 - P_0)，\quad \overrightarrow{P_1P_1}* = \frac{1}{2}(P_0 - 2P_1 + P_2) = \frac{1}{2}P''(0)$$

即：

$$P''(0) = 2\overrightarrow{P_1P_1}*$$

同理可得：

$$P''(1) = 2\overrightarrow{P_2P_2}*$$

这表明，三次 B 样条曲线在起点处的曲率为 $\triangle P_0P_1P_2$ 底边 $\overrightarrow{P_0P_2}$ 中线 $\overrightarrow{P_1P_1}*$ 的 2 倍；同样地，在终点处的二阶导数为 $\triangle P_1P_2P_3$ 底边 $\overrightarrow{P_1P_3}$ 中线 $\overrightarrow{P_2P_2}*$ 的 2 倍。

（3）三次 B 样条曲线的连续性

从上面的讨论可知，三次 B 样条曲线在起点处的位置矢量、切矢量和二阶导数只与控制点 P_0、P_1、P_2 有关，终点的位置矢量、切矢量和二阶导数只与给定的向量 P_1、P_2、P_3 有关，而且起点与终点的位置矢量、切矢量和二阶导数的表达式具有完全相同的形式。从而可以推出，相邻的两段三次 B 样条曲线在终点（起点）处是自然连接好的，并具有 C^2 阶连续。

例 5-8：在图 5-22 的基础上增加一个控制点 P_3，会增加一段连续的三次 B 样条曲线，如图 5-23 所示。给定空间 5 个控制点 P_i（$i = 0$，1，$\cdots$，4），即 $n + m + 1 = 5$，由于 $n = 3$，故 $m = 1$，所以，5 个控制点得到的三次 B 样条曲线是由 $m + 1 = 2$ 段相邻的三次 B 样条曲线段连接成的，并自动保持 C^2 连续。

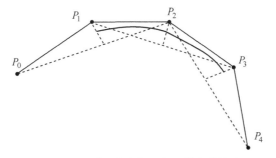

图 5-23　两个 C^2 连续三次 B 样条曲线段

三次 B 样条曲线段的局部性、凸包性和扩展性可由二次 B 样条曲线段的性质类推，这里不再赘述。

5.4.3　B 样条曲线的生成

1. B 样条曲线的生成算法

这里仅以在屏幕上任意绘制一条三次 B 样条曲线为例，说明 B 样条曲线的生成算法。

例 5-9：编程绘制一段三次 B 样条曲线。

已知由四个控制顶点构成的控制多边形可绘制一段三次 B 样条曲线。下面程序中给出了屏幕上十个控制顶点的位置矢量，生成了七段首尾相连的三次 B 样条曲线。该程序如下：

```
#include<graphics.h>
#include<conio.h>
#include<stdio.h>
float px[10]={ x1,x2,x3,x4, x5,x6,x7, x8 ,x9, x10};
                      /*十个控制顶点的 x 坐标*/
float py[10]={ y1,y2,y3,y4, y5,y6, y7, y8 ,y9, y10};
                      /*十个控制顶点的 y 坐标*/

main()
{
    float a0,a1,a2,a3,b0,b1,b2,b3,m;
    int k,x,y;
    float i,t,dt,n=10;
    int graphdriver=DETECT;
    int graphmode=0;
    initgraph(&graphdriver,&graphmode," ");
    setbkcolor(背景色);
    setcolor(前景色);
    dt=1/n;
    for(k=0;k<10-1;k++)
    {
        moveto(px[k],py[k]);
        lineto(px[k+1],py[k+1]);
    }
    setlinestyle(0,0,3);
    for(k=0;k<10-3;k++)
    {
        a0=(px[k]+4*px[k+1]+px[k+2])/6;
        a1=(px[k+2]-px[k])/2;
        a2=(px[k]-2*px[k+1]+px[k+2])/2;
        a3=(-px[k]+3*px[k+1]-3*px[k+2]+px[k+3])/6;
        b0=(py[k]+4*py[k+1]+py[k+2])/6;
        b1=(py[k+2]-py[k])/2;
        b2=(py[k]-2*py[k+1]+py[k+2])/2;
        b3=(-py[k]+3*py[k+1]-3*py[k+2]+py[k+3])/6;
        for(i=0;i<=n;i+=0.1)
        {
```

```
            t=i*dt;
            m=a0+a1*t+a2*t*t+a3*t*t*t;
            y=b0+b1*t+b2*t*t+b3*t*t*t;
            if(i==0)
                moveto(m,y);
                lineto(m,y);
        }
    }
    getch();
    closegraph();
}
```

该程序生成的 B 样条曲线如图 5-24 所示。

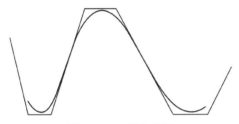

图 5-24　B 样条曲线

对于任意次数的 B 样条曲线，均可参考此程序，根据其表达式做相应的修改而生成。

2. 反求三次 B 样条曲线控制点

反求三次 B 样条曲线控制点是指，已知一组空间点 Q_i（$i=1$，2，$\cdots$，n），要找出一条三次 B 样条曲线顺序通过这组点，即找一组与点列 Q_i 对应的 B 样条的控制顶点 P_i（$i=0$，1，$\cdots$，$n+1$）。

由三次 B 样条曲线的定义可推出其上 Q_i 和 P_i 的位置矢量之间有如下关系：

$$6Q_i = (P_{i-1} + 4P_i + P_{i+1}) \qquad i=1, \cdots, n$$

由已知的 n 个点求出 $n+2$ 个控制点的位置矢量，必须附加两个条件才可能有解，补充两个边界条件为：

$$P_0 = P_1 = Q_1, \quad P_{n+1} = P_n = Q_n$$

得到求解控制点 P_i（$i=2$，3，$\cdots$，$n-1$）的线性方程组为：

$$
\begin{bmatrix}
4 & 1 & 0 & 0 & 0 & 0 & 0 & 0 \\
1 & 4 & 1 & 0 & 0 & 0 & 0 & 0 \\
0 & 1 & 4 & 1 & 0 & 0 & 0 & 0 \\
0 & 0 & . & . & . & 0 & 0 & 0 \\
0 & 0 & 0 & . & . & . & 0 & 0 \\
0 & 0 & 0 & 0 & . & . & . & 0 \\
0 & 0 & 0 & 0 & 0 & 1 & 4 & 1 \\
0 & 0 & 0 & 0 & 0 & 0 & 1 & 4
\end{bmatrix}
\begin{bmatrix}
P_2 \\
P_3 \\
. \\
. \\
. \\
. \\
P_{n-2} \\
P_{n-1}
\end{bmatrix}
=
\begin{bmatrix}
6Q_2 - Q_1 \\
6Q_3 \\
. \\
. \\
. \\
. \\
6Q_{n-2} \\
6Q_{n-1} - Q_n
\end{bmatrix}
$$

解此线性方程组，即可求出控制点 P_i 的位置矢量。

3. B 样条曲线与 Bezier 曲线的转换

B 样条曲线与 Bezier 曲线都是参数曲线不同的表现形式。通常，实际应用中使用 Bezier

曲线绘制图形比较直观，而用 B 样条曲线绘制图形比较方便、灵活。它们各有所长，也各有不足。

首先，曲线与其控制多边形的关系有所不同。其一，B 样条曲线比 Bezier 曲线更加逼近其控制多边形。其二，所给控制点的个数决定了 Bezier 曲线的次数，多个控制点所带来的高次计算问题很复杂；B 样条曲线的次数与控制点的个数无关。其三，两段相邻的 Bezier 曲线间的连接情况通常很复杂，需要额外的控制才能保证平滑连接；两段相邻的 n 次 B 样条曲线在连接处自动保持 C^{n-1} 连续。

其次，Bezier 曲线通过控制多边形的首末两个控制点（端点有插值性），并以控制多边形的首末两条边作为首末端点的切矢量；B 样条曲线则需要求解边界问题。在某些特定的应用场合下，使用 Bezier 曲线比使用 B 样条曲线更方便。

再次，B 样条曲线可以进行局部修改，而 Bezier 曲线修改一个控制点则会影响整个曲线的形状。在交互式作图方面，经常利用 B 样条曲线的这一特性修改图形，这样不至于因为改动一个控制点而影响整个曲线的形状。

为了能够方便快速地绘制出所需的曲线，经常在实际应用中将 B 样条曲线与 Bezier 曲线进行转换。对于同一段曲线而言，既可用 n 次的 Bezier 曲线来表示，也可用 n 次的 B 样条曲线段来表示。通常给出一种控制多边形的顶点（如 Bezier 曲线的控制多边形顶点）就可求出另一种控制多边形的顶点（如 B 样条曲线的控制多边形顶点）。下面以三次 Bezier 曲线及三次 B 样条曲线为例来介绍。

三次 Bezier 曲线用矩阵形式表示为：

$$P(t) = \begin{bmatrix} t^3 & t^2 & t & 1 \end{bmatrix} \begin{bmatrix} -1 & 3 & -3 & 1 \\ 3 & -6 & 3 & 0 \\ -3 & 3 & 0 & 0 \\ 1 & 0 & 0 & 0 \end{bmatrix} \begin{bmatrix} P_0 \\ P_1 \\ P_2 \\ P_3 \end{bmatrix} = [T][M][G]$$

为区别起见，用 P_0'、P_1'、P_2'、P_3' 表示第 0 段的三次 B 样条曲线的控制顶点，于是，三次 B 样条曲线可表示为：

$$P(t) = \frac{1}{6} \begin{bmatrix} t^3 & t^2 & t & 1 \end{bmatrix} \begin{bmatrix} -1 & 3 & -3 & 1 \\ 3 & -6 & 3 & 0 \\ -3 & 0 & 3 & 0 \\ 1 & 4 & 1 & 0 \end{bmatrix} \begin{bmatrix} P_0' \\ P_1' \\ P_2' \\ P_3' \end{bmatrix} = [T][M'][G']$$

若表示的是同一段曲线，则有 $[T][M][G] = [T][M'][G']$。

化简得到：$[M][G] = [M'][G']$

即：

$$\begin{bmatrix} -1 & 3 & -3 & 1 \\ 3 & -6 & 3 & 0 \\ -3 & 3 & 0 & 0 \\ 1 & 0 & 0 & 0 \end{bmatrix} \begin{bmatrix} P_0 \\ P_1 \\ P_2 \\ P_3 \end{bmatrix} = \frac{1}{6} \begin{bmatrix} -1 & 3 & -3 & 1 \\ 3 & -6 & 3 & 0 \\ -3 & 0 & 3 & 0 \\ 1 & 4 & 1 & 0 \end{bmatrix} \begin{bmatrix} P_0' \\ P_1' \\ P_2' \\ P_3' \end{bmatrix}$$

若已知 $[G]$，求 $[G']$，则：$[G'] = [M']^{-1}[M][G]$

可计算出：$[M']^{-1} = 6\begin{bmatrix} 0 & \dfrac{2}{18} & -\dfrac{1}{6} & \dfrac{1}{6} \\ 0 & -\dfrac{1}{18} & 0 & \dfrac{1}{6} \\ 0 & \dfrac{2}{18} & \dfrac{1}{6} & \dfrac{1}{6} \\ 1 & \dfrac{11}{18} & \dfrac{1}{3} & \dfrac{1}{6} \end{bmatrix}$，$[M']^{-1}[M] = \begin{bmatrix} 6 & -7 & 2 & 0 \\ 0 & 2 & -1 & 0 \\ 0 & -1 & 2 & 0 \\ 0 & 2 & -7 & 6 \end{bmatrix}$

可得：$[G'] = \begin{bmatrix} P'_0 \\ P'_1 \\ P'_2 \\ P''_3 \end{bmatrix} = \begin{bmatrix} 6 & -7 & 2 & 0 \\ 0 & 2 & -1 & 0 \\ 0 & -1 & 2 & 0 \\ 0 & 2 & -7 & 6 \end{bmatrix} \begin{bmatrix} P_0 \\ P_1 \\ P_2 \\ P_3 \end{bmatrix}$

故此求得转化后的控制点：$\begin{cases} P'_0 = 6P_0 - 7P_1 + 2P_2 \\ P'_1 = 2P_1 - P_2 \\ P'_2 = -P_1 + 2P_2 \\ P'_3 = 2P_1 - 7P_2 + P_3 \end{cases}$

同理，若已知 $[G']$，用上述方法同样可求得 $[G]$。

5.5 Coons 曲面

1964 年，舍恩伯格（Schoenberg）提出了参数样条曲面的形式。同年，孔斯（S.A.Coons）提出了一种用封闭曲线的 4 条边界定义一张曲面片的方法，该方法的基本思想是把所要设计的曲面看作是由若干个较小的曲面片按一定连续性要求拼合而成。Coons 曲面的特点是插值，即通过满足给定边界条件的方法构造 Coons 曲面。

5.5.1 参数曲面的基本概念

定义双参数曲面的方程为：

$$P(u,v), \quad u,v \in [0,1]$$

如图 5-25 所示，曲面片的四条边界可以由参数曲线 $P(u,0)$、$P(u,1)$、$P(0,v)$、$P(1,v)$ 定义，曲面片的四个角点可以由 $P(0,0)$、$P(0,1)$、$P(1,0)$、$P(1,1)$ 定义。

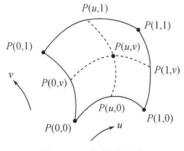

图 5-25 参数曲面片

将符号 P、圆括号( )以及两个参数之间的逗号省略，即 $P(u, v) \underset{=}{\Delta} uv$，则上述定义可简写为：

四个角点：00　01　10　11

四条边界：$u0$　$u1$　$0v$　$1v$

向量 $P(u, v)$关于 u，v 的一阶偏导向量可表示为：

$$\left.\frac{\partial P(u,v)}{\partial u}\right|_{u=0} \underset{=}{\Delta} 0v_u \qquad\qquad \left.\frac{\partial P(u,v)}{\partial u}\right|_{v=0} \underset{=}{\Delta} u0_u$$

$$\left.\frac{\partial P(u,v)}{\partial u}\right|_{u=1} \underset{=}{\Delta} 1v_u \qquad\qquad \left.\frac{\partial P(u,v)}{\partial u}\right|_{v=1} \underset{=}{\Delta} u1_u$$

$$\left.\frac{\partial P(u,v)}{\partial v}\right|_{u=0} \underset{=}{\Delta} 0v_v \qquad\qquad \left.\frac{\partial P(u,v)}{\partial v}\right|_{v=0} \underset{=}{\Delta} u0_v$$

$$\left.\frac{\partial P(u,v)}{\partial v}\right|_{u=1} \underset{=}{\Delta} 1v_v \qquad\qquad \left.\frac{\partial P(u,v)}{\partial v}\right|_{v=1} \underset{=}{\Delta} u1_v$$

其中，4 个 $0v_u$、$1v_u$、$u0_v$、$u1_v$ 分别为 4 条边界 $0v$、$1v$、$u0$、$u1$ 上的斜率。

二阶偏导向量及二阶混合偏导向量可表示为：

$$\frac{\partial^2 P(u,v)}{\partial u^2} \underset{=}{\Delta} uv_{uu} , \qquad \frac{\partial^2 P(u,v)}{\partial v^2} \underset{=}{\Delta} uv_{vv} , \qquad \frac{\partial^2 P(u,v)}{\partial u \partial v} \underset{=}{\Delta} uv_{uv}$$

将向量 $0v_{uu}$、$1v_{uu}$、$u0_v$ 和 $u1_{vv}$ 称为四条边界的曲率。四个角点的二阶混合偏导向量为 00_{uv}、01_{uv}、10_{uv} 和 11_{uv}，称为角点扭矢。

5.5.2　Coons 曲面的定义

应用 Hermite 曲线的基函数，可以构造出一个双三次 Coons 曲面，其矩阵表示为：

$$P(u,v) = UMCM^T V^T \tag{19}$$

其中：

$$U = [u^3 \quad u^2 \quad u \quad 1], \quad V = [v^3 \quad v^2 \quad v \quad 1]$$

$$M = \begin{bmatrix} 2 & -2 & 1 & 1 \\ -3 & 3 & -2 & -1 \\ 0 & 0 & 1 & 0 \\ 1 & 0 & 0 & 0 \end{bmatrix}$$ 是三次 Hermite 曲线的通用矩阵。

$$C = \begin{bmatrix} 00 & 01 & 00_v & 01_v \\ 10 & 11 & 10_v & 11_v \\ 00_u & 01_u & 00_{uv} & 01_{uv} \\ 10_u & 11_u & 10_{uv} & 11_{uv} \end{bmatrix}$$ 称为角点信息矩阵，可以分为 4 部分，即：

$$C = \left[\begin{array}{cc|cc} 00 & 01 & 00_v & 01_v \\ 10 & 11 & 10_v & 11_v \\ \hline 00_u & 01_u & 00_{uv} & 01_{uv} \\ 10_u & 11_u & 10_{uv} & 11_{uv} \end{array} \right] = \left[\begin{array}{c|c} 角\quad 点 & v切向量 \\ \hline u切向量 & 扭\quad 矢 \end{array} \right]$$

如果写成 x、y、z 三个分量的形式，则有：

$$x(u,v) = UMC_x M^T V^T$$

$$y(u,v) = UMC_y M^T V^T$$

$$z(u,v) = UMC_z M^T V^T$$

5.5.3 Coons 曲面的拼合

上述双三次 Coons 曲面是定义在 u，$v \in [0,1]$ 单位区域上的，称之为一个曲面片。在实际曲面外形设计中，一张曲面往往很大，如果要保证足够的精度，就需要有很多块 Coons 曲面片拼接起来，并且要保证任意两块曲面片之间的连续性。

设有两块相邻的曲面片 P 与 Q，两块 Coons 曲面片的拼接分为沿 u 方向的拼接和沿 v 方向的拼接。下面以沿 u 方向的拼接为例进行讨论。

曲面片 P 与 Q 可分别表示为：

$$Q: \quad P(u,v)_P = UMC_P M^T V^T$$

$$P: \quad P(u,v)_q = UMC_q M^T V^T$$

（1）若要满足 G^0 连续，则要求 P 与 Q 有共同的边界，即 $0v_p = 1v_q$。

因为 Hermite 曲线是由其端点的位置向量和切向量共同决定的，由此可知，满足 G^0 连续的条件为：

$$00^p = 10^q \qquad 01^p = 11^q \qquad 00_v^p = 10_v^q \qquad 01_v^p = 11_v^q$$

（2）若要满足 G^1 连续，则要求 P 与 Q 在共同的边界上有相同的切平面，即 $0v_u^p = k(1v_u^q)$，k 为常数。

经计算可知，满足 G^1 连续的条件为：

$$00_u^p = k10_u^q \qquad 01_u^p = k11_u^q \qquad 00_{uv}^p = k10_{uv}^q \qquad 01_{uv}^p = k11_{uv}^q$$

沿 v 方向的拼接方法与上述过程类似，这里不再讨论。

5.6 Bezier 曲面

5.6.1 Bezier 曲面的定义及性质

1. Bezier 曲面的定义

前面已经介绍过，Bezier 曲线段是由空间的控制多边形的顶点来控制的，而 Bezier 曲面片则是由控制多面体的顶点来控制的。

一般地，在空间给定 $(n+1) \times (m+1)$ 个点 P_{ij}（$i=0$，1，$\cdots$，n；$j=0$，1，$\cdots$，m），则可逼近生成一个 $n \times m$ 次的 Bezier 曲面片，其定义为：

$$P(u,v) = \sum_{i=0}^{n} \sum_{j=0}^{m} P_{ij} B_{i,n}(u) B_{i,m}(v) \quad u,v \in [0,1] \tag{20}$$

称 P_{ij} 为 $P(u,v)$ 的控制顶点；把由两组多边形 $P_{i0}P_{i1}\cdots P_{im}$（$i=0,1,\cdots n$）和 $P_{0j}P_{1j}\cdots P_{nj}$（$j=0,1,\cdots m$）组成的网格称为 $P(u,v)$ 的控制多面体（控制网格），记为 $\{P_{ij}\}$。同样，$P(u,v)$ 是对 $\{P_{ij}\}$ 的逼近，$\{P_{ij}\}$ 是 $P(u,v)$ 大致形状的勾画。

由 16 个控制顶点构成的控制网格可绘制一个双三次（3×3 次）Bezier 曲面片，如图 5-26 所示。

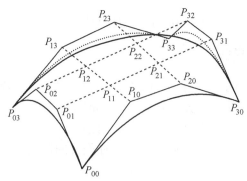

图 5-26　一个双三次 Bezier 曲面片

双三次 Bezier 曲面片的矩阵表示为：

$$P(u,v) = UM_bGM_b^TV^T \tag{21}$$

其中：

$$U = \begin{bmatrix} u^3 & u^2 & u & 1 \end{bmatrix} \qquad V = \begin{bmatrix} v^3 & v^2 & v & 1 \end{bmatrix}$$

$$M_b = \begin{bmatrix} -1 & 3 & -3 & 1 \\ 3 & -6 & 3 & 0 \\ -3 & 3 & 0 & 0 \\ 1 & 0 & 0 & 0 \end{bmatrix} \qquad G = \begin{bmatrix} P_{00} & P_{01} & P_{02} & P_{03} \\ P_{10} & P_{11} & P_{12} & P_{13} \\ P_{20} & P_{21} & P_{22} & P_{23} \\ P_{30} & P_{31} & P_{32} & P_{33} \end{bmatrix}$$

2．Bezier 曲面的性质

Bezier 曲面的许多性质与 Bezier 曲线完全一致，如端点性质、凸包性、对称性等，这里只作简单回顾。

（1）端点性质

由式（20）可得：

$$P_{00}=P(0,0)，\quad P_{0m}=P(0,1)，\quad P_{n0}=P(1,0)，\quad P_{nm}=P(1,1)$$

可知，控制点 P_{00}，P_{0m}，P_{n0}，P_{nm} 正是曲面 $P(u,v)$ 的 4 个角点。

通过计算 Bezier 曲面在 4 个角点上关于 u 方向和 v 方向上的一阶偏导向量，可得：

$$\left.\frac{\partial P(u,v)}{\partial v}\right|_{\substack{u=0\\v=0}} = 3(P_{01}-P_{00})，\qquad \left.\frac{\partial P(u,v)}{\partial v}\right|_{\substack{u=0\\v=1}} = 3(P_{31}-P_{30})$$

$$\left.\frac{\partial P(u,v)}{\partial v}\right|_{\substack{u=1\\v=0}} = 3(P_{03}-P_{02})，\qquad \left.\frac{\partial P(u,v)}{\partial v}\right|_{\substack{u=1\\v=1}} = 3(P_{33}-P_{32})$$

上式表明，在各角点沿 u 方向的切向量恰好就是沿该方向并与角点相连的控制网格上一条边的 3 倍；同理，在各角点沿 v 方向的切向量恰好就是沿该方向并与角点相连的控制网格上一条边的 3 倍。

（2）边界线的位置

$P(u,v)$ 的 4 条边界线 $P(0,v)$、$P(u,0)$、$P(1,v)$、$P(u,1)$ 分别是以 $P_{00}P_{01}P_{02}\cdots P_{0m}$，$P_{00}P_{10}P_{20}\cdots P_{m0}$，$P_{n0}P_{n1}P_{n2}\cdots P_{nm}$ 和 $P_{0m}P_{1m}P_{2m}\cdots P_{nm}$ 为控制多边形的 Bezier 曲线。

（3）凸包性

曲面片 $P(u,v)$ 位于其控制顶点 P_{ij}（i=0，1，2，…，n；j=0，1，2，…，m）的凸包内。

5.6.2 Bezier 曲面的生成

这里仅以在屏幕上任意绘制一个双三次 Bezier 曲面片为例，说明 Bezier 曲面的生成算法。

例 5-10：编程绘制一个双三次 Bezier 曲面片。

已知由 16 个控制顶点所构成的控制多面体可绘制一个双三次 Bezier 曲面片。下面的程序给出了屏幕上 16 个控制顶点的位置矢量，生成一个双三次 Bezier 曲面片，如图 5-27 所示。

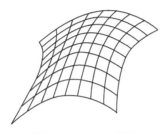

图 5-27 Bezier 曲面

程序如下：

```c
#include<stdio.h>
#include<math.h>
#include<graphics.h>

/*空间 16 个控制顶点的位置矢量*/
float px[4][4]={{x1,x2,x3,x4},{x5,x6,x7,x8},
        {x9,x10,x11,x12},{x13,x14,x15,x16}};
float py[4][4]={{y1,y2,y3,y4},{y5,y6,y7,y8},
        {y9,y10,y11,y12},{y13,y14,y15,y16}};
float pz[4][4]={{z1,z2,z3,z4},{z5,z6,z7,z8},
        {z9,z10,z11,z12},{z13,z14,z15,z16}};
float n[4][4],nt[4][4],vv[4][4],q[1][4],
    rx[4][4],ry[4][4],rz[4][4],u[1][4],
    wt[4][1],b[4][4],v[4][4],a[4][4];
float w1,w2,h1,h2,aa,bb,a1,a2,th;
int kk,i,j,i1,j1,k,k1,z0,jj;
float pi,va,U,w,m;
void bezier_draw();
void create_unit_matrix();
void mult_matrix();
void rota_xyz();
void create_uwt();
main()
{
  int drive=DETECT;
  int mode=0;
  initgraph(&drive,&mode," ");
  setbkcolor(背景色);
```

```
    setcolor(前景色);
    bezier_draw();
    getch();
    closegraph();
}

void bezier_draw()
{
    float qx,qy,qz,qw,ur,l,l1;
    float sx[10][10],sy[10][10],sz[10][10],xx[10][10],yy[10][10];
    pi=3.14159;
    l=9;l1=9;
    n[0][0]=-1;n[0][1]=3;n[0][2]=-3;n[0][3]=1;
    n[1][0]=3;n[1][1]=-6;n[1][2]=3;n[1][3]=0;
    n[2][0]=-3;n[2][1]=3;n[2][2]=0;n[2][3]=0;
    n[3][0]=1;n[3][1]=0;n[3][2]=0;n[3][3]=0;
    for(i=0;i<4;i++)
    {
        for(j=0;j<4;j++)
        {
            nt[i][j]=n[j][i];
        }
    }
    create_unit_matrix();

    z0=2;
    th=pi/10;
    rota_xyz();
    mult_matrix();

    z0=0;
    th=-0.9;
    rota_xyz();
    mult_matrix();
    for(i=0;i<4;i++)
        for(j=0;j<4;j++)
            vv[i][j]=v[i][j];

    for(kk=0;kk<3;kk++)
    {
        for(i=0;i<4;i++)
            for(j=0;j<4;j++)
                v[i][j]=n[i][j];
        for(i=0;i<4;i++)
            for(j=0;j<4;j++)
            {
                switch(kk)
                {
```

```
                       case 0:a[i][j]=px[i][j];
                            break;
                       case 1:a[i][j]=py[i][j];
                            break;
                       case 2:a[i][j]=pz[i][j];
                            break;
                       default:break;
                   }
             }
mult_matrix();
for(i=0;i<4;i++)
  for(j=0;j<4;j++)
    a[i][j]=nt[i][j];
mult_matrix();
for(i=0;i<4;i++)
    for(j=0;j<4;j++)
      {
        switch(kk)
         {
           case 0:rx[i][j]=v[i][j];
               break;
          case 1:ry[i][j]=v[i][j];
               break;
          case 2:rz[i][j]=v[i][j];
               break;
          default:break;
         }
      }
  }

  for(i1=1;i1<l+1;i1++)
  {
    U=(float)i1/l;
    for(j1=1;j1<l1+1;j1++)
    {
      w=(float)j1/l1;
      create_uwt();
      for(kk=0;kk<3;kk++)
      {
        for(j=0;j<4;j++)
        {
          ur=0;
          for(k1=0;k1<4;k1++)
          {
            switch(kk)
            {
              case 0:ur=ur+u[0][k1]*rx[k1][j];
                  break;
```

```
            case 1:ur=ur+u[0][k1]*ry[k1][j];
              break;
            case 2:ur=ur+u[0][k1]*rz[k1][j];
              break;
            default:break;
          }
        }
      q[0][j]=ur;
    }
  qw=0;

  for(k1=0;k1<4;k1++)
  {
    qw=qw+q[0][k1]*wt[k1][0];
  }
  switch(kk)
  {
    case 0:qx=qw;
      break;
    case 1:qy=qw;
      break;
    case 2:qz=qw;
      break;
  }
}

sx[i1][j1]=qx*vv[0][0]+qy*vv[1][0]+qz*vv[2][0]+vv[3][0];
sy[i1][j1]=qy*vv[0][1]+qy*vv[1][1]+qz*vv[2][1]+vv[3][1];
sz[i1][j1]=qz*vv[0][2]+qy*vv[1][2]+qz*vv[2][2]+vv[3][2];

xx[i1][j1]=-sx[i1][j1]+300;
yy[i1][j1]=450-sy[i1][j1];

  if(j1==1)
    moveto(xx[i1][j1],yy[i1][j1]);
  else
    lineto(xx[i1][j1],yy[i1][j1]);
}
}

for(j1=1;j1<l1+1;j1++)
{
  for(i1=1;i1<l1+1;i1++)
  {
    if(i1==1)
      moveto(xx[i1][j1],yy[i1][j1]);
    else
      lineto(xx[i1][j1],yy[i1][j1]);
```

```
            }
        }
}
void create_unit_matrix()
{
    for(i=0;i<4;i++)
     {
        for(j=0;j<4;j++)
        v[i][j]=0;v[i][i]=1;
        }
    }
void rota_xyz()
{
    for(i=0;i<4;i++)
      for(j=0;j<4;j++)
        a[i][j]=0;
    a[3][3]=1;
    a[z0][z0]=1;
    a1=z0+1;
    if(a1==3)  a1=0;
    a2=a1+1;
    if(a2==3)  a2=0;
    a[a1][a1]=cos(th);
    a[a2][a2]=cos(th);
    a[a1][a2]=sin(th);
    a[a2][a1]=-sin(th);
}
void mult_matrix()
{
    for(i=0;i<4;i++)
    {
      for(j=0;j<4;j++)
      {
        va=0;
        for(k=0;k<4;k++)
        {
            va=va+v[i][k]*a[k][j];
        }
        b[i][j]=va;
      }
    }
    for(i=0;i<4;i++)
      for(j=0;j<4;j++)
      v[i][j]=b[i][j];
}
void create_uwt()
{
    if(U==0)
```

```
{
   u[0][0]=0;
   u[0][1]=0;
   u[0][2]=0;
   u[0][3]=1;
 }
 else
 {
  for(j=0;j<4;j++)
    u[0][j]=pow(U,(3-j));
 }
 if(w==0)
 {
  wt[0][0]=0;
  wt[1][0]=0;
  wt[2][0]=0;
  wt[3][0]=1;
 }
 else
 {
  for(j=0;j<4;j++)
    wt[0][j]=pow(w,(3-j));
 }
}
```

5.7 B 样条曲面

5.7.1 B 样条曲面的定义

与 Bezier 曲面是 Bezier 曲线的拓展一样，B 样条曲面也是由 B 样条曲线拓展而来。在空间给定$(n+1)\times(m+1)$个点 P_{ij}（$i=0$，1，$\cdots$，n；$j=0$，1，$\cdots$，m），则可逼近生成一个 $n\times m$ 次的 B 样条曲面片，其定义为：

$$P(u,v) = \sum_{i=0}^{n}\sum_{j=0}^{m} P_{ij}F_{i,n}(u)F_{i,m}(v) \quad u,v\in[0,1] \tag{22}$$

同样地，称 P_{ij} 为 B 样条曲面 $P(u,v)$ 的控制顶点；如果用一系列直线段将相邻的 P_{ij} 一一连接起来，可得到一张空间网格，称为 B 样条曲面的控制多面体（控制网格），记为$\{P_{ij}\}$。同样，$P(u,v)$是对$\{P_{ij}\}$的逼近，$\{P_{ij}\}$是 $P(u,v)$大致形状的勾画。相比于 Bezier 曲面，B 样条曲面更加逼近于控制网格。

由 16 个控制顶点构成的控制网格可绘制一个双三次（3×3 次）B 样条曲面片，它的矩阵表示为：

$$P(u,v) = UM_B GM_B^T V^T \tag{23}$$

其中：

$$U = \begin{bmatrix} u^3 & u^2 & u & 1 \end{bmatrix} \qquad V = \begin{bmatrix} v^3 & v^2 & v & 1 \end{bmatrix}$$

$$M_B = \frac{1}{6}\begin{bmatrix} -1 & 3 & -3 & 1 \\ 3 & -6 & 3 & 0 \\ -3 & 0 & 3 & 0 \\ 1 & 4 & 1 & 0 \end{bmatrix} \qquad G = \begin{bmatrix} P_{00} & P_{01} & P_{02} & P_{03} \\ P_{10} & P_{11} & P_{12} & P_{13} \\ P_{20} & P_{21} & P_{22} & P_{23} \\ P_{30} & P_{31} & P_{32} & P_{33} \end{bmatrix}$$

前面已经讨论得知，B 样条曲线的起点、终点不与其控制多边形的起点、终点重合。同样地，双三次 B 样条曲面片的 4 个角点不在其控制网格的 4 个顶点处。

通过计算得到：

$$P(0,\,0) = \frac{1}{36}\big[(P_{00} + 4P_{10} + P_{20}) + 4(P_{01} + 4P_{11} + P_{21}) + (P_{02} + 4P_{12} + P_{22})\big]$$

可知，角点 $P(0,0)$ 的位置向量仅与 G 矩阵中的 9 个元素有关，而与其余的 7 个元素无关。同理可推出，双三次 B 样条曲面片的每一个角点向量都仅与 G 矩阵中的某 9 个元素相关，并在排列上非常有规律，如图 5-28 所示。

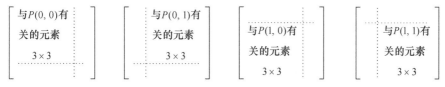

图 5-28　角点位置与 G 矩阵的关系

进一步研究可以证明，双三次 B 样条曲面在每一个角点的各种一阶偏导向量和二阶偏导向量也仅与上述 9 个元素有关，而与其他 7 个元素无关。

前面已经介绍，两个相邻的三次 B 样条曲线段能自动保持 C^2 连续。将这一点推广到两个相邻的双三次 B 样条曲面片，可以得到相似的结果。它的其余性质也可以从 B 样条曲线段的性质推广而来。

5.7.2　B 样条曲面的生成

这里仅以在屏幕上任意绘制一个双三次 B 样条曲面片为例，说明 B 样条曲面的生成算法。

例 5-11：编程绘制一个双三次 B 样条曲面片。

已知由 16 个控制顶点所构成的控制多面体可绘制一个双三次 B 样条曲面片。下面的程序中给出了屏幕上 16 个控制顶点的位置矢量，生成一个双三次 B 样条曲面片，如图 5-29 所示。

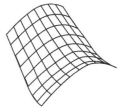

图 5-29　B 样条曲面

程序如下：

```c
#include<stdio.h>
#include<math.h>
#include<graphics.h>
/*空间 16 个控制顶点的位置矢量*/
float px[4][4]={{x1,x2,x3,x4},{x5,x6,x7,x8},
        {x9,x10,x11,x12},{x13,x14,x15,x16}};
float py[4][4]={{y1,y2,y3,y4},{y5,y6,y7,y8},
        {y9,y10,y11,y12},{y13,y14,y15,y16}};
float pz[4][4]={{z1,z2,z3,z4},{z5,z6,z7,z8},
        {z9,z10,z11,z12},{z13,z14,z15,z16}};
float n[4][4],nt[4][4],vv[4][4],q[1][4],
```

```
        rx[4][4],ry[4][4],rz[4][4],u[1][4],
        wt[4][1],b[4][4],v[4][4],a[4][4];
float w1,w2,h1,h2,aa,bb,th;
int kk,i,j,i1,j1,k,k1,z0,jj,a1,a2;
float pi,va,U,w,m,th1,th2,ct,st;
void b_draw();
void create_unit_matrix();
void mult_matrix();
void create_uwt();
main()
{
  int drive=DETECT;
  int mode=0;
  initgraph(&drive,&mode," ");
  setbkcolor(背景色);
  setcolor(前景色);
  b_draw();
  getch();
  closegraph();
}

void b_draw()
{
  float qx,qy,qz,qw,ur,l,l1;
  float sx[10][10],sy[10][10],sz[10][10],xx[10][10],yy[10][10];
  pi=3.14159;
  l=9;
  l1=9;
  n[0][0]=-1;n[0][1]=3;n[0][2]=-3;n[0][3]=1;
  n[1][0]=3;n[1][1]=-6;n[1][2]=3;n[1][3]=0;
  n[2][0]=-3;n[2][1]=0;n[2][2]=3;n[2][3]=0;
  n[3][0]=1;n[3][1]=4;n[3][2]=1;n[3][3]=0;
  for(i=0;i<4;i++)
  {
      for(j=0;j<4;j++)
    {
        nt[i][j]=n[j][i];
      }
    }

  for(i=0;i<4;i++)
    for(j=0;j<4;j++)
      vv[i][j]=v[i][j];

  for(kk=0;kk<3;kk++)
  {
    for(i=0;i<4;i++)
      for(j=0;j<4;j++)
```

```
       v[i][j]=n[i][j];
  for(i=0;i<4;i++)
    for(j=0;j<4;j++)
    {
        switch(kk)
        {
           case 0:a[i][j]=px[i][j];
               break;
           case 1:a[i][j]=py[i][j];
               break;
           case 2:a[i][j]=pz[i][j];
               break;
            default:break;
        }
    }
mult_matrix();
for(i=0;i<4;i++)
  for(j=0;j<4;j++)
    a[i][j]=nt[i][j];
mult_matrix();
  for(i=0;i<4;i++)
    for(j=0;j<4;j++)
     {
       switch(kk)
       {
          case 0:rx[i][j]=v[i][j];
              break;
          case 1:ry[i][j]=v[i][j];
              break;
         case 2:rz[i][j]=v[i][j];
              break;
         default:break;
       }
     }
  }

  for(i1=1;i1<l+1;i1++)
  {
    U=(float)i1/l;
    for(j1=1;j1<l1+1;j1++)
    {
     w=(float)j1/l1;
     create_uwt();
     for(kk=0;kk<3;kk++)
     {
       for(j=0;j<4;j++)
       {
         ur=0;
```

```
         for(k1=0;k1<4;k1++)
         {
          switch(kk)
          {
            case 0:ur=ur+u[0][k1]*rx[k1][j];
              break;
            case 1:ur=ur+u[0][k1]*ry[k1][j];
              break;
            case 2:ur=ur+u[0][k1]*rz[k1][j];
              break;
            default:break;
          }
         }
         q[0][j]=ur;
      }
      qw=0;

      for(k1=0;k1<4;k1++)
      {
         qw=qw+q[0][k1]*wt[k1][0];
      }
      switch(kk)
      {
        case 0:qx=qw;
          break;
        case 1:qy=qw;
          break;
        case 2:qz=qw;
          break;
      }
    }

    sx[i1][j1]=qx;
    sy[i1][j1]=qy;
    sz[i1][j1]=qz;

    xx[i1][j1]=sx[i1][j1]/10;
    yy[i1][j1]=sy[i1][j1]/10;

      if(j1==1)
        moveto(xx[i1][j1],yy[i1][j1]);
      else
        lineto(xx[i1][j1],yy[i1][j1]);
  }
}

for(j1=1;j1<l1+1;j1++)
{
```

```
      for(i1=1;i1<l+1;i1++)
       {
          if(i1==1)
            moveto(xx[i1][j1],yy[i1][j1]);
          else
             lineto(xx[i1][j1],yy[i1][j1]);
       }
    }
  }

  void mult_matrix()
  {
    for(i=0;i<4;i++)
    {
      for(j=0;j<4;j++)
       {
        va=0;
        for(k=0;k<4;k++)
        {
           va=va+v[i][k]*a[k][j];
        }
        b[i][j]=va;
      }
    }
    for(i=0;i<4;i++)
      for(j=0;j<4;j++)
      v[i][j]=b[i][j];
}
void create_uwt()
{
    if(U==0)
    {
      u[0][0]=0;
      u[0][1]=0;
      u[0][2]=0;
      u[0][3]=1;
     }
    else
    {
    for(j=0;j<4;j++)
      u[0][j]=pow(U,(3-j));
    }
    if(w==0)
    {
     wt[0][0]=0;
     wt[1][0]=0;
     wt[2][0]=0;
     wt[3][0]=1;
    }
    else
```

```
    {
      for(j=0;j<4;j++)
          wt[0][j]=pow(w,(3-j));
    }
}
```

　　从应用的角度来看，Bezier 曲面比 B 样条曲面的直观性更好。例如，给定控制多边形后，利用 Bezier 曲面的端点性质，就可以大致估计出曲面的形状，从这一点来说，用双三次 Bezier 曲面比用双三次 B 样条曲面方便一些。然而，B 样条曲面也有自己的优势。与 Bezier 曲面相比，B 样条曲面除具有凸包性、连续性等优点外，还具有局部性，即如果变动其某一个控制顶点，曲面只有与其相关的一小部分发生变化，其余部分保持不变。这一特性为设计曲面时修改某一局部的形状带来了很大的便利。

　　B 样条曲面片与 Bezier 曲面片之间的转换可以参考 B 样条曲线与 Bezier 曲线之间的转换方式进行。

习题五

一、选择题

1．求给定型值点之间曲线上的点称为（　　）。
　　A．曲线的拟合　　　B．曲线的插值　　C．曲线的逼近　　　D．曲线的离散
2．求出几何形状上与给定型值点列的连线相近似的曲线称为（　　）。
　　A．曲线的拟合　　　B．曲线的插值　　C．曲线的逼近　　　D．曲线的离散
3．在三次 B 样条曲线中，改变一个控制点的位置，最多影响几个曲线段（　　）。
　　A．1　　　　　　　B．2　　　　　　　C．3　　　　　　　D．4

二、简答题

1．何谓曲线的插值、逼近和拟合？
2．用参数表示法来描述自由曲线或曲面的优点。为什么通常用三次参数方程来表示自由曲线？
3．请给出 Hermite 形式曲线的曲线段 i 与曲线段 i-1 及曲线段 i+1 实现 C^1 连续的条件。
4．Bezier 曲线具有哪些特性？
5．Bernstein 基函数具有哪些特性？
6．试推导三次 Bezier 曲线的 Bernstein 基函数。
7．B 样条曲线具有哪些特性？
8．B 样条曲线与 Bezier 曲线之间如何互相转化？
9．如何定义 Coons 曲面？

三、编程题

1．上机编程实现绘制一条二次 Bezier 曲线。
2．上机编程实现绘制一条双三次 Bezier 曲面。

第6章 几何造型

几何造型是指根据一般的几何数据，按照创意（设计）的要求，利用计算机软件所提供的各种工具（命令），由计算机图形系统产生并显示一个符合要求的几何形体的过程。在这里之所以称为几何形体而不称为几何物体，是因为并不要求计算机图形系统产生并显示真实的表面，只是强调其外观形状而已。

三维集合造型发展过程包括两个相互渗透、共同发展的分支，其一是曲面造型，主要研究在计算机内如何描述一张曲面，如何对它的形状进行交互式显示与控制，这在上一章已做了简单介绍；其二是实体造型，主要研究在计算机内如何定义、表示一个三维物体，这是本章的主要内容。

6.1 简单几何形体

典型的图形系统使用一组基本几何元素建立并表示物体，这种方法使得计算机三维图形输入、修改和重建都非常简单高效。例如，长方体就是由其8个顶点的坐标以及顶点之间的连接关系所确定的。可见，描述图形的信息有两类：一类是几何信息，用来描述形体在欧氏空间中的位置和大小等信息；另一类是拓扑信息，用来描述形体各分量（点、边、面）的数目及其相互间的连接关系。显然，只有几何信息而无拓扑信息是不能构成几何图形的。本节将简单介绍简单几何形体的定义和拓扑关系。

6.1.1 几何元素的定义

构成形体的基本几何元素包括点、边、面、体等。

1. 点

点是最基本的零维几何元素，分为端点、切点和交点等。三维（或二维）空间中的点用坐标定义为(x,y)或(x,y,z)。

对自由曲线、自由曲面的描述常用三种类型的点：控制点、数据点和插值点。

控制点：用来确定曲线和曲面的位置与形状，而相应曲线和曲面不一定经过的点。

数据点：用来确定曲线和曲面的位置与形状，而相应曲线和曲面一定经过的点。

插值点：为了提高曲线和曲面的输出精度，在数据点之间插入的一组点。

点是计算机图形中最基本的元素，用计算机存储、管理、输出形体的实质就是对点集及其连接关系的处理。任何物体都可用欧氏空间中点的集合来表示。但反过来，欧氏空间中任意点的集合却不一定对应于一个物体，如一些孤立点的集合就不能表示一个物体。

注意：点不能出现在边的内部，也不能孤立地位于物体内、物体外或面内。

2. 边（线）

边是一维几何元素，是形体内两个相邻面（正则形体）或多个相邻面（非正则形体）的交界。直线由两个端点确定，这两个端点分别称为该直线的起点和终点；自由曲线由一组控制点或数据点表示；规则曲线可由显式或隐式方程表示。

折边（折线）是连接在一起的一组直线段，用定义线段的顶点（节点）集 P_0，P_1，$\cdots$，P_n 表示，第一个顶点称为初始点（开始点），最后一个顶点称为终点（结束点）。

3．面

面是二维几何元素，是形体上一个有限、非零的区域，由一个外环和若干个内环确定其范围。一个面可以没有内环，但必须有且只有一个外环。

面在几何造型中常分平面、二次面、双三次参数曲面等形式。平面可由其上的三点或两条相交直线或其方程表示。

面是形体表面的一部分，且具有方向性，一般用外法线方向作为该面的正向。若一个面的外法线向外，此面为正向面；反之为反向面。区分正反面在消隐、面求交等方面都有用途。

4．环

环是由有序、有向边组成的面的封闭边界。环中任意边都不能自交，相邻两条边共享一个端点，环又分为内环和外环。内环是在已知面中的内孔或凸台面边界的环，其边按顺时针方向。外环是已知面的最大外边界的环，其边按逆时针方向，按这种方式定义，在面上沿着边的方向前进，面的内部始终在走向的左侧。

5．体

体是三维几何元素，是由封闭表面围成的有效空间。体是欧氏空间中非空、有界的封闭子集，其边界是有限个面的并集，而外壳是形体的最大边界。

对于任意形体，如果它是三维欧氏空间 R^3 中非空、有界的封闭子集，且其边界是二维流形（即该形体是连通的），称该形体为正则形体，否则称为非正则形体。为了保证几何造型的可靠性和可加工性，通常应用正则形体。

6.1.2　平面立体的拓扑关系

平面立体的拓扑关系分为 9 种，如图 6-1 所示。

边－顶点包含性 e:{v}　　面－顶点包含性 f:{v}　　面－边点包含性 f:{e}　　面相邻性 f:{f}

顶相邻性 v:{v}　　边相邻性 e:{e}　　顶点－边相邻性 v:{e}　　顶点－面相邻性 v:{f}　　边－面相邻性 e:{f}

图 6-1　平面立体的拓扑关系

6.2　形体的常用模型

在几何造型系统中，经常用来描述形体的模型有 3 种，即：线框模型、表面模型和实体模型。

6.2.1　线框模型

线框模型是在计算机图形学和 CAD/CAM 领域中最早用来表示物体的模型，是表面模型和实体模型的基础，至今仍在广泛应用。计算机绘图是线框模型的一个重要应用，开始基于制图原理的二维制图，后来发展到三维框架形式。

线框模型将三维物体的几何信息和拓扑信息记录在顶点表和边表中，具有层次清楚、模型简单、实现方便、运算量小、显示迅速等优点。如图 6-2 所示是长方体的顶点和边的信息，表 6-1（顶点表，记录各顶点的坐标值）和表 6-2（边表，记录每条边所连接的两个顶点）说明了该线框模型在计算机内存储的数据结构原理。由此可见，三维物体可以用它的全部顶点及边的集合来描述，线框一词由此而来。

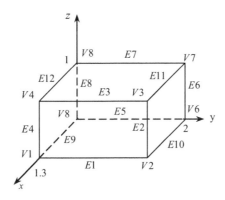

图 6-2　组成长方体的顶点和边

表 6-1　长方体的顶点表

顶点号	V1	V2	V3	V4	V5	V6	V7	V8
x	1.3	1.3	1.3	1.3	0	0	0	0
y	0	2	2	0	0	2	2	0
z	0	0	1	1	0	0	1	1

表 6-2　长方体的边表

边号	E1	E2	E3	E4	E5	E6	E7	E8	E9	E10	E11	E12
顶点号 1	V1	V2	V3	V4	V5	V6	V7	V8	V1	V2	V3	V4
顶点号 2	V2	V3	V4	V1	V6	V7	V8	V5	V5	V6	V7	V8

对于平面多面体（表面由平面多边形构成的三维体）而言，用线框模型是很自然的。但是对于非平面体，用线框模型存在如下一些问题：

（1）由于没有面的信息，它不能表示表面含有曲面的物体。

（2）由于包含的数据信息有限，给出的是不连续的几何信息（点和边），并且不能明确地定义给定点与物体之间的关系（点在物体内部、外部或表面上），所以它不能处理许多重要问题，如不能生成剖切图、消隐图、明暗色彩图，不能用于数控加工等。

（3）由于缺乏面和体的数据，它不能处理模型的几何特性和物理性质，如不能计算面积、体积、重心、质量、转动惯量等特性。

（4）同一数据结构可能对应多个物体，产生二义性。

（5）数据量大，加重用户的输入负担，并且难以保证数据的统一性和有效性。

6.2.2　表面模型

表面模型在线框模型的基础上，增加了面的信息，该模型的数据结构原理如图 6-3 所示。与线框模型相比，表面模型多了一个面表（如表 6-3 所示），记录了边、面间的拓扑关系，利用指针有序地连接边线，把边线包含的区域定义为面，用面的集合来表示物体。

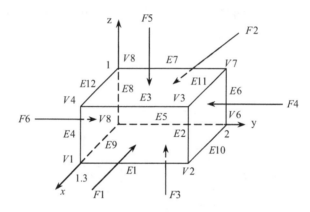

图 6-3　组成长方体的顶点、边和面

表 6-3　长方体的面表

面号	F1	F2	F3	F4	F5	F6
边号	E1 E2 E3 E4	E5 E6 E7 E8	E1 E10 E5 E9	E2 E11 E6 E10	E3 E12 E7 E11	E4 E9 E8 E12

表面模型扩大了线框模型的应用范围，能够满足面面求交、线面消隐、明暗色彩图、数控加工等需要。但是该模型仍然存在一些问题：

（1）表面模型中的面有二义性，没有明确定义表面的正反，也没有明确定义实体存在于表面的哪一侧，从而无法计算和分析物体的整体性质，如物体的表面积、体积、重心等。

（2）表面模型中的所有面未必形成一个封闭的边界。

（3）不能将物体作为一个整体去考察它与其他物体相互关联的性质，如是否相交、相切等。

6.2.3　实体模型

实体的含义就是客观存在（有效）的形体，它必须满足以下几个要求：

（1）具有一定的形状。

（2）具有封闭的边界（表面）。

（3）内部连通。

（4）占据有限的空间。

（5）经过运算后，仍然是有效的物体。

实体模型出现稍晚，是在 20 世纪 70 年代发展起来的造型方法，如 1973 英国剑桥大学 CAD 小组的 Build 系统、美国罗彻斯特大学的 PADL 系统等，目前常用的实体造型系统有 Parasolid

系统、ACIS 系统等。实体模型是最高级的模型，它能够完整地表示物体的所有形状信息，如几何信息、拓扑信息；能够支持多种运算，如欧拉运算、物性计算、有限元分析等，目前在 CAD/CAM、计算机艺术、广告、动画等领域有着广泛的应用。

实体模型与表面模型的不同之处主要是明确定义了表面哪一侧存在实体。可以在表面模型的基础上采用三种方法来定义：

（1）在定义表面的同时，给出实体存在一侧的某个点 P，如图 6-4（a）所示。

（2）在表面取外法线来指明实体存在的一侧，如图 6-4（b）所示。

（3）用有向边的右手法则确定所在表面的外法线的方向（即用右手沿着边的顺序方向握住，大拇指所指向的方向则为该表面的外法线的方向），如图 6-4（c）所示。

例如规定正向指向长方体外，则只需将表 6-3 的面表改成表 6-4 所示的环表形式，就可以确切地分清体内、体外，形成实体模型。

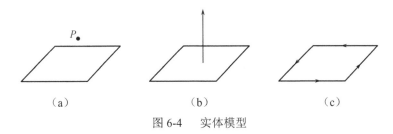

（a）　　　　　　　　　　（b）　　　　　　　　　　（c）

图 6-4　实体模型

表 6-4　长方体的环表

面号	F1	F2	F3	F4	F5	F6
边号	E1 E2 E3 E4	E8 E7 E6 E5	E1 E9 E5 E10	E2 E10 E6 E11	E3 E11 E7 E12	E4 E12 E8 E9

6.3　形体的常用表示方法

本节讨论在计算机内部如何表示形体，即在计算机内部如何用数据结构表示现实生活中的三维物体。目前，常用的实体模型表示方法有分解表示、构造表示和边界表示三大类。

6.3.1　分解表示

分解表示的原理是将形体按某种规则分解为小的、更易于描述的部分，每一小部分又可分为更小的部分，持续分解过程直至每一小部分都能直接描述为止。常用的分解表示方法有空间位置枚举表示法、八叉树表示法和单元分解表示法。

分解表示中一种比较原始的表示方法是将形体空间细分为具有邻接关系的、均匀的、小立方体单元，单元的大小决定了分解形式的精度。与此相对应，在计算机内存中定义一个表示形体的三维数组 $A[i][j][k]$，数组中的元素与单位小立方体一一对应。当 $A[i][j][k]=1$ 时，表示对应的小立方体被形体占据；当 $A[i][j][k]=0$ 时，表示对应的小立方体没有被形体占据。

这种表示方法的优点是使用简单，可以表示任何形体；容易实现形体间的交、并、差集合运算；容易计算形体的整体性质（如体积等）。但是，这种表示方法的缺点也很明显。它只是形体的非精确表示，而且需要占用大量的存储空间；形体没有明确的边界信息，不适于图形显示；难于对形体进行几何变换等。

6.3.2   构造表示

构造表示是按照生成过程定义形体的方法，通常有扫描表示、构造实体几何表示和特征表示三种。在此以构造实体几何表示为例进行介绍。

构造实体几何表示（Constructive Solid Geometry，CSG）是通过对体素定义运算而得到新的形体的一种表示方法，其运算为几何变换或正则集合运算（并、交、差）。

体素有如下几种定义方法：

（1）用确定的尺寸参数定义或控制其最终位置和形状的单元实体，如立方体、球体、圆柱、圆锥等。

（2）由二维空间定义的一条（组）曲线沿某方向作旋转、扫描而生成的实体，如旋转体、拉起体等。

（3）半空间，即用一个无限大的平面将整个三维空间分割成两个无限的区域，这两个区域称为半空间。

在构造实体几何表示中，集合运算的实现过程可以用一棵有序的二叉树（称为 CSG 树）来描述，这个二叉树记录了一个形体的所有组成体素拼合运算的过程，又可简称为体素拼合树。二叉树的叶结点是体素或形体的变换参数；二叉树的非终端结点是正则的集合运算，或是几何变换（平移和/或旋转）操作，这种运算或变换只对其紧接着的子结点（子形体）起作用；二叉树的根结点表示最终的整个形体，如图 6-5（a）所示。两个叶节点代表体素 1 和体素 2，根节点表示最终的形体。

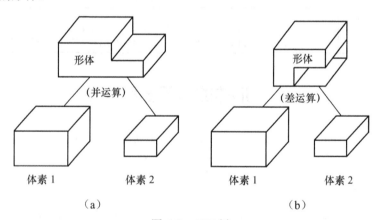

图 6-5   CSG 树

可见，用 CSG 树表示一个复杂形体非常简单，它所产生的形体的有效性是由基本体素的有效性和集合运算的有效性自动保证的。它可以无二义性地定义一个形体，并支持对这个形体的一切几何性质计算，但它不是唯一的，其定义域取决于其所用体素以及所允许的几何变换和集合运算算子。基本体素的种类与支持算法越多，它能表示的形体的范围就越宽。

CSG 树只定义了它所表示的构造方式，既不反映物体的面、边、顶点等有关边界信息，也不显式说明三维点集与所表示的物体在三维欧氏空间 R^3 中的对应关系，因此这种表示又被称为物体的隐式模型（Unevaluated Model）或过程模型（Procedural Model）。

发展 CSG 法的突出代表是 PADL（Part and Assembly Description Language）系统。1976 年 PADL-1.0 版的系统内使用立方体和圆柱体两种体素，其中圆柱体的主轴限定必须平行于一个坐标轴。体素的操作算子有 6 种：平移、旋转、并、交、差、装配。1982 年推出 PADL-2.0 试用版，系统功能有了很大的扩充和完善，例如圆柱体体素允许任意旋转，并增加了球、圆锥、圆环等新的体素，可以输出消隐的线框图和彩色明暗图，产生八叉树和边界表示文件等。

CSG 表示方法的优点是：可以构造出多种不同满足需要的实体；数据结构比较简单，数据量小，用一棵二叉树表示；形体的有效性自动得到保证，每个 CSG 都与一个实际的有效物体相对应；CSG 表示方法使用户可以方便地修改中间某步操作，快速看到设计方案的更改效果。

CSG 表示方法的缺点是：受到体素种类和体素操作种类的限制，CSG 树能够表示和修改的形体有局限性；对形体的局部操作不易实现；不能显式地表示形体的边界，故此显示与绘制形体的时间较长，且对形体的求交操作执行起来比较困难；表示不唯一。

从某种意义上讲，CSG 树只记录产品造型的历程，直接计算它所定义形体的几何性质比较困难，通常需要将形体的 CSG 树转化为边界表示。

6.3.3 边界表示

边界表示（Boundary representation，B-reps）是通过描述实体的边界来表示一个实体的方法，是几何造型中最成熟、无二义的表示法。

实体的边界通常由面的并集来表示，每个面又由它所在曲面的定义加上其边界来表示，面的边界是边的并集，而边又是由点来表示的。边界表示法按照体－面－环－边－点的层次，详细记录了构成实体的所有几何元素的几何信息及其相互连接的拓扑关系。进行各种运算和操作时，可以直接取得这些信息。

实体的边界与实体是一一对应的，定义了实体的边界，该实体就被唯一确定了。定义实体的边界是否合法，需要满足以下条件：

（1）每条边必须精确地有两个端点。

（2）每条边只能、也最多和两个面相关，以保证物体的封闭性。

（3）每个面上的顶点必须精确地属于该面上的两条边，以保证面上的边能构成环。

（4）每个顶点坐标的三元组(x,y,z)必须表示三维欧氏空间 R^3 中的一个确定点。

（5）边与边之间要么分离，要么相交于一个公共顶点。

（6）面与面之间要么分离，要么相交于一条边或一个公共顶点。

边界表示方法的优点是：能够显式地表示形体的边界，因此显示与绘制形体的速度较快、算法简单；对物体的局部操作易于实现；便于对形体作集合运算；便于计算形体的体积、质量等几何特性；便于在数据结构上附加各种非几何信息，如精度、表面粗糙度等。

边界表示方法的缺点是：数据结构复杂，需要大量的存储空间，维护其拓扑关系一致性比较复杂；边界表示不一定对应一个合法有效的形体，通常运用欧拉操作来保证形体的有效性和正则性；边界表示的形体做局部操作或集合运算时，可能因几何求交的不稳定性引起其拓扑关系的不一致性，导致操作失败。

平面多面体是实体中最常见、应用最广泛的一种，并且可以用它来近似地表示曲面体，因此，在此重点讨论平面多面体的边界表示。

1. 欧拉运算

欧拉运算是三维物体边界表示数据结构的生成操作。该运算之所以称为欧拉运算，是因为每一种运算所构建的拓扑元素和拓扑关系均要满足欧拉公式。

（1）欧拉公式

对于任意的简单多面体，其面（*f*）、边（*e*）、顶点（*v*）的数目满足如下欧拉公式：

$$v - e + f = 2 \qquad\qquad (1)$$

欧拉公式是简单多面体的必要条件。一个简单多面体一定会满足欧拉公式，但满足欧拉公式的多面体不一定就是简单多面体。如图 6-6 所示给出了几个简单多面体与欧拉公式的关系。

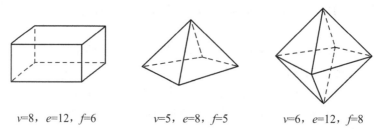

$v=8$，$e=12$，$f=6$　　　　$v=5$，$e=8$，$f=5$　　　　$v=6$，$e=12$，$f=8$

图 6-6　简单多面体满足欧拉公式

对于任意的正则形体，引入形体的其他几个参数：形体表面上的孔数（*r*）、穿透形体的孔洞数（*h*）和形体非连通部分总数（*s*），这些参数之间满足如下广义欧拉公式：

$$v - e + f - r = 2(s - h) \qquad\qquad (2)$$

广义欧拉公式给出了形体的点、边、面、孔、洞、体数目之间的关系。如图 6-7 所示给出了一个正则形体与广义欧拉公式的关系。

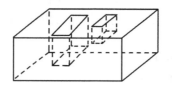

$v=24$，$e=36$，$f=15$，$r=3$，$s=1$，$h=1$

图 6-7　正则形体满足广义欧拉公式

（2）欧拉操作

对形体的结构进行修改时，必须保证这个公式成立，才能保证形体的有效性。由此构造出一套操作，完成对形体部分几何元素的修改，修改过程中保证各几何元素的数目满足欧拉公式，这一套操作就是欧拉操作。

运用欧拉操作可以正确、有效地构建三维物体边界表示中的所有拓扑元素和拓扑关系。为了对欧拉操作的类型叙述方便，在以后的讨论中，将使用一些符号，这些符号及其含义在表6-5 中说明。

表 6-5　欧拉操作的符号及其含义

符号	含义	符号	含义
m（make）	增加	k（kill）	删除
v（vertex）	顶点	e（edge）	边
f（face）	面	s（solid）	实体
h（hole）	孔	r（ring）	环

例如，欧拉操作 mvsf 表示生成一个 solid，它只包含一个顶点和一个面，面在顶点外，没

有边和环。欧拉操作 kvsf 是 mvsf 的逆操作。

一些常用的欧拉操作如下所示：

- mev(v1,v2,e)：生成一个新的点 v2，连接该点到已有的点 v1，构成一条新的边。
- mef(v1,v2,f1,f2,e)：连接面 f1 上的两个点 v1、v2，生成一条新的边 e，并产生一个新的面。
- mvsf(v,f)：生成含有一个点的面，并且构成一个新的体。
- mekr(v1,v2,e)：连接两个点 v1、v2，生成一条新的边 e，并删除 v1 和 v2 所在面上的一个内环。
- mfkrh(f1,f2)：删除面 f1 上的一个内环，生成一个新的面 f2，由此也删除了体上的一个通孔。
- kev(e,v)：删除一条边 e 和该边的一个端点 v。
- kef(e)：删除一条边 e 和该边的一个邻面 f。
- kvsf(s)：删除一个体，该体仅含有一个点的面。
- kemr(e)：删除一条边 e，生成该边某一邻面上的一个新的内环。
- kfmrh(f1,f2)：删除与面 f1 相接触的一个面 f2，生成面 f1 上的一个内环，并形成体上的一个通孔。

为了方便对形体的修改，还定义了如下两个辅助的操作：

- semv(e1,v,e2)：将边 e1 分割成两段，生成一个新的点 v 和一条新的边 e2。
- jekv(e1,e2)：合并两条相邻的边 e1、e2，删除它们的公共端点。

可以证明：欧拉操作是有效的，即用欧拉操作对形体操作的结果在物理上是可实现的；欧拉操作是完备的，即任何形体都可用有限步骤的欧拉操作构造出来。

以上欧拉操作仅适用于正则形体，非正则形体已不再满足欧拉公式，但是欧拉操作中对形体点、边、面、体几何元素作局部修改的原理仍然适用，Weiler 定义了扩展的欧拉操作来构造非正则形体，仍然把这一套构造形体拓扑结构的方法称为欧拉操作。

2. 边界表示的数据结构

用实体的边界表示实体，在计算机内是如何实现的呢？这就是边界表示的数据结构问题。为了正确地表示出实体边界的几何信息和拓扑信息，必须妥善选择一种数据结构，求得时间和空间上的合理折衷，以提高整个系统的效率。在实体造型的研究中，有不少边界表示的数据结构相继提出，其中比较著名的有翼边数据结构和半边数据结构。

（1）翼边数据结构（Winged Edges Structure）

翼边数据结构是 1972 年，由美国斯坦福大学的鲍姆加特（Baumgart）首创，用来清楚地说明多面体模型面、边、顶点之间的拓扑关系，如图 6-8 所示。从外面观察多面体的一条边时，可以见到边 E 的前后两个顶点 PVT、NVT，左右两个邻面 PFACE、NFACE，以及上下左右 4 条邻边：左顺时针边 PCW、左逆时针边 PCCW、右顺时针边 NCW 和右逆时针边 NCCW。

翼边数据结构中包含了指针。每个顶点都有一个指针，反过来指向以该顶点为端点的某一条边。每个面也有个指针，反过来指向它的一条边。通过翼边数据结构，可以方便地查找各元素之间的连接关系。

用翼边数据结构表示的多面体模型是完备的，而且有较高的查找速度，但是存储的信息量大，存储内容重复，而且不能表示带有精确曲面边界的实体。

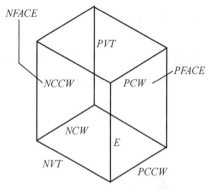

图 6-8　翼边数据结构

（2）半边数据结构（Half Edge Structure）

半边数据结构是 20 世纪 80 年代作为一种多面体的表示方法提出的。在构成多面体的三要素（面、边、顶点）中，半边数据结构以边为核心。它将一条边表示成拓扑意义上方向相反的两条"半边"，所以称为半边数据结构。

半边数据结构使用一种五级层次数据结构。由 5 种节点：Solid、Face、Loop、HalfEdge 和 Vertex 组成。其中各节点的数据结构及含义如下所示。

```
typedef float vector[4];
typedef  short ID;
typedef struct solid Solid; /* Solid 是用半边结构表示的多面体，它构成一个半边结构*/
                            /* 引用的根节点*/
typedef struct face Face;    /* Face 是多面体的一个小平面*/
typedef struct loop Loop;    /* Loop 是面的一条环 */
typedef struct edge Edge;    /* Edge 是边，它分为拓扑意义上方向相反的两条半边 */
typedef struct halfedge HalfEdge ;  /* HalfEdge 表示组成环的半边 */
typedef struct vertex Vertex ;      /* Vertex 是多面体的顶点，是最基本的元素 */
```

● 多面体

```
struct solid
{
    ID solidno;         //多面体序号
    Face *sfaces;       //指向多面体的面
    Edge *sedges;       //指向多面体的边
    Vertex *sverts;     //指向多面体的顶点
    Solid *nexts;       //指向后一个多面体
    Solid *prevs;       //指向前一个多面体
};
```

● 面

```
{
    ID faceno;          //面序号
    Solid *fsolid;      //指向该面所属的多面体
    Loop *floops;       //指向构成该面的环
    Vector feq;         //平面方程
    Face *prevf;        //指向前一个面
    Face *nextf;        //指向后一个面
};
```

- 环

```
{
    HalfEdge *ledge;        //指向构成环的半边
    Face *lface ;           //指向该环所属的面
    Loop *prevl;            //指向前一个环
    Loop *nextl;            //指向后一个环
}
```

- 边

```
{
    ID edgeno;              //边的序号
    HalfEdge *he1;          //指向左半边
    HalfEdge *he2;          //指向右半边
    Edge *preve;            //指向前一条边
    Edge *nexte;            //指向后一条边
}
```

- 半边

```
{
    Edge *edge;             //指向半边的父边
    Vertex *vtx;            //指向半边的起始顶点
    Loop *wloop;            //指向半边所属的环
    HalEdge *prv;           //指向前一条半边
    HalfEdge *nxt;          //指向后一条半边
}
```

- 顶点

```
{
    ID vertexno;            //顶点序号
    HalfEdge *vedge;        //指向以该顶点为起点的半边
    Vector vcoord;          //顶点坐标
    Vertex *nextv;          //指向前一个顶点
    Vertex *prevv;          //指向后一个顶点
}
```

从这些节点的数据结构和定义可以看出，以半边数据结构为基础的多面体的边界表示中包含了如图 6-1 所示的多种拓扑关系，这样就能方便地查找各元素之间的连接关系，获得较快的处理速度。

6.3.4　点云表示

物体的点云表示是 20 世纪 90 年代末期涌现出来的一类实用表示方法，是指通过海量点集合来表示空间内物体的坐标和分布的一种技术，通过在空中绘制出大量的点，并用这些点来形成数据集合，从而建立起三维模型来表示空间的表面特性。点云表示是近二十年信息技术的重大突破，一方面，由于高精度三维扫描仪的出现，使得大规模三维点云的获取变得十分方便；另一方面，点云模型可用相对较少的存储空间表现出物体表面丰富的细节。

随着计算机图形学的发展，目前对点云模型的研究已经涉及到从重建、绘制到应用的各个方面，点云模型已经成为一个热点研究方向，可以广泛地用于 3D 打印、虚拟现实、城市建模、古迹恢复、生物识别、无人智能车等诸多领域。图 6-9 给出了一个物体的点云表示示例。

图 6-9　物体的点云表示

对图形场景中的物体采用点云表示时，通常包括顶点坐标、顶点法向、顶点半径以及顶点颜色等数据信息，并组成数表的形式。在一般情况下，顶点的坐标值、法向、半径和颜色等与顶点一一对应。一个简单的物体点云表示数据结构如表 6-6 所示。点云表示没有面的表示信息，也不存储顶点间的相互关系，因此具有实现简单、存储空间小、表示细节丰富等优点。

表 6-6　物体点云表示的数据结构

顶点坐标表	$v_i = (x_i, y_i, z_i)$　　　$i = 1,\ 2,\ \cdots,$　顶点数目
顶点半径表	r_i
顶点颜色表	$c_i = (r_i, g_i, b_i)$
顶点法向表	$n_i = (nx_i, ny_i, nz_i)$

通常，点云数据通过数字影像设备或三维扫描数据获取，所获得的数据需要进行预处理之后，才能用于实际的造型和绘制应用。在点云数据的预处理阶段，主要完成邻域分析、局部的法向与曲率估计、噪声去除以及重新采样等步骤。在点云数据的绘制阶段，输入的曲面样本首先用给定的局部光照模型加以着色（局部光照模型参见第 8 章），然后将顶点变换或投影到图像空间，接着在图像空间中重建一个连续曲面，最后在每一个像素位置处对连续表示进行滤波和采样。

习题六

一、选择题

1. 几何造型中的基本元素包括（　　）。（可多选）
   A．点　　　　　　　　　　　　　B．体
   C．边　　　　　　　　　　　　　D．面

2. 单一的线框模型存在着哪几个缺陷（　　）。（可多选）
   A．数据量大，难以保证数据统一
   B．用三维线框模型表示三维物体常常具有二义性

C．三维线框模型给出的是不连续的几何信息

D．三维线框模型表示不出曲面的廓线

二、简答题

1．平面立体的拓扑关系有哪几种？

2．经常用来描述形体的模型有哪几种？它们各有何特点？

3．试简述形体的几种常用表示方法。

第7章 消隐

用计算机生成的图形有三种方式：第一种是线框图，图上的线条为形体的棱边；第二种是消隐图，图上只保留形体上看得见的部分，被遮挡住看不见的部分用虚线表示或不显示出来；第三种是真实感图形，能够表现形体的光照效果。本章将介绍消隐图形的生成技术。

7.1 基本概念

7.1.1 消隐的定义

对于一个不透光的三维物体，人不能一眼看到它的全部表面。投影方向给定后，从一个视点沿投影方向观察这个三维物体时，由于物体中面的遮挡，必然只能看到该物体表面上的部分点、线、面，而其余部分则被这些可见部分遮挡住，成为不可见的线（面）。通常，将这些不可见的线（面）称为隐藏线（面）。如果观察的是若干个三维物体，则物体之间还可能彼此遮挡而部分不可见。

由于投影变换失去了深度信息，不仅使图失去立体感，而且往往导致一幅图产生二义性或多义性。例如，一个没有经过消隐处理的长方体线框图如图 7-1（a）所示，它就有二义性，可能是如图 7-1（b）所示的长方体，也可能是如图 7-1（c）所示的长方体。因此，如果要使一幅图有较强的立体感，必须在视点确定之后，将对象的隐藏线（面）消去，这一过程称为消隐，如图 7-2 所示，执行这一功能的算法，称为消隐算法。经过消隐得到的图形称为物体的消隐图形。

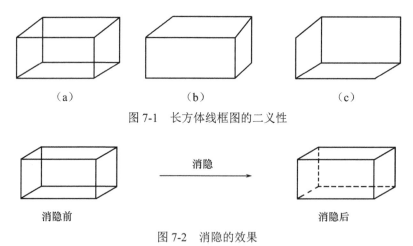

（a） （b） （c）

图 7-1　长方体线框图的二义性

消隐前　　　消隐　　　消隐后

图 7-2　消隐的效果

7.1.2 消隐的分类

从消隐的对象，或者从应用的角度来看，消隐分为线消隐和面消隐两类。

（1）线消隐（Hidden-line）：消隐对象是物体上不可见的线，当用笔式绘图仪或其他画线设备绘制图形时，主要使用这种算法。

（2）面消隐（Hidden-surface）：消隐对象是物体上不可见的面，当用光栅扫描显示器绘制图形时，主要使用这种算法。

目前，线（面）消隐的方法很多。在离散法的几何造型系统中，隐藏线的消除只涉及到判断直线和平面之间的相互关系的问题，因此消隐算法比较简单。然而，由于曲面被离散为一系列平面，消隐时，每段线段必须和许多平面进行前后位置判断，故此算法的时间复杂性较高。若系统使用的是连续法，则消隐算法以代数方程的求解为基础，不将曲面离散为平面，而直接将线段与曲面进行比较。

从消隐的空间来看，消隐分为物体空间的消隐和图像空间的消隐。

（1）物体空间的消隐。物体空间是需要消隐的物体所在的三维空间。物体空间的消隐方法是将三维物体直接放置在三维坐标系中，通过将物体的每一个面与其他每个面比较，求出所有点、边、面之间的遮挡关系，从而确定物体的哪些线（面）是可见的。其算法描述如下：

```
for（空间中的每一个物体）
{
    将其与空间中的其他物体比较，确定遮挡关系；
    显示该物体表面的可见部分；
}
```

如果有 k 个物体，则一般情况下，每一个物体都需与其自身和其他 $k-1$ 个物体一一进行比较，以决定物体位置的前后关系，因此，算法的复杂度正比于 k^2。

（2）图像空间的消隐。图像空间是物体显示时所在的屏幕坐标空间。图像空间的消隐方法是先将三维物体投影到二维平面上，并确定其像素位置和颜色，然后再判断哪一个像素是距离视点最近（可见）的，将最前面的像素值输出即可。其算法描述如下：

```
for（窗口内的每一个像素）
{
    确定距视点最近的物体，以该物体表面的颜色来显示像素；
}
```

如果有 k 个物体，屏幕上有 $m \times n$ 个像素点，则每一个像素都需与 n 个物体一一进行比较。因此，算法复杂度正比于 mnk。可见，这类算法的复杂度与图像的显示分辨率有很大关系，而与物体的复杂度无关。即使 $m \times n$ 很大，但像素间的比较很简单，而且可以利用相邻像素间的连贯性简化计算，因此在光栅扫描显示系统中实现，有时效率反而较高。

上述两类算法各有优、缺点。当物体本身非常复杂时，判断点前后位置关系的时间很长，用基于图像空间的消隐算法可获得较好的结果；当图像分辨率较高、物体计算较简单时，用基于物体空间的消隐算法可获得更好的效果。目前实用的消隐算法经常将物体空间方法和图像空间方法结合起来使用，首先利用物体空间方法删去消隐对象中一部分肯定不可见的面，然后再对其余面利用图像空间方法细细分析。

7.1.3 消隐算法的基本原则

1．排序

消隐是一个非常费时的工作，消隐算法在很大程度上取决于排序的效率。排序的目的主要是判别消隐对象的体、面、边和点与观察点几何距离的远近。通常在 X、Y、Z 三个坐标方向上都要进行排序。一般说来，先对哪个坐标排序不影响消隐算法的效率，但大多数消隐算法都是先在 Z 方向排序，确定体、面、边、点相对于观察点的距离，因为一个物体离观察点越远，越有可能被离观察点近的物体所遮挡，如图 7-3 所示。但这不是绝对的，因为并不是所有离观察点远的物体都会被离观察点近的物体所遮挡，例如，不在同一观察线方向的两个物体不会有遮挡关系，如图 7-4 所示。所以，在 Z 方向排序后，还要在 X、Y 方向进一步排序，以确定这种遮挡关系。

图 7-3　P_2 被 P_1 遮挡　　　　　　　　图 7-4　P_2 未被 P_1 遮挡

2．连贯性

连贯性是指从一个事物到另一个事物，其属性值（如颜色值、空间位置）通常是平缓过渡的性质。为了提高排序效率，通常利用相邻对象间的连贯性。例如，在第 2 章介绍扫描线多边形填充算法时，其 x、y 值的计算就用到了边的连贯性和扫描线的连贯性，从而提高了区域填充的效率。

常讨论的连贯性有如下几种。

物体连贯性：如果 A 物体与 B 物体是完全相互分离的，则消隐时只需比较 A、B 两物体之间的遮挡关系即可，并不需要对它们的表面多边形逐一进行测试。

面（边）连贯性：一个面（边）内的各种属性值一般是缓慢变化的，从而可以采用增量形式对其进行计算。

扫描线连贯性：在相邻两条扫描线上，可见面的分布情况相似。

深度连贯性：同一面上的相邻部分其深度是相似的，不同表面的深度可能不同。这样在判断物体表面间的遮挡关系时，只要计算其上一点的深度值，比较该深度值便能得出结果。

下面介绍的一些常用消隐算法都假定构成对象的不同面不能相互贯穿，也不能循环遮挡。如有这种情况，需要利用分割面（线）将它们分割成互不贯穿和不循环遮挡的几个部分。如图 7-5 所示，利用一个分割线将图（a）分为上、下两部分；利用 3 个分割线将图（b）分为三个部分。

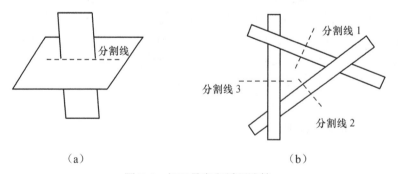

（a）　　　　　　　　　　　　　　（b）

图 7-5　相互贯穿和循环遮挡

实现消隐功能的算法有很多，本章主要介绍几种实用的面消隐算法。

7.2　画家算法

7.2.1　算法的基本思想

利用画家算法进行面消隐的过程与油画家作画的过程类似，先画远景，再画中景，最后画近景。由于这个原因，该算法习惯上称为画家算法或列表优先算法。

画家算法的基本思想是：

（1）先把屏幕置成背景色。

（2）将物体的各个面按其距观察点的远近进行排序，结果放在一张深度优先级表中。（深度优先级表是一个线性表，距观察点远的多边形优先级低，将其放在表头；距观察点近的多边形优先级高，将其放在表尾。）

（3）按照从表头到表尾（从远到近）的顺序逐个取出多边形，投影到屏幕上并显示。

由后显示的画面取代先显示的画面，而后显示的图形所代表的面离视点更近，所以由远及近地绘制各面，就相当于消除隐藏面。

7.2.2　深度优先级表的建立

画家算法的原理简单，容易实现，但是计算量大，而且排序后还要检查相邻的面。这种方法的关键是如何对多边形进行优先级排序，建立深度优先级表。

当两个多边形（设多边形为 P 和 Q）交叉在一起时，仅仅基于深度排序可能无法确定多边形的优先级顺序，这时必须使用一种正确的方法解决该问题。方法的关键是确定多边形 P 有没有遮住多边形 Q。下面介绍一种针对多边形的排序方法。

假设多边形的 z 范围是平面 $z=z_{min}$ 和 $z=z_{max}$ 之间的区域，所以，z_{min} 是所有多边形顶点的最小 z 值，z_{max} 是所有多边形顶点的最大 z 值。与此类似，定义多边形的 x 和 y 范围，将 x、y 和 z 范围的交集称为多边形的范围或包围盒。在投影坐标系 XYZ 中，投影方向是 Z 轴的负方向，因此 z 值大者离观察点更近。记 $z_{min}(P)$、$z_{max}(P)$ 分别为多边形 P 的各个顶点 z 坐标的最小值与最大值，排序算法如下：

第一步：将场景中所有多边形存入一个线性表（数组或链表）中，记为 L。

第二步：如果 L 中仅有一个多边形，算法结束；否则，根据每个多边形的 z_{min} 对它们预排序。不妨假定多边形 P 落在表首，即 $z_{min}(P)$ 为最小。再记 Q 为 $L-\{P\}$（表中其余多边形）中任意一个；

第三步：判别 P、Q 之间的关系，有如下两种情况：

（1）如果对所有的 Q 有 $z_{max}(P)<z_{min}(Q)$，则多边形 P 的确距观察点最远，它不可能遮挡别的多边形。令 $L=L-\{P\}$，返回第二步。

（2）如果存在某一个多边形 Q，使 $z_{max}(P)>z_{min}(Q)$，则需进一步判别。

1）若 P、Q 的投影 P'、Q' 的包围盒不相交，则 P、Q 在表中的次序不重要，令 $L=L-\{P\}$，返回第二步，否则进行下一步。

2）若 P 的所有顶点位于 Q 所在平面的不可见的一侧，则当前的 P、Q 关系正确，令 $L=L-\{P\}$，返回第二步，否则进行下一步。

3）若 Q 的所有顶点位于 P 所在平面的可见的一侧，则当前的 P、Q 关系正确，令 $L=L-$

{P}，返回第二步，否则进行下一步。

4）对 P、Q 的投影 P′、Q′求交，若 P′、Q′不相交，则 P、Q 在表中的次序不重要，令 $L = L - \{P\}$，返回第二步；否则，在它们所相交的区域中任取一点，计算 P、Q 在该点的深度值，如果 P 的深度小，则 P、Q 关系正确，令 $L = L - \{P\}$，返回第二步，否则，交换 P、Q，返回第三步。

画家算法特别适于解决图形的动态现实问题，例如，飞行训练模拟器中要显示飞机着陆时的情景，这时场景中的物体是不变的，只是视点在变化，只要事先把不同视点的景物的优先级队列算出，然后再实时地采用画家算法来显示图形，就可以实现图形的快速消隐与显示。

7.3　Z 缓冲区（Z-Buffer）算法

7.3.1　算法的基本思想

Z 缓冲区算法是一种典型的基于图像空间的消隐算法，由 Catmull 于 1974 年提出。这个算法需要设计两个缓冲区（数组），一个是帧缓冲区 FB，对应于显示屏幕，用于存储各像素点的颜色和亮度值，另一个是深度缓冲区 ZB，也就是 Z-Buffer（算法的名称就是从这里来的），用于存储对应于该像素点的 z 坐标值（深度值）；这两个缓冲的大小和屏幕的分辨率有关，如图 7-6 所示。图形消隐过程就是给帧缓冲区和深度缓冲区中相应单元填值的过程。

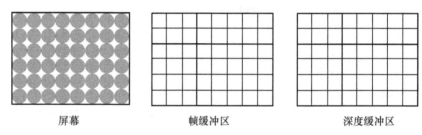

屏幕　　　　　　　　　帧缓冲区　　　　　　　　深度缓冲区

图 7-6　屏幕、帧缓冲区、深度缓冲区一一对应

算法的基本思想是：先将 FB 中全部存放背景色，ZB 中所有单元的初始值置为最小值。再将显示对象的每个面上每一点的属性（颜色或灰度）值填入帧缓冲区相应单元前，要把该点的 z 坐标值和 ZB 中相应单元的值进行比较，检查当前多边形的深度值是否大于该像素原来的深度值。如果大于，说明当前多边形更靠近观察点，用它的颜色替换像素原来的颜色，同时 ZB 中相应单元的值也要改成该点的 z 坐标值；否则，说明在当前像素处，当前多边形被前面所绘制的多边形遮挡了，是不可见的，像素的颜色值不改变。对显示对象每个面上的每个点都作上述处理后，便可得到消除了隐藏面的图。

例如，设图形上三点 A、B、C，投影后对应于屏幕上的同一像素 P，则投影后，P 的颜色可依各点 z 值的大小来确定。各点中，z 值（深度）最大的点的颜色决定像素 P 的颜色。假如一开始，像素 P 的颜色为点 C 的颜色，后来计算出点 B，其 $z_b > z_c$，则像素 P 的颜色为点 B 的颜色；后来又计算出点 A，其 $z_a > z_b$，则像素 P 的颜色又更新为点 A 的颜色。这类似于画家在油布上绘画，后喷上去的颜色将覆盖先前喷上去的颜色。

由于各像素的颜色取决图形上各点 z 坐标，而 z 坐标反映了图形上各点的深度，所以，Z 缓冲区消隐算法又称为深度缓冲区消隐算法。

7.3.2　算法的描述

Z 缓冲区算法可描述为：

```
{
    for(x<0;x<xmax;x++)              /*绘图窗口为：[0,xmax]×[0,ymax]*/
        for (y<0;y<ymax;y++)
            {
                FB(x,y)单元置为背景色；
                ZB(x,y)单元置为最小值；
            }
    for(每一个多边形)
    {
            扫描转换该多边形；
                for(多边形所覆盖的每个像素(x,y) )
                {
                        计算该多边形在该像素的深度值 z(x,y)；
                            if (z(x,y)>ZB(x,y))
                    {
                            用 z(x,y)替换 ZB(x,y)的值；
                                用多边形在(x,y)处的颜色值替换 FB(x,y)的值；
                    }
                }
    }
}
```

Z 缓冲区算法的关键是要尽快判断出哪些点落在一个多边形内，并尽快完成多边形中各点深度值（z 值）的计算。针对图形表面的不同类型，可以有多种计算方法。计算中通常需要应用多边形中点与点之间的连贯性，包括水平连贯性和垂直连贯性。

现以计算平面上各点 z 值为例，进一步说明该算法。设平面方程为 $Ax + By + Cz + D = 0$，则：

$$z = -\frac{Ax + By + D}{C}$$

若 (x, y) 处的 z 值为 z_1，则在 $(x + \Delta x, y)$ 处的 z 值为 $z = z_1 - \frac{A}{C}(\Delta x)$，令 $\Delta x = 1$，则 $z = z_1 - \frac{A}{C}$，利用连贯性，只需一个简单的减法即可完成计算。

类似地，$(x, y + \Delta y)$ 处的 z 值为 $z = z_1 - \frac{B}{C}(\Delta y) = z_1 - \frac{B}{C}$（令 $\Delta y = 1$）。

利用多边形内的点在水平和垂直方向上的连贯性，可以得到多边形的点及其深度值的算法：

（1）将多边形的边按其 y 最小值排序，搜索多边形中各顶点的 y 值，找出其中的最小值 y_{min} 和最大值 y_{max}。

（2）令 y 的增量为 1，使扫描线从 $y=y_{min}$ 到 $y=y_{max}$ 变化，并执行如下步骤：

1）找出与当前扫描线相交的所有边，利用垂直连贯性求出这些边与扫描线的交点，并将这些交点从小到大排序。

2）在相邻两交点之间选一点，判断其是否被多边形包含，如果被多边形包含，则利用多边形上点的水平相关性，求出两交点之间各点的深度值；重复 2），直到当前扫描线上所有多边形内的点的深度都求出为止。

7.3.3　算法的改进

Z 缓冲区算法的最大优点是简单、直观，省去了三维图形各个面的前后判断过程和三维形体各面的相交计算。随着目前计算机硬件的高速发展，Z 缓冲区算法已被硬化，成为最常用的一种消隐方法。许多显示加速卡都支持这一算法。但是这种算法需要大量的存储空间，并且随着图像复杂度的提高，z 值的计算量也会大量增加。一种改进的方法是：将缓冲区 ZB 改为行缓冲，计算出一条扫描线上的像素值就输出，然后刷新行缓冲，再计算下一条扫描线上的像素，这就是下一节要介绍的扫描线 Z 缓冲区算法。

7.4　扫描线 Z 缓冲区算法

Z 缓冲区算法所需的 Z 缓冲区容量较大，为了克服这个缺点，可以将整个绘图区域分割成若干个小区域，然后一个一个显示，这样 Z 缓冲区的单元数只要等于一个区域内像素的个数就可以了。在扫描线多边形填充算法中，活性边表的使用达到了节省运行空间的效果。用这种思想改造 Z 缓冲区算法，将小区域取成屏幕上的扫描线，就得到扫描线 Z 缓冲区算法。

7.4.1　算法的基本思想

扫描线 Z 缓冲区算法基于图像空间完成，该算法的基本思想为：依顺序处理每一条扫描线，处理当前扫描线时，设计一个一维数组作为当前扫描线的深度缓冲区（ZB）。首先找出扫描线与投影到屏幕上的所有多边形的相交区间，对每一个相交区间上的各像素利用连贯性计算其深度 z 值，并与 ZB 中的值比较，以决定各区间点的像素颜色，并将其写入帧缓冲区（FB）。

扫描线 Z 缓冲区算法的基本步骤如下：

（1）对每个多边形，求其顶点中所含 y 的最小值 y_{min} 和最大值 y_{max}，按 y_{min} 进行排序，建立活性多边形表（APL），活性多边形表中包含与当前扫描线相交的多边形。

（2）从上到下依次对每一条扫描线进行消隐处理，对每条扫描线上的点置初值，$ZB(x)$ 取为最大，颜色 $FB(x)$ 取为背景色。

（3）对每条扫描线 y，按活化多边形表找出所有与当前扫描线相交的多边形。对每个活性多边形，求出扫描线在此多边形内的部分，对这些部分中每个像素 x 计算多边形在此处的 z 值，若 z 小于 $ZB(x)$，则置 $ZB(x)$ 为 z，$FB(x)$ 为多边形在此处的颜色值。

（4）当扫描线对活化多边形表中的所有多边形处理完毕后，所得的 $FB(x)$ 即为显示的颜色，可进行显示并换下一条扫描线进行处理，即扫描线的 $y=y+1$。此时应更新活性多边形表，将已完全处于扫描线上方的多边形，即 $y_{max}<y$ 的多边形移出活性多边形表，将不在当前活性多边形表中且与新一条扫描线相交的多边形，即 $y_{min}=y$ 的多边形加入活性多边形表。

按以上步骤处理完屏幕上的所有扫描线，物体的显示和消隐就完成了。在第（3）步扫描线与多边形求交时，可对多边形建立活性边表，以提高效率，当然，每次处理新的扫描线时也要更新活性边表。计算 z 值时可以和在 Z 缓冲区算法中一样，利用多边形中点与点间的水平连贯性和垂直连贯性。

7.4.2　算法的描述

扫描线 Z 缓冲区算法可描述为：

```
{
    y=yi;                                        /*当前扫描线 y= yi */
    for(x<0;x<xmax;x++)
    {
        FB(x, yi)单元置为背景色;
        ZB(x, yi)单元置为最小值;
    }
    for(每一个多边形)
    {
            扫描转换该多边形;
            求出多边形在投影平面上的投影与当前扫描线的相交区间;
            for(相交区间内的每个像素(x,yi))
            {
                    计算该多边形在该像素的深度值 z(x,yi);
                        if (z(x,yi)>ZB(x,yi))
                        {
                            用 z(x,yi)替换 ZB(x,yi)的值;
                            用多边形在(x,yi)处的颜色值替换 FB(x,yi)的值;
                        }
            }
    }
}
```

在此计算扫描线与各多边形相交区间的方法类似于第 3 章中介绍的填充算法，但建立边表（ET）和进行活化边对表（AET）处理时，需要将所有多边形一起考虑（以前仅一个多边形），同时存储 z 深度值。

边表（ET）的结点信息为存放活性多边形表中每一个多边形的边信息。每个结点存放了每条边端点中较大的 y 值、增量 Δx、y 值较小一端的 x 坐标，z 坐标和指针。

活化边对表（AET）的结点信息为在一条扫描线上，同一多边形的相邻两条边构成一个边对，AET 中存放当前多边形中与当前扫描线相交的各边对的信息。每个结点包括边对中的如下信息：

- x_l：左侧边与扫描线交点的 x 坐标。
- Δx_l：左侧边在扫描线加 1 时的 x 坐标增量。
- $y_{l\max}$：左侧边两端点中最大的 y 值。
- x_r：右侧边与扫描线交点的 x 坐标。
- Δx_r：右侧边在扫描线加 1 时的 x 坐标增量。
- $y_{r\max}$：右侧边两端点中最大的 y 值。
- z_l：左侧边与扫描线交点处的多边形深度值。
- IP：多边形序号。
- Δz_x：沿扫描线方向增加 1 个像素时，多边形所在平面的 z 坐标增量，为 $-a/c$。
- Δz_y：扫描线加 1 时，多边形所在平面的 z 坐标增量，为 $-b/c$。

7.5　光线追踪算法

7.5.1　算法的基本思想

光线追踪算法的基本思想是：从视点出发，沿投影方向（光线方向）发出射线，此射线穿过观察屏幕的像素与场景中的物体相交。计算该射线与物体表面的交点，离像素最近的交点所在面的颜色即为该像素的颜色；如果没有交点，说明没有多边形的投影覆盖此像素，则用背景色作为该像素的颜色，如图7-7所示。

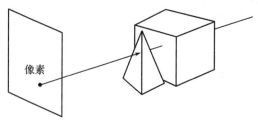

图7-7　光线追踪算法示意图

此算法的关键问题是如何计算射线与面的交点。实际应用中，应该根据不同的面类型而采用不同的交点计算方法，尽可能降低计算复杂度。

7.5.2　算法的描述

光线追踪算法可描述为：

```
{
    for(x<0;x<xmax;x++)              /*绘图窗口为[0,xmax]×[0,ymax]*/
        for (y<0;y<ymax;y++)
        {
            形成通过该屏幕像素(x,y)的射线;
            for（每个多边形）
                    将射线与该多边形求交点;
                if （有交点）
                以最近交点所属多边形的颜色显示像素(x,y)
                else
                以背景色显示像素(x,y);
        }
}
```

光线追踪算法的复杂度与 Z 缓冲器算法类似。随着三维形体复杂性的增加、形体面数的增多，算法的计算量也大量地增加。但是此算法不需要 Z 缓冲器，可以节省存储空间。

7.6　区域分割算法

7.6.1　算法的基本思想

区域分割算法的基本思想是：把物体投影到全屏幕窗口上，然后递归分割窗口，直到窗口内目标足够简单，可以显示为止，如图7-8所示。

该算法首先把初始窗口取作整个屏幕，将场景中的多边形投影到窗口内。如果窗口内没有物体，则按背景色显示；若窗口内只有一个面，则把该面显示出来。否则，把窗口等分成四个子窗口，然后对每个子窗口重复上述处理。

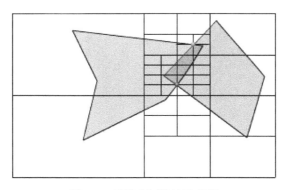

图 7-8　区域分割算法示意图

具体来讲，每一次分割，都要把要显示的多边形和窗口的关系作一判断，多边形和窗口的关系有以下四种（如图 7-9 所示）：

（1）多边形完全包含了窗口。

（2）多边形完全内含在窗口中。

（3）多边形和窗口相交。

（4）多边形完全和窗口分离。

在多边形和窗口的关系确定后，满足下列条件的窗口可直接绘制出：

（1）所有多边形都和窗口分离，把窗口填上背景颜色。

（2）只有一个多边形和窗口相交，或只有一个多边形包含在窗口中，先把窗口填上背景色，然后再对窗口内的多边形部分用扫描线算法填上相应颜色。

（3）只有一个多边形和窗口相交，这个多边形把窗口包含在内，把整个窗口填上该多边形的颜色。

（4）虽有多个多边形与窗口相交，但离观察者最近的多边形包含了窗口，则把整个窗口填上离观察者最近的多边形的颜色。

不满足上述条件的窗口需进一步细分。如果到某个时刻，窗口仅有一个像素那么大，而窗口内仍有两个以上的面，这时不必再分割，只要取窗口内最近的多边形的颜色或所有多边形的平均颜色作为该像素的值。

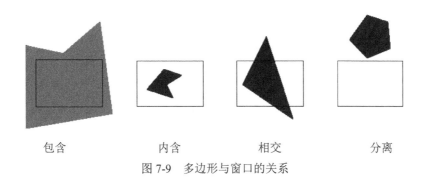

|包含|内含|相交|分离|

图 7-9　多边形与窗口的关系

7.6.2　算法的描述

假设全屏幕窗口分辨率为 1024×1024，窗口以左下角点坐标(x,y)和边宽 s 定义，使用栈结构实现的区域分割算法可描述为：

```
{
    x=0,y=0,s=1024;
    全屏幕窗口(x,y,s)入栈;
    do
    {
        窗口(x,y,s)出栈;
        检查窗口与多边形的覆盖关系;
        if(窗口内目标简单)
        显示窗口内目标;
        else if(s<=1)
            显示该像素;
        else
        {  s=s/2;
            把窗口分为四个子窗口(x,y,s)、(x+s,y,s)、(x,y+s,s)、(x+s,y+s,s)入栈;
        }
    }while（栈非空）
}
```

除了将区域简单地等分为四块矩形的分割方式外，另一种分割方式是自适应分割，即沿多边形的边界对区域进行子分割，这样可以减少分割次数，但在区域细分和测试多边形与区域边界的关系等方面则需更多的处理。

习题七

一、选择题

1．从消隐空间来看，消隐分为（　　）。（可多选）

A．物体空间消隐　B．线消隐　　　C．图像空间消隐　　D．面消隐

2．区域分割算法中，判断多边形和窗口的关系有哪些（　　）。（可多选）

A．多边形完全包含窗口　　　　　　B．多边形和窗口相交

C．多边形和窗口完全分离　　　　　D．多边形完全内含在窗口中

二、简答题

1．已知点 $P_1(1,2,0)$、$P_2(3,6,20)$ 和 $P_3(2,4,6)$，试判断从点 $C(0,0,-10)$ 观察 P_1、P_2、P_3 时，哪个点遮挡了其他点？

2．为什么需要隐藏面消隐算法？

3．Z 缓冲区算法是怎样判断哪个面应消隐的？

4．如何用边界连贯性减少计算量？

5．区域连贯性是如何减少计算量的？

6．如何判断空间连贯性？

7．画家算法的基本概念是什么？

8．实现画家算法所遇到的困难是什么？

9．如果多边形 P 和 Q 有同样的深度值，哪个多边形优先级高，即先画哪个多边形？

10．区域分割算法的基本概念是什么？

第8章　真实图形

用计算机生成三维形体的真实图形，是计算机图形学的重要研究内容之一。真实图形在模拟仿真、几何造型、广告影视、虚拟现实、可视化科学计算等许多领域都有广泛的应用。计算机图形学中真实感图形主要包括两部分内容：物体的精确图形表示；物体在场景中光照效果的适当物理描述。物体的精确图形显示在前面的章节已进行了相关介绍。本章主要介绍与真实感图形有关的光照效果。光照效果包括光照模型、明暗效应、色彩、灰度和表面纹理等。

8.1　光照模型

当光源发出的光照射到物体表面时，光可能被反射、透射或吸收。被物体吸收的部分转化为热，只有反射和透射的光才可能被人的视觉系统感知，产生视觉效果，使我们能看见物体。模拟这一物理现象时，使用了一些数学公式来近似计算物体表面上任意一点投向观察者眼中的光亮度的大小，这种公式称为光照模型（Illumunation Model）。

光照模型包含许多因素，如物体的类型、物体相对于光源与其他物体的位置以及场景中所设置的光源属性、物体的透明度、物体的表面光亮程度，甚至物体的各种表面纹理。不同形状、颜色、位置的光源可以为一个场景带来不同的光照效果。一旦确定出物体表面的光学属性参数、场景中各面的相对位置关系、光源的颜色和位置、观察平面的位置等信息，就可以根据光照模型计算出物体表面上某点在观察方向上所透射的光强度值。

一般情况下，只需考虑光源的漫反射和镜面反射即可，此时所得的光照模型称为局部光照模型。考虑景物之间的互相影响、光在景物之间的多重吸收、反射和透射时所得的光照模型称为整体光照模型。整体光照模型比局部光照模型复杂得多，它的模拟效果与实际情况非常吻合，但它需要的计算量庞大，生成时间长，制造成本高，目前在微机中较少使用。

局部光照模型是一个经验模型，但能在较短时间内获得具有一定真实感的图形，能较好地模拟光照效果和镜面高光，且计算简单，所涉及的参数量易于获得，因此在实际中得到了广泛的应用和推广，是目前三维图形真实感处理技术所采用的主要方法。

在这一节里，我们将讨论计算物体表面光强度的一些简单方法，即简单的局部光照模型。

8.1.1　基本光学原理

通常观察不透明、不发光物体时，人眼观察到的是从物体表面得到的反射光，它是由场景中的光源和其他物体表面的反射光共同作用产生的。只要一个物体的周围物体获得光照，即使它不处于光源的直接照射下，其表面也可能是可见的。光源有时被称为发光体，光线来自的反射面则称为反射光源。一个发光的物体，可能既是光源又是反射体。

点光源是最简单的光源，它的光线由光源向四周发散。这种光源模型是对场景中比物体小得多的光源合适的逼近。离场景足够远的光源，如太阳，通常用点光源模型来模拟。在本节中，若无特别说明，所有光源均假定为一个带有坐标位置和光强度的点光源。

当光线照射到不透明物体表面时，部分被反射，部分被吸收。物体表面的材质类型决定了反射光线的强弱。表面光滑的材质将反射较多的入射光，而较暗的表面则吸收较多的入射光。对于一个透明的表面，部分入射光会被反射，另一部分被折射。

粗糙的物体表面往往将反射光向各个方向散射，这种光线散射的现象称为漫反射。非常粗糙的材质表面产生的主要是漫反射，因此从各个视角观察到的光亮度的变化非常小。通常所说的物体颜色实际上就是入射光线被漫反射后表现出来的颜色。

相反，表面非常光滑的物体表面会产生强光反射，称为镜面反射。

基本光照模型模拟物体表面对直接光照的反射作用，包括漫反射和镜面反射，物体之间的光反射作用没有充分考虑，仅仅用一个与周围物体、视点、光源位置都无关的环境光常量来近似表示。可以用如下等式表示：

$$\text{入射光} = \text{环境光} + \text{漫反射光} + \text{镜面反射光} \tag{1}$$

8.1.2 环境光

环境光（Ambient Light）是在物体和周围环境之间多次反射后，最终达到平衡时的一种光，又称为背景光。它用于模拟周围环境中散射到物体表面，然后再反射出来的光。环境光没有空间和方向上的特征，任何方向上的分布都相同，所有方向上和所有物体表面上投射的环境光的量都是恒定不变的。三维空间中任意一点对环境光的反射光强度可以用公式定量地表示为：

$$I_e = K_a I_a \tag{2}$$

其中，K_a 是物体对环境光的反射系数，与物体表面性质有关；I_a 是入射的环境光光强，与环境的明暗度有关。

8.1.3 漫反射光

环境光反射是全局漫反射光照效果的一种近似。

漫反射光是由物体表面的粗糙不平引起的，它均匀地向各个方向传播，与视点无关。根据朗伯余弦定律（Lambert's Cosine Law），漫反射光在空间均匀分布，反射光强 I 与入射光的入射角 θ 的余弦成正比，即：

$$I_d = K_d I_p \cos\theta$$

其中，K_d 是漫反射系数（0～1 之间的常数），与物体表面性质有关；I_p 是入射光（光源）的光强；θ 是入射光的入射角，即入射光与物体表面法向量之间的夹角，如图 8-1 所示。可见，对于朗伯反射，光强在所有的观察方向上都相同，它与视点的位置无关。

设物体表面在照射点 P 处的单位法向量为 N，P 到点光源的单位向量为 L，则上式可表达为如下的向量形式：

$$I_d = I_p K_d (N \cdot L) \tag{3}$$

漫反射光的颜色由入射光的颜色和物体表面的颜色来确定。

当入射角 $\theta = 0 \sim \pi/2$ 时，点光源才照亮面片；否则，$\cos\theta < 0$，光源位于物体的背后，光亮度为 0。当入射角 θ 为 0 时，光源垂直照射在物体表面上，反射光强度最大。

如果有多个光源，则可以把各个光源的漫反射光照效果进行叠加。这时，朗伯漫反射光照模型可以写成：

$$I_d = K_d \sum_{i=1}^{m} I_{pi}(N \cdot L_i)$$

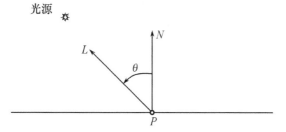

图 8-1 P 点处的单位法向量 N 和 P 到点光源的单位向量 L 之间的夹角 θ

其中，I_{pi} 表示第 i 个点光源的光强，L_i 是物体表面上的照射点 P 指向第 i 个点光源的单位向量，m 是光源的个数，这里假定这 m 个光源均位于光照表面的正面。

在实际中，从周围环境投射来的环境光也会有相当的影响。将环境光和朗伯漫反射的光强合并，得到如下一个比较完整的漫反射表达式：

$$I = I_e + I_d$$

8.1.4 镜面反射光和冯（Phong）反射模型

当观察一个光照下的光滑表面，特别是有光泽的表面时，可能在某个方向上看到很强的高光，这个现象称为镜面反射。

在正常情况下，光沿着直线传播，当遇到不同的介质表面时，会产生反射和折射现象，而且在反射和折射时，它们遵循反射定律和折射定律。

1. 反射定律

入射光线、反射光线与光照点的法向量在同一平面上，而且光线的入射角等于反射角。如图 8-2 所示，入射光线与光照点的法向矢量之间的夹角 θ 称为光线的入射角，反射光线与光照点的法向矢量之间的夹角称为光线的反射角。

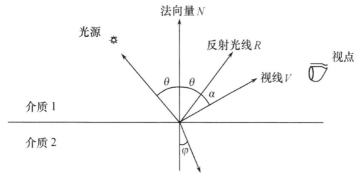

图 8-2 光的反射和折射

2. 折射定律

入射光线、折射光线与光照点的法向量在同一平面上，它们之间满足：

$$\frac{\sin \theta}{\sin \varphi}$$

其中，θ 为光照点的法向矢量与入射光线之间的夹角，φ 为折射光线与光照点的负法向量之间的夹角，如图 8-2 所示；c_1 和 c_2 分别是光在介质 1 和介质 2 中的传播速度。

一般来说，从物体表面反射或折射出来的光的强度取决于光源的位置与光的强度、物体表面的位置和朝向、表面材质的性质和视点的位置。对于理想镜面，反射光都将集中在镜面的反射方向上，视线只有在与反射光线重合时才能观察到镜面反射光。但是，对于那些非理想的镜面，由于表面实际上是由许多不同朝向的微小平面组成，镜面反射光将分布于表面的镜面反射方向的周围。在实际应用时，常常作适当的简化。Phong 提出了一个计算镜面反射光亮度的经验模型，其计算公式为：

$$I_s = I_p K_s \cos\alpha \tag{4}$$

其中，K_s 是物体表面镜面反射系数，它与入射角和波长有关；α 是视线与反射方向的夹角；n 为镜面高光系数，用来模拟镜面反射光在空间中的汇聚程度，是反映物体表面光泽度的常数；$\cos^*\alpha$ 近似地描述了镜面反射光的空间分布。

V 和 R 分别是观察方向和镜面反射方向的单位矢量，可以用点积 $V·R$ 来代替 $\cos\alpha$：

$$I_s = I_p K_s (V \cdot R)^n \tag{5}$$

其中，矢量 R 可以通过入射光单位矢量 L 和单位法矢量 N 计算出来。如图 8-3 所示，可推出：
$$R + L = (2\cos\theta)N = 2(N \cdot L)N$$
所以：

$$R = 2(N \cdot L)N - L$$

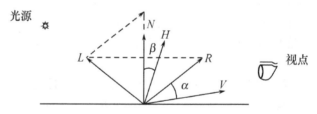

图 8-3　半角矢量 H 与矢量 L 和 V 的角平分线方向相同

在多个点光源照射下，Phong 镜面反射模型可写成：

$$I_s = K_s \sum_{i=1}^{m} I_{pi} (V \cdot R_i)_n$$

其中，m 是光源的个数，R_i 是相对于第 i 个光源的镜面反射方向，I_{pi} 是第 i 个光源的光强。

引入矢量 L 和 V 的半角矢量 H（见图 8-3），上述镜面反射的经验模型还可以进一步进行简化，得到简化的 Phong 模型，用 $(N·H)$ 代替式（5）中的 $(V·R)$，用 $\cos\beta$ 代替 $\cos\alpha$，即：

$$I_s = I_p K_s (N \cdot H)^n \tag{6}$$

其中，$H = \dfrac{L+V}{|L+V|}$。

在多个点光源照射下，简化的 Phong 模型为：

$$I_s = K_s \sum_{i=1}^{m} I_{pi} (V \cdot H_i)_n$$

其中，H_i 是第 i 个光源的入射光单位矢量 L_i 和视方向矢量 V 的半角矢量。

8.2　明暗处理

在计算机图形学中，曲面通常是用多边形逼近表示的。在上一节介绍的冯（Phong）光照模型中，由于光源和视点都在无穷远，因此对于同一多边形域内的每一个像素，由于它们的法向都与多边形的法向一致，因而 $N \cdot L$ 和 $N \cdot H$ 也相等，使得计算出的光强也相等。这样，同一个多边形内部各点的颜色和亮度都是相同的，并且即使是两个不同的多边形，只要它们的法向相同，其颜色和亮度就无法区分。除此之外，在不同法向的多边形邻接处，不仅有光强突变，而且会产生马赫带效应，即肉眼感觉到的亮度变化比实际的亮度变化要大，这将影响曲面的显示效果。

一种解决的方法是增加多边形的个数，减小每个多边形的面积，这样能改善曲面的显示效果。但是数据结构将迅速膨胀，导致操作的空间与时间上升。因此，通常采用插值的方法，使多边形表面之间光滑过渡，使连续的多边形呈现匀称的光强，即表面明暗光滑化。最常使用的方法有两种：双线性光强插值和双线性法向插值，又分别称为 Gouraud 明暗处理和 Phong 明暗处理。

8.2.1　双线性光强插值（Gouraud 明暗处理）

双线性光强插值是由 Gouraud 于 1971 年提出的，又称为 Gouraud 明暗处理，它主要针对简单光反射模型中的漫反射项。假设光源在无穷远处，则对同一多边形上的点，$N \cdot L$ 为恒定值。该算法的基本思想是：为了使多边形表面之间光滑过渡，首先计算物体表面多边形各顶点的光强，把它们作为曲面光强的采样点，然后利用多边形顶点的光强插值计算出多边形内部区域中各点的光强。若采用扫描线绘制算法，则可以沿当前扫描线进行双线性插值，即先用多边形顶点的光强线性插值得出当前扫描线与多边形交点处的光强，然后再用交点的光强线性插值得出扫描线位于多边形内区域段上每一点像素处的光强。

它的基本算法步骤描述如下：

（1）计算多边形顶点的平均法向。

在这个算法步骤中，通常用与顶点相邻的所有多边形的法向的平均值作为该顶点的近似法向量。假设顶点 A 相邻的多边形有 k 个，法向分别为 N_1、N_2、$\cdots$、N_k，则顶点 A 的法向为：

$$N_a = \frac{1}{k}(N_1 + N_2 + \cdots + N_k)$$

这是双线性插值法的一个重要特征，即在一般情况下，用相邻多边形的平均法向作为顶点的法向，与该多边形物体近似的曲面的切平面比较接近。

（2）用冯（Phong）光照明模型计算顶点的平均光强。

（3）由两顶点的光强插值计算得出边上各点的光强；再由边上各点的光强插值计算得出多边形内部各点的光强。

在这个算法步骤中，可以把线性插值与扫描线算法相互结合，同时还用增量算法实现各点光强的计算。如图 8-4 所示，沿着扫描线 y_s，由顶点光强 I_1、I_2 计算左侧边的光强 I_a，由顶点光强 I_1、I_4 计算右侧边的光强 I_b，再由左右两侧边的光强 I_a、I_b 计算多边形内在扫描线 y_s 上各点的光强 I_s。

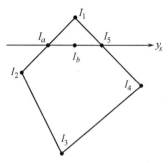

图 8-4　光强插值示意图

双线性光强插值的公式如下：

$$I_a = \frac{1}{y_1 - y_2}[I_1(y_s - y_2) + I_2(y_1 - y_s)]$$

$$I_b = \frac{1}{y_1 - y_4}[I_1(y_s - y_4) + I_4(y_1 - y_s)]$$

$$I_s = \frac{1}{x_b - x_a}[I_a(x_b - x_s) + I_b(x_s - x_a)]$$

如果采用增量算法，当扫描线 y_s 由 j 变成 $j+1$ 时，新扫描线上的点 $(x_a, j+1)$ 和 $(x_b, j+1)$ 的光强可由前一条扫描线与边的交点 (x_a, j) 和 (x_b, j) 的光强作一次加法得到：

$$I_{a,j+1} = I_{a,j} + \Delta I_a$$

$$I_{b,j+1} = I_{b,j} + \Delta I_b$$

$$\Delta I_a = \frac{1}{y_1 - y_2}(I_1 - I_2)$$

$$\Delta I_b = \frac{1}{y_1 - y_4}(I_1 - I_4)$$

在一条扫描线内部，当横坐标 x_s 由 i 变为 $i+1$ 时，多边形内的点 $(i+1, y_s)$ 的光强可由同一扫描行左侧的点 (i, y_s) 的光强作一次加法得到，即：

$$I_{i+1,s} = I_{i,s} + \Delta I_s$$

$$\Delta I_s = \frac{1}{x_b - x_a}(I_b - I_a)$$

Gouraud 明暗处理的优点是：它能有效地显示漫反射曲面，计算量小，计算速度比以往的简单光照明模型有了很大提高，同时解决了相邻多边形之间的颜色突变问题，产生的真实感图像颜色过渡均匀，图形显得非常光滑。缺点是：由于采用光强插值，镜面反射效果不太理想，高光有时会异常；当对曲面采用不同的多边形进行分割时会产生不同的效果；相邻多边形的边界处会出现过亮或过暗的条纹，称为马赫带效应。对此改进的方法是 Phong 明暗处理，它以时间为代价，解决高光问题。

8.2.2　双线性法向插值（Phong 明暗处理）

Phong 明暗处理方法不是采用光强插值，而是采用法线方向插值，然后，按照插值后每一点的法线方向，用光照模型求出其亮度。

与双线性光强插值相比，双线性法向插值可以产生正确的高光区域，但计算量要大得多。

有多种加速法向量插值的方法，读者可参考其他有关文献。该算法的基本思想是：通过对多边形顶点的法向量进行插值，获得其内部各点的法向量，同时根据光照明模型计算各点的光强。

它的基本算法步骤描述如下：

（1）计算多边形顶点的平均法向。

这一步骤的计算方法与光强插值算法一样。

（2）由两顶点的法向插值计算得出边上各点的法向；再由边上各点的法向插值计算得出多边形内部各点的法向。

（3）用光照明模型计算多边形内部各点的光强。

双线性法向插值的计算公式与双线性光强插值计算公式基本类似，只不过是把其中的光强项用法向量项代替。如果把图 8-4 中的符号 I 换为 N ，即可得到如下的法向插值公式：

$$N_a = \frac{1}{y_1 - y_2}[N_1(y_s - y_2) + N_2(y_1 - y_s)]$$

$$N_b = \frac{1}{y_1 - y_4}[N_1(y_s - y_4) + N_4(y_1 - y_s)]$$

$$N_s = \frac{1}{x_b - x_a}[N_a(x_b - x_s) + N_b(x_s - x_a)]$$

同时，与光强插值公式相似，如果采用增量算法，当扫描线 y_s 由 j 变成 $j+1$ 时，只要用法向量代替光强即可得到增量形式：

$$N_{a,j+1} = N_{a,j} + \Delta N_a$$

$$N_{b,j+1} = N_{b,j} + \Delta N_b$$

$$\Delta N_a = \frac{1}{y_1 - y_2}(N_1 - N_2)$$

$$\Delta N_b = \frac{1}{y_1 - y_4}(N_1 - N_4)$$

当横坐标 x_s 由 i 变为 $i+1$ 时，多边形内的点 $(i+1, y_s)$ 的法向量为：

$$N_{i+1,s} = N_{i,s} + \Delta N_s$$

$$\Delta N_s = \frac{1}{x_b - x_a}(N_b - N_a)$$

尽管双线性法向插值克服了双线性光强插值的许多缺陷，但本质上仍属于线性插值模式，有时也会出现马赫带效应，但总的来说比双线性光强插值好。

当然，这两种明暗处理算法本身也都存在着一些缺陷，具体表现为：用这类算法得到的物体边缘轮廓是折线段而非光滑曲线；由于透视的原因，使等间距扫描线产生不均匀的效果；插值结果取决于插值方向，不同的插值方向会得到不同的插值结果等。要得到更加精细、逼真的图形就要用更加精确、更为复杂的方法，如光线跟踪算法。

8.3 纹理

前面讨论的物体表面都是建立在光滑的假设下，而大部分物体的表面并不是光滑的，看起来就显得不真实。现实世界中的物体，其表面往往有各种细节和图案花纹，这就是通常所说的纹理。本质上，纹理是物体表面的细小结构，可以是光滑表面的花纹、图案，是颜色纹理，这时的纹理一般可以用二维图像表示，当然也有三维纹理。增加表面细节的常用方法就是将纹理模式映射到物体表面上。纹理模式可以用一个矩形数组定义，也可以用一个过程修改物体表面的颜色值。纹理还可以是粗糙的表面（如橘子表面的皱纹），它们被称为几何纹理，是基于物体表面的微观几何形状的表面纹理。一种最常用的几何纹理就是对物体表面的法向进行微小的扰动来实现物体表面的几何细节。本节将主要讨论关于纹理绘制的内容。

8.3.1　概述

纹理映射是把得到的纹理映射到三维物体表面的技术。对于纹理映射，我们需要考虑以下几个问题。

考察简单光照明模型，需要了解，当物体上的什么属性被改变，就可产生纹理的效果。下面先给出简单光照明模型的式子：

$$I = K_a I_a + K_d I_p (N \cdot L) + K_s I_p (N \cdot H)^n$$

通过分析上式并结合前面的介绍可知，可以改变的物体属性有漫反射系数（改变物体的颜色）和物体表面的法向量。通过这些变化就可以得到纹理的效果。

在真实感图形学中，可以用如下两种方法来定义纹理。

图像纹理：将二维纹理图案映射到三维物体表面，绘制物体表面上一点时，采用相应纹理图案中相应点的颜色值。

函数纹理：用数学函数定义简单的二维纹理图案，如方格地毯，或用数学函数定义随机高度场，生成表面粗糙纹理，即几何纹理。

定义了纹理后，还要考虑如何对纹理进行映射。对于二维图像纹理，就是如何建立纹理与三维物体之间的对应关系；而对于几何纹理，就是如何扰动法向量。

纹理一般定义在正方形域（$0 \leqslant u \leqslant 1$ 空间），理论上，定义在此空间上的任何函数都可以作为纹理函数，而实际上，往往采用一些特殊的函数来模拟生活中常见的纹理。纹理空间的定义方法有多种，下面是常用的几种：

● 用参数曲面的参数域作为纹理空间（二维）
● 用辅助平面、圆柱、球定义纹理空间（二维）
● 用三维直角坐标系作为纹理空间（三维）

8.3.2　二维纹理域的映射

在纹理映射技术中，最常见的纹理是二维纹理。映射将这种纹理变换到三维物体的表面，形成最终的图像。下面给出一个二维纹理的函数表示：

$$g(u,v) = \begin{cases} 0 & \lfloor u \times 8 \rfloor \times \lfloor v \times 8 \rfloor \text{ 为奇数} \\ 1 & \lfloor u \times 8 \rfloor \times \lfloor v \times 8 \rfloor \text{ 为偶数} \end{cases}$$

它的纹理图像模拟国际象棋上黑白相间的方格，如图 8-5 所示。

二维纹理还可以用图像表示，用一个 $M \times N$ 的二维数组存放一幅数字化的图像，用插值法构造纹理函数，然后把该二维图像映射到三维的物体表面上。为了实现这个映射，就要建立物体空间坐标(x,y,z)和纹理空间坐标(u,v)之间的对应关系，这相当于对物体表面进行参数化，反求出物体表面的参数后，就可以根据(u,v)得到该处的纹理值，并用此值取代光照明模型中的相应项。

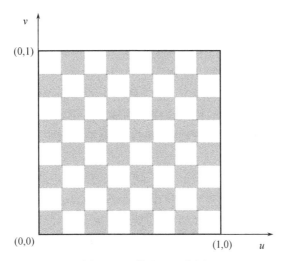

图 8-5　二维纹理示意图

两个经常使用的映射方法是圆柱面映射和球面映射。

对于圆柱面纹理映射，由圆柱面参数方程定义：

$$\begin{cases} x = \cos(2\pi u) & 0 \leqslant u \leqslant 1 \\ y = \sin(2\pi v) & 0 \leqslant v \leqslant 1 \\ z = v \end{cases}$$

那么，对给定圆柱面上一点(x,y,z)，可以用下式反求参数：

$$(u,v) = \begin{cases} (y,z) & x = 0 \\ (x,z) & y = 0 \\ (\dfrac{\sqrt{x^2 + y^2} - |y|}{x}, z) & \text{其他} \end{cases}$$

同样的，对于球面纹理映射，由球面参数方程定义：

$$\begin{cases} x = \cos(2\pi u)\cos(2\pi u) \\ y = \sin(2\pi u)\cos(2\pi v) & 0 \leqslant u \leqslant 1,\ 0 \leqslant v \leqslant 1 \\ z = \sin(2\pi v) \end{cases}$$

那么，对给定球面上一点(x,y,z)，可以用下式反求参数：

$$(u,v) = \begin{cases} (0,0) & (x,y) = (0,0) \\ (\dfrac{1 - \sqrt{1 - (x^2 - y^2)}}{x^2 + y^2} x,\ \dfrac{1 - \sqrt{1 - (x^2 + y^2)}}{x^2 + y^2} y) & \text{其他} \end{cases}$$

8.3.3　三维纹理域的映射

前面介绍的二维纹理域映射对于提高图形的真实感有很大作用，但是，由于纹理域是二维的，图形场景物体一般是三维的，所以纹理映射是一种非线性映射，在曲率变化很大的曲面区域会产生纹理变形，极大地降低了图像的真实感，而且二维纹理映射对于一些非正规拓扑表面，纹理连续性不能保证。假如在三维物体空间中，物体中每一个点(x,y,z)均有一个纹理值$t(x,y,z)$，其值由纹理函数$t(x,y,z)$唯一确定，那么物体上的空间点就可以映射到一个纹理空间上了，而且是三维的纹理函数，这是三维纹理提出的基本思想。三维纹理映射的纹理空间定义在三维空间上，与物体空间是同维的，纹理映射时，只需把场景中的物体变换到纹理空间的局部坐标系中即可。

下面以木纹的纹理函数为例来说明三维纹理函数的映射，通过空间坐标(x,y,z)来计算纹理坐标(u,v,w)。首先求木材表面上的点到木材中心的半径$R = \sqrt{u^2 + v^2}$，对半径进行小的扰动，有$R = R + 2\sin(20\alpha)$，然后对Z轴进行小弯曲处理，$R = R + 2\sin(20\alpha + w/150)$，最后根据半径$R$，用下面的伪码计算 color 值，作为木材表面上点的颜色，就可以得到较真实的木纹纹理。

```
{
    grain = RMOD60 ; /* 每隔60一个木纹 */
    if ( grain < 40 )
        color = 淡色 ;
    else
        color = 深色 ;
}
```

8.3.4　几何纹理

为了给物体表面图像加上一个粗糙的外观，可以对物体的表面几何性质作微小的扰动，来产生凹凸不平的细节效果，这就是几何纹理的方法。定义一个纹理函数$F(u,v)$，对理想光滑表面$P(u,v)$作不规则的位移，具体是在物体表面上的每一个点$P(u,v)$，都沿该点的法向量方向位移$F(u,v)$个单位长度，这样新的表面位置变为：

$$\widetilde{P}(u,v) = P(u,v) + F(u,v)N(u,v)$$

因此，新表面的法向量可通过对两个偏导数求叉积得到。

$$\widetilde{N} = \widetilde{P}_u \times \widetilde{P}_v$$

$$\widetilde{P}_u = \frac{\mathrm{d}(P + FN)}{\mathrm{d}u} = P_u + F_u N + FN_u$$

$$\widetilde{P}_v = \frac{\mathrm{d}(P + FN)}{\mathrm{d}v} = P_v + F_v N + FN_v$$

由于F值相对于上式中其他量很小，可以忽略不计，有：

$$\widetilde{N} = (P_u + F_u N) \times (P_v + F_v N)$$
$$= P_u \times P_v + F_u(N \times P_v) + F_v(P_v \times N) + F_u F_v(N \times N)$$

扰动后的向量单位化，用于计算曲面的明暗度，可以产生貌似凹凸不平的几何纹理。计算F的偏导数，可以用中心差分实现。而且几何纹理函数的定义与颜色纹理的定义方法相同，可以用统一的图案纹理记录，图案中较暗的颜色对应于较小的F值，较亮的颜色对应于较大

的 F 值，把各像素的值用一个二维数组记录下来，用二维纹理映射的方法映射到物体表面上，就成为一个几何纹理映射了。

8.4 光线跟踪

在 8.2 节"明暗处理"部分，一般采用基于插值的明暗处理，虽然可以产生物体的真实感图形，但不能用来表示物体表面细节，也不易模拟光线折射、反射和阴影等。为了生成更真实的图形，20 世纪 80 年代初出现了光线跟踪算法，该算法具有原理简单、实现方便、能够生成各种逼真的视觉效果等突出的优点，已经成为真实感图形生成中应用最多的手段之一。

光线跟踪（Ray Tracing）是光线投射思想的延伸，它不仅为每个像素寻找可见面，还跟踪光线在场景中的反射和折射，并计算它们的光强度叠加，这为追求全局反射和折射效果提供了一种简单有效的绘制手段。基本光线跟踪算法为可见面判别、明暗效果、透明及多光源照明等提供了可能。光线跟踪技术虽然能生成高度真实感的图形，但其计算量却大得惊人。如图 8-6 所示给出了采用光线跟踪技术产生的效果。

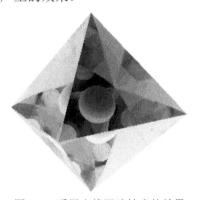

图 8-6 采用光线跟踪技术的效果

8.4.1 基本光线跟踪算法

最基本的光线跟踪算法是跟踪镜面反射和折射。从光源发出的光遇到物体表面，发生反射和折射，光就改变方向，沿着反射方向和折射方向继续前进，直到遇到新的物体。但是光源发出光线，经反射与折射，只有很少部分可以进入人的眼睛，因此实际光线跟踪算法的跟踪方向与光传播的方向相反，是视线跟踪。由视点与像素(x,y)发出一根射线，与第一个物体相交后，在其反射与折射方向上进行跟踪，如图 8-7 所示。

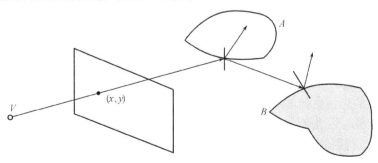

图 8-7 基本光线跟踪光路示意图

为了详细介绍光线跟踪算法，首先给出四种射线的定义与光强的计算方法。在光线跟踪算法中，有如下的四种光线：视线是由视点与像素(x,y)发出的射线；阴影测试线是物体表面上点与光源的连线；反射光线；折射光线。

当光线V与物体表面交于点P时，点P分为三部分，把这三部分光强相加，就是该条光线V在P点处的总光强。

（1）由光源产生的光线照射光强是交点处的局部光强，可以由下式计算：

$$I = I_a K_a + \sum_i I_{pi}[K_{ds}(L_i \cdot N) + K_s(H_{si} \cdot N)^{n_s}]$$
$$+ \sum_j I_{pj}[K_{dt}(-N \cdot L_j) + K_t(N \cdot H_{tj})^{n_i}]$$

（2）反射方向上由其他物体引起的间接光照光强由$I_s K_s'$计算，I_s通过对反射光线的递归跟踪得到。

（3）折射方向上由其他物体引起的间接光照光强由$I_t K_t'$计算，I_t通过对折射光线的递归跟踪得到。

有了上面介绍的这些基础之后，接下来讨论光线跟踪算法本身。假定对一个由两个透明球和一个非透明物体组成的场景进行光线跟踪，如图8-8所示。通过这个例子，可以把光线跟踪的基本过程解释清楚。

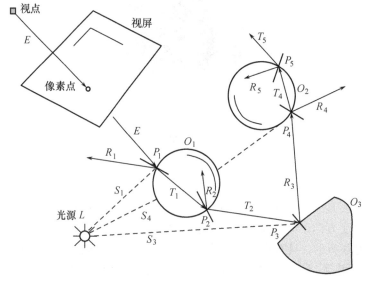

图8-8　光线跟踪算法的基本过程

在此场景中，有一个点光源L，两个透明的球体O_1与O_2，一个不透明的物体O_3。首先，从视点出发经过视屏中一个像素点的视线E传播到球体O_1，与其交点为P_1。从P_1向光源L作一条阴影测试线S_1，若发现其间没有遮挡的物体，就用局部光照明模型计算光源对P_1在其视线E方向上的光强，作为该点的局部光强。同时还要跟踪该点处的反射光线R_1和折射光线T_1，它们对P_1点的光强也有贡献。在反射光线R_1方向上，没有再与其他物体相交，那么就设该方向的光强为零，并结束这条光线方向的跟踪。然后对折射光线T_1方向进行跟踪，计算该光线的光强贡献。折射光线T_1在物体O_1内部传播，与O_1相交于点P_2，由于该点在物体内部，故假设它的局部光强为零，同时，产生了反射光线R_2和折射光线T_2，在反射光线R_2方向，可以继续递归跟踪以计算它的光强，在这里就不再跟踪下去了。继续对折射光线 T_2 进行跟踪。T_2 与物体 O_3 交于点 P_3，作 P_3 与光源 L 的阴影测试线 S_3，没有物体遮挡，那么计算该处的局部光强。由于该物体是非透明的，可以继续跟踪反射光线 R_3 方向的光强，结合局部光强，得到 P_3 处的光强。反射光线 R_3 的跟踪与前面的过程类似，算法可以递归地进行下去。重复上面的过程，直到光线满足跟踪终止条件。这样就可以得到视屏上一个像素点的光强，也就是它相应的颜色值。

上面的例子就是光线跟踪算法的基本过程，由此可以看出，光线跟踪算法实际上是光照明物理过程的近似逆过程，这一过程可以跟踪物体间的镜面反射光线和规则透射，模拟了理想表面的光的传播。

虽然在理想情况下，光线可以在物体之间进行无限的反射和折射，但在实际的算法进行过程中，不可能进行无穷的光线跟踪，因而需要给出一些跟踪的终止条件。在算法应用的意义上，可以有以下几种终止条件：

（1）该光线未碰到任何物体。

（2）该光线碰到了背景。

（3）光线经过许多次反射和折射后，会产生衰减，对于视点的光强贡献很小（小于某个设定值）。

（4）光线反射或折射次数，即跟踪深度大于一定值。

最后用伪码的形式给出光线跟踪算法的源代码。光线跟踪的方向与光传播的方向相反，从视点出发，对于视屏上的每一个像素点，从视点作一条到该像素点的射线，调用该算法函数就可以确定这个像素点的颜色。光线跟踪算法的函数名为 RayTracing()，光线的起点为 start，光线的方向为 direction，光线的衰减权值为 weight，初始值为 1，算法最后返回光线方向上的颜色值为 color。对于每一个像素点，第一次调用 RayTracing()函数时，可以设起点 start 为视点，而 direction 为视点到该像素点的射线方向。

```
RayTracing(start,direction,weight,color)
{
   if ( weight < MinWeight )
     color = black;
   else
   {
      计算光线与所有物体的交点中离 start 最近的点;
      if ( 没有交点 )
       color = black;
      else
      {
         Ilocal = 在交点处用局部光照模型计算出的光强;
         计算反射方向 R;
         RayTracing(最近的交点, R, weight*Wr, Ir);
         计算折射方向 T;
         RayTracing(最近的交点, T, weight*Wt, It);
         color = Ilocal + KsIr+ KtIt;
      }
   }
}
```

8.4.2　光线与物体的求交

由于光线跟踪算法中需要用到大量求交运算，因而求交运算的效率对整个算法的效率影响很大，光线与物体的求交是光线跟踪算法的核心。这一小节将按照不同物体的分类给出光线与物体的求交运算方法。

1. 光线与球求交

球是光线跟踪算法中最常用的体素，也是经常作为例子的物体，这是因为光线与球的交点很容易计算，特别是球面的法向量总是从球心射出，无需专门的计算。另外，由于很容易进行光线与球的相交判断，所以球又常常用来作为复杂物体的包围盒。

设 (x_a, y_a, z_a) 为光线的起点坐标，(x_d, y_d, z_d) 为光线的方向，并已经单位化，即 $x_d^2 + y_d^2 + z_d^2 = 1$。$(x_c, y_c, z_c)$ 为球心，R 为球的半径。下面介绍最基本的代数解法，以及为提高求交速度而设计的几何方法。

（1）代数解法

首先用参数方程：

$$\begin{cases} x = x_0 + x_d \cdot t \\ y = y_0 + y_d \cdot t \\ z = z_0 + z_d \cdot t \end{cases} \tag{7}$$

表示由点 (x_0, y_0, z_0) 发出的光线，令 $t \geqslant 0$。

用隐式方程：

$$(x - x_c)^2 + (y - y_c)^2 + (z - z_c)^2 = R^2 \tag{8}$$

表示球心为 (x_c, y_c, z_c)，球半径为 R 的球面。将式（7）代入式（8），得：

$$At^2 + Bt + C = 0$$
$$A = x_d^2 + y_d^2 + z_d^2 = 1$$
$$B = 2[x_d(x_0 - x_c) + y_d(y_0 - y_c) + z_d(z_0 - x_c)]$$
$$C = (x - x_c)^2 + (y - y_c)^2 + (z - z_c)^2 - R^2$$

于是有：$t = \dfrac{-B \pm \sqrt{B^2 - 4C}}{2}$。如果 $B^2 - 4C < 0$，则光线与球无交；如果 $B^2 - 4C = 0$，则光线与球相切，这时 $t = -B/2$；如果 $B^2 - 4C > 0$，则光线与球有两个交点，交点处的 t 分别是：

$$t_0 = \frac{-B + \sqrt{B^2 - 4C}}{2}, \quad t_1 = \frac{-B - \sqrt{B^2 - 4C}}{2}$$

这时若有 t_0 或 $t_1 < 0$，则说明相应的交点不在光线上，交点无效。把 t 值代入式（7），就可以求得交点的坐标 (x_i, y_i, z_i)，交点处的法向量为 $(\dfrac{x_i - x_c}{R}, \dfrac{y_i - y_c}{R}, \dfrac{z_i - z_c}{R})$，这是一个单位化的向量。

用代数法计算光线与球的交点和法向量总共需要 17 次加减运算、17 次乘法运算、1 次开方运算和 3 次比较操作。

（2）几何解法

用几何方法可以加速光线与球的求交运算，如图 8-9 所示。

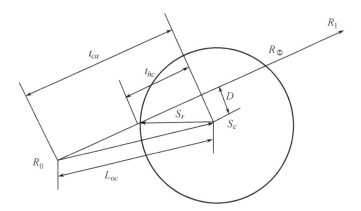

图 8-9 几何法进行光线与球的求交

首先，计算光线起点到球心的距离平方，为：

$$L_{oc}^2 = (S_c - R_0) \cdot (S_c - R_0) = (x - x_c)^2 + (y - y_c)^2 + (z - z_c)^2$$

若 $L_{oc}^2 < R^2$，则光线的起点在球内，光线与球有且仅有一个交点；若 $L_{oc}^2 > R^2$，则光线的起点在球外，光线与球有两个交点或一个切点或没有交点。

然后，计算光线起点到光线离球心最近点 A 的距离，为：

$$t_{ca} = (S_c - R_0) \cdot R_t = (x_c - x_0) \cdot x_d + (y_c - y_0) \cdot y_d + (z_c - z_0) \cdot z_d$$

式中，R_t 为单位化的光线方向矢量。当光线的起点在球外，若 $t_{ca} < 0$，则球在光线的背面，光线与球无交点。

再计算半弦长的平方来判定交点的个数。半弦长的平方为：

$$t_{hc}^2 = R^2 - D^2 = R^2 - L_{oc}^2 + t_{ca}^2$$

若 $t_{hc}^2 < 0$，则光线与球无交；若 $t_{hc}^2 = 0$，则光线与球相切；若 $t_{hc}^2 > 0$，则光线与球有两个交点。为了计算交点的位置，需要计算光线起点到光线与球交点的距离为：

$$t = t_{ca} \pm \sqrt{t_{hc}^2} = t_{ca} \pm \sqrt{R^2 - L_{oc}^2 + t_{ca}^2}$$

同样，将 t 值代入式（7），可得交点的坐标为：

$$(x_i, y_i, z_i) = (x_0 + x_d \cdot t, y_0 + y_d \cdot t, z_0 + z_d \cdot t)$$

而且交点处的球面法向为 $(\dfrac{x_i - x_c}{R}, \dfrac{y_i - y_c}{R}, \dfrac{z_i - z_c}{R})$。

用几何法计算光线与球的交点和法向总共需要 16 次加减运算、13 次乘法运算、1 次开方运算和 3 次比较操作。比代数法少 1 次加减运算和 4 次乘法运算。

2. 光线与多边形求交

光线与多边形求交分为两步，先计算多边形所在平面与光线的交点，再判断交点是否在多边形内部。光线与平面求交的具体方法可参考直线与平面求交的方法，这里不多作讨论。

3. 光线与二次曲面求交

二次曲面包括球面、柱面、圆锥面、椭球面、抛物面、双曲面。平面和球面是一般二次曲面的特例。为了提高光线与二次曲面的求交效率，对每个二次曲面可以采取专门的求交算法。这里介绍光线与一般表示形式的二次曲面的求交方法。

二次曲面方程的一般形式可以表示为：

$$F(x, y, z) = Ax^2 + 2Bxy + 2Cxz + 2Dx + Ey^2 + 2Fyz + 2Gy + Hz^2 + 2Iz + J = 0$$

或者写成矩阵形式：

$$
\begin{bmatrix} x & y & z & 1 \end{bmatrix}
\begin{bmatrix}
A & B & C & D \\
B & E & F & G \\
C & F & G & H \\
D & G & I & J
\end{bmatrix}
\begin{bmatrix} x \\ y \\ z \\ 1 \end{bmatrix} = 0
$$

把光线的参数表达式（7）代入上式，并且整理得：

$$at^2 + bt + c = 0$$

$$a = ax_d^2 + 2Bx_d y_d + 2Cx_d z_d + Ey_d^2 + 2Fy_d z_d + Hz_d^2$$

$$b = 2[Ax_0 x_d + B(x_0 y_d + x_d y_0) + C(x_0 z_d + x_d z_0)] + Dx_d$$
$$\quad + Ey_0 y_d + F(y_0 z_d + y_d z_0) + Gy_d + Hz_0 z_d + Iz_d$$

$$c = Ax_0^2 + 2Bx_0 y_0 + 2Cx_0 z_0 + zDx_0 + Ey_0^2 + 2Fy_0 z_0$$
$$\quad + 2Gy_0 + Hz_0^2 + 2Iz_0 + J$$

解出 $t = \dfrac{-b \pm \sqrt{b^2 - 4ac}}{2}$。如果 t 为实数，则将 t 代入式（7）就可得到光线与二次曲面的交点坐标为 $(x_i, y_i, z_i) = (x_0 + x_d \cdot t, y_0 + y_d \cdot t, z_0 + z_d \cdot t)$，在交点 (x_i, y_i, z_i) 处得法向量为函数 $F(x, y, z)$ 关于 x，y，z 的偏导，即：

$$(x_n, y_n, z_n) = \left(\frac{\partial F}{\partial x}, \frac{\partial F}{\partial y}, \frac{\partial F}{\partial z} \right)$$

$$x_n = 2(Ax_i + By_i + Cz_i + D)$$
$$y_n = 2(Ax_i + Ey_i + Fz_i + G)$$
$$z_n = 2(Cx_i + Fy_i + Hz_i + I)$$

8.4.3　光线跟踪算法的加速

基本的光线跟踪算法，每一条射线都要和所有物体求交，然后再对所得的全部交点进行排序，才能确定可见点，对于复杂环境的场景，这种简单处理的效率就很低了，需要对光线跟踪算法进行加速。光线跟踪加速技术是实现光线跟踪算法的重要组成部分，加速技术主要包括以下几个方面：提高求交速度、减少求交次数、减少光线条数、采用广义光线和并行算法等。在这里只简单介绍其中的几种方法。

1.　自适应深度控制

在基本光线跟踪算法中，结束光线跟踪的条件是光线不与任何物体相交，或已达到预定的最大光线跟踪深度。事实上，对复杂的场景，没有必要跟踪光线到很深的深度，应根据光线所穿过的区域的性质来改变跟踪深度，以自适应地控制深度。实际上，前面给出的光线跟踪算法的源代码就可以做到自适应地控制深度。

2.　包围盒及层次结构

包围盒技术是加速光线跟踪的基本方法之一，由 Clark 于 1976 年提出。1980 年，Rubin和 Whitted 将它引进到光线跟踪算法中，用以加速光线与景物的求交测试。

包围盒技术的基本思想是用一些形状简单的包围盒（如球面、长方体等）将复杂景物包围起来，求交的光线首先跟包围盒进行求交测试，若相交，则光线再与景物求交，否则光线与景物必无交。它是利用形状简单的包围盒与光线求交的速度较快来提高算法效率的。

简单的包围盒技术的效率并不高，因为被跟踪的光线必须与场景中每一个景物的包围盒进行求交测试。包围盒技术的一个重要改进是引进层次结构，其基本原理是根据景物的分布情况，将相距较近的景物组成一组局部场景，相邻各组又组成更大的组，这样，将整个景物空间组织成树状的层次结构。

进行求交测试的光线，首先进入该层次的根节点，并从根节点开始，从上向下与各相关节点的包围盒进行求交测试。若一节点的包围盒与光线有交，则光线将递归地与其子节点进行求交测试，否则，该节点的所有景物均与光线无交，该节点的子树无需作求交测试。

1986 年，Kay 和 Kajiya 针对通常采用的长方体具有包裹景物不紧的特点，提出根据景物的实际形状选取 n 组不同方向的平行平面包裹一个景物或一组景物的层次包围盒技术。

令 3D 空间中的任意平面方程为 $Ax+By+Cz-d=0$，不失一般性，设 (A,B,C) 为单位向量，上式定义了一个以 $N_i=(A,B,C)$ 为法向量，与坐标原点相距 d 的平面。若法向量 $N_i=(A,B,C)$ 保持不变，d 为自由变量，那么就定义了一组平面。对一给定的景物，必存在两个半面将景物夹在中间，不妨记 d 值为 d_i^{near} 和 d_i^{far}。用几组平面就可以构成一个较为紧致的包围盒。Kay 和 Kajiya 对 N_i 的选取作了限制，即整个场景所有景物采用统一方向的 n 组平行平面构造包围盒，且 $n \leq 5$。那么，如何构造平行 $2n$ 面体包围盒呢？

多面体模型需在场景坐标系中考虑。多面体所有顶点投影到 N_i 方向，并计算与原点距离的最小值和最大值 d_i^{near} 和 d_i^{far}；对隐函数曲面体 $F(x,y,z)=0$，在景物坐标系中，隐函数曲面体上的点 (x,y,z) 在 N_i 方向上的投影为 $F(x,y,z)=Ax+By+Cz$，根据 d_i^{near} 和 d_i^{far} 的定义，必须求 $F(x,y,z)$ 在约束条件 $F(x,y,z)=0$ 下的极大值和极小值。可以用 Lagrange 乘子法计算。对若干景物的组合体，可用 $d_i^{near}=\underset{i}{Min}\{d_i^{near}\}, d_i^{far}=\underset{i}{Min}\{d_i^{far}\}$ 计算层次包围盒。

关于平行 $2n$ 面体层次包围盒技术的细节，有兴趣的读者可自行参考相关文献。

3. 三维 DDA 算法

从光线跟踪的效率来看，算法效率不高的主要原因是光线求交的盲目性。不仅光线与那些与之不相交的景物的求交测试毫无意义，而且光线与位于第一个交点之后的其他景物求交也是毫无意义的。将景物空间剖分为网格，由于空间的连惯性，被跟踪的光线从起始点出发，可依次穿越它所经过的空间网格，直至第一个交点，这种方法称为空间剖分技术，可以利用这种空间相关性来加速光线跟踪。在这里首先介绍三维 DDA 算法。

1986 年，Fujimoto 等提出一个基于空间网格剖分技术的快速光线跟踪算法，将景物空间分割成一系列均匀的三维网格，建立辅助数据结构 SEADS（Spatially Enumerated Auxiliary Data Structure）。

一旦确定景物空间剖分的分辨率，SEADS 结构中的每一个网格可用三元组 (i,j,k) 精确定位，每一个网格均设立其所含景物面片的指针。于是，光线跟踪时，光线只需依次与其所经过的空间网格中所含的景物面片进行求交测试。

Fujimoto 等将直线光栅化的 DDA 算法推广到三维，称为光线的三维网格跨越算法，以加速光线跟踪。设光线的方向向量为 $V(V_x,V_y,V_z)$，先求出被跟踪光线的主轴方向 d：

$$|V_d|=\max(|V_x|,|V_y|,|V_z|)$$

设其他两个坐标方向为 i 和 j，则三维 DDA 网格跨越过程可分解为两个二维 DDA 过程，二维 DDA 过程已经在前面的章节中介绍过了。算法首先将光线垂直投影到交于主轴的两个坐标平面上，然后对两投影线分别执行二维 DDA 算法。

这个算法对于稠密的场景，选取适当的空间剖分分辨率，可以使算法非常有效。目前，该算法已经广泛地应用于各种商业动画软件中。

习题八

一、选择题

1. 直射光线的情况下，物体表面会发生哪些反射（　　）。（可多选）
   A．内部反射　　　　　　　　B．漫反射
   C．条件反射　　　　　　　　D．镜面反射
2. Phong 明暗处理采用何种插值（　　）。
   A．连通插值　　　　　　　　B．光强插值
   C．法线方向插值　　　　　　D．有界插值

二、简答题

1. 局部光照模型和整体光照模型的不同之处是什么？
2. 当光源距离多面体比较远时，在每个多边形表面上的漫反射（由 Phong 公式确定的）变化很小。为什么？
3. 假设点 P_1 在扫描线 y_1 上且亮度为 I_1，点 P_2 在扫描线 y_2 上且亮度为 I_2。给出 y 方向上的递推公式，该公式可以用线性插值计算 P_1 和 P_2 之间所有扫描线的亮度值 I'。
4. 在第 5 题中，如果在第 5 条线上的点 P_1 有 RGB 颜色(1,0.5,0)，在第 15 条线上的点 P_2 有 RGB 颜色(0.2,0.5,0.6)。那么在第 8 条线上的点是什么颜色？
5. 当用逻辑运算 AND 混合物体原来的颜色和纹理图的颜色时，如果原来的颜色是白色，品红色的纹理区没有什么变化，但是如果原来的颜色是黄色，则品红色的纹理区将会变成红色的纹理区。为什么？
6. 在一个几乎什么都看不见的黑暗房子里，为什么任何东西看起来都是灰色或黑色的？
7. 试说明如何将隐藏面消隐和投影集成到光线跟踪算法中的。
8. 试描述一个包围盒技术不适用的场景，并说明为什么。

附录

附录 A　图形变换的数学基础

图形变换的关键是矢量和矩阵，这些内容是在线性代数的课本里介绍的。为了方便读者查阅，在此将那些与图形变换相关的数学公式作一个简单回顾与介绍。

一、矢量的定义及运算

1. 矢量的定义

矢量具有方向和大小两个参数，可表示为一个 n 元组，通过坐标系对应 n 维空间的一个点。例如，二维矢量(x,y)或三维矢量(x,y,z)可分别用来表示空间中的二维点或三维点。

2. 矢量的运算

设有两个矢量 $V_1(x_1,y_1,z_1)$ 和 $V_2(x_2,y_2,z_2)$。

（1）矢量的长度

$$|V_1| = \sqrt{x_1^2 + y_1^2 + z_1^2}$$

（2）矢量的数乘

$$kV_1 = (kx_1, ky_1, kz_1)$$

（3）矢量的加法

$$V_1 + V_2 = (x_1 + x_2, y_1 + y_2, z_1 + z_2)$$

（4）矢量的点积

$$V_1 \cdot V_2 = x_1 \cdot x_2 + y_1 \cdot y_2 + z_1 \cdot z_2$$

点积的性质如下：

$$V_1 \cdot V_2 = V_2 \cdot V_1$$
$$V_1 \cdot V_1 = 0 \Leftrightarrow V_1 = 0$$
$$V_1 \cdot V_2 = 0 \Leftrightarrow V_1 \perp V_2$$
$$V_1 \cdot (V_2 + V_3) = V_1 \cdot V_2 + V_1 \cdot V_3$$

（5）矢量的叉积

$$V_1 \times V_2 = \begin{vmatrix} i & j & k \\ x_1 & y_1 & z_1 \\ x_2 & y_2 & z_2 \end{vmatrix} = (y_1 z_2 - y_2 z_1, z_1 x_2 - z_2 x_1, x_1 y_2 - x_2 y_1)$$

叉积的性质如下：

$$V_1 \times V_2 = -V_2 \times V_1$$
$$V_1 \times (V_2 + V_3) = V_1 \times V_2 + V_1 \times V_3$$

二、矩阵的定义及运算

1. 矩阵的定义

一个 m 行 n 列的矩阵 A 可定义为：

$$A_{m \times n} = \begin{bmatrix} a_{11} & a_{12} & \cdots & a_{1n} \\ a_{21} & a_{22} & \cdots & a_{2n} \\ \vdots & \vdots & \vdots & \vdots \\ a_{m1} & a_{m2} & \cdots & a_{mn} \end{bmatrix}$$

其中，a_{ij} 称为 A 的第 i 行第 j 列元素。元素全为零的矩阵称为零矩阵；$m=n$ 的矩阵称为 n 阶矩阵或 n 阶方阵。

2. 矩阵的运算

（1）矩阵的数乘

$$kA = \begin{bmatrix} ka_{11} & ka_{12} & \cdots & ka_{1n} \\ ka_{21} & ka_{22} & \cdots & ka_{2n} \\ \vdots & \vdots & \vdots & \vdots \\ ka_{m1} & ka_{m2} & \cdots & ka_{mn} \end{bmatrix}$$

矩阵数乘的性质如下：

$$k(A+B) = kA + kB$$

（2）矩阵的加法

设矩阵 $A_{m \times n}$ 和 $B_{m \times n}$ 为两个阶数相同的矩阵，将它们对应位置的元素相加得到的矩阵称为 A、B 的和，记为 $A+B$。

$$A+B = \begin{bmatrix} a_{11}+b_{11} & a_{12}+b_{12} & \cdots & a_{1n}+b_{1n} \\ a_{21}+b_{21} & a_{22}+b_{22} & \cdots & a_{2n}+b_{2n} \\ \vdots & \vdots & \vdots & \vdots \\ a_{m1}+b_{m1} & a_{m2}+b_{m2} & \cdots & a_{mn}+b_{mn} \end{bmatrix}$$

矩阵加法的性质如下：

$$A+B = B+A$$
$$A+B+C = (A+B)+C = A+(B+C)$$
$$A+0 = A$$

（3）矩阵的乘法

只有当前一矩阵 A 的列数与后一矩阵 B 的行数相同时，A、B 两个矩阵才能相乘。令结果矩阵 $C_{m \times n} = A_{m \times p} \cdot B_{p \times n}$，则 C 的行数等于 A 的行数，C 的列数等于 B 的列数，C 中的每一个元素 $C_{ij} = \sum_{k=1}^{p}(a_{ik}b_{kj})$。

例如：

$$C = A \cdot B = \begin{bmatrix} a_{11} & a_{12} & a_{13} \\ a_{21} & a_{22} & a_{23} \end{bmatrix} \cdot \begin{bmatrix} b_{11} & b_{12} \\ b_{21} & b_{22} \\ b_{31} & b_{32} \end{bmatrix}$$

$$= \begin{bmatrix} a_{11}b_{11}+a_{12}b_{21}+a_{13}b_{31} & a_{11}b_{12}+a_{12}b_{22}+a_{13}b_{32} \\ a_{21}b_{11}+a_{22}b_{21}+a_{23}b_{31} & a_{21}b_{12}+a_{22}b_{22}+a_{23}b_{32} \end{bmatrix}$$

矩阵乘法的性质如下：

$$k(A \cdot B) = (kA) \cdot B = A \cdot (kB)$$
$$ABC = (A \cdot B)C = A(B \cdot C)$$
$$A(B + C) = AB + AC$$
$$(B + C)A = BA + CA$$

注意： 矩阵的乘法不满足交换率，即 $A \cdot B \neq B \cdot A$。

（4）单位矩阵

如果一个 n 阶矩阵的主对角线元素均为 1，其余元素均为 0，则称该矩阵为 n 阶单位矩阵，记为 I_n。

$$I_n = \begin{bmatrix} 1 & 0 & \cdots & 0 \\ 0 & 1 & \cdots & 0 \\ \vdots & \vdots & \vdots & \vdots \\ 0 & 0 & \cdots & 1 \end{bmatrix}$$

单位矩阵的性质如下：

$$A_{m \times n} \cdot I_n = A_{m \times n}$$
$$I_n \cdot A_{m \times n} = A_{m \times n}$$

（5）矩阵的转置

把矩阵 $A_{m \times n}$ 的行、列互换，得到一个 $n \times m$ 阶的矩阵，将此矩阵称为 A 的转置矩阵，记为 A^T，这个过程称为转置运算。

$$A^T = \begin{bmatrix} a_{11} & a_{21} & \cdots & a_{m1} \\ a_{12} & a_{22} & \cdots & a_{m2} \\ \vdots & \vdots & \vdots & \vdots \\ a_{1n} & a_{2n} & \cdots & a_{mn} \end{bmatrix}$$

矩阵转置的性质如下：

$$(A^T)^T = A$$
$$(kA)^T = kA^T$$
$$(A + B)^T = A^T + B^T$$
$$(A \cdot B)^T = B^T \cdot A^T$$

（6）矩阵的逆

对于一个 n 阶矩阵 A，如果存在一个 n 阶矩阵 B，使得 $AB=BA=I_n$，则称 B 是 A 的逆矩阵，记为 $B=A^{-1}$。由于矩阵的逆是相互的，所以矩阵 A 同样可记为 $A=B^{-1}$，A、B 均是非奇异矩阵。

任何非奇异矩阵有且只有一个逆矩阵。

三、线性方程组的求解

对于一个有 n 个变量的方程组：

$$\begin{cases} a_{11}x_1 + a_{12}x_2 + \cdots + a_{1n}x_n = b_1 \\ a_{21}x_1 + a_{22}x_2 + \cdots + a_{2n}x_n = b_2 \\ \qquad\qquad\qquad\vdots \\ a_{n1}x_1 + a_{n2}x_2 + \cdots + a_{nn}x_n = b_n \end{cases}$$

可将其表示为矩阵形式 $AX=B$，其中，A 为系数矩阵。

该方程有唯一解的条件是 A 为非奇异矩阵，此时方程的解为 $X = A^{-1}B$。

附录 B　Turbo C 绘图功能

C 语言的重要特点之一就是它具有较强的图形功能。在此以 Turbo C 为平台，介绍 C 语言主要的图形函数、字符函数和相应绘图知识，以便读者能够读懂各章节的例题，并用 C 语言绘图及开发图形软件，其余内容读者可在实际编程中参考相关书籍具体了解。

图形由点、线、面组成，Turbo C 提供了一些函数，以完成这些图形的绘制操作，而所谓面则可由对一封闭图形填上颜色来实现。

一、基础绘图知识

1. graphics.h 头文件

Turbo C 为用户提供了一个功能强大的画图软件库，又称为 BorLand 图形接口（BGI），它包括图形库文件（graphics.lib），图形头文件（graphics.h）和许多图形显示器（图形终端）的驱动程序（如 CGA.BGI、EGAVGA.BGI 等），还有一些字符集的字体驱动程序（如 goth.chr 黑体字符集等）。编写图形程序时用到的一些图形库函数均在 graphics.lib 中，执行这些函数时，所需的有关信息（如宏定义等）则包含在 graphics.h 头文件中。因此用户在自己的画图源程序中必须包括 graphics.h 头文件，进行目标程序连接时，要将 graphics.lib 连接到自己的目标程序中去。

2. 图形显示的坐标和像素

显示器的屏幕如同一张坐标纸，定义屏幕的左上角为其原点，正 x 轴向右延伸，正 y 轴向下延伸，如同一个倒置的直角坐标系，x 和 y 均为大于等于 0 的整数值，其最大值则由显示器的类型和显示方式来确定。

像素是组成图形的最小单位，像素的大小可以通过设置不同的显示方式来改变。满屏显示像素多少，决定了显示的分辨率高低，像素越小（或个数越多），显示的分辨率越高。像素在屏幕上的位置可以由其所在的 x、y 坐标来决定。

二、基本图形函数

图形函数的有关信息和函数原型包含在头文件 graphics.h 中，在使用图形函数的程序中，必须包含头文件 graphics.h。

在图形状态下，屏幕的左上角点为(0,0)。

1. 设置绘图模式

（1）initgraph( )函数

说明原型：void far initgraph(int far *driver,int far *mode,char *path);

该函数进行图形系统的初始化。编制图形程序时，进入图形方式前，首先要在程序中对使用的图形系统进行初始化，即要用什么类型的图形显示适配器的驱动程序，采用什么模式的图形方式（即相应程序的入口地址），以及该适配器驱动程序的寻找路径名。所用系统的显示适配器一定要支持所选用的显示模式，否则将出错。

通常将初始化函数调用格式写成如下形式：

initgraph(&graphdriver,&graphmode," ");

参数 graphdriver 表示显示器驱动程序的类型。程序中出现的"int graphdriver=CGA;"表示将 CGA 类型的显示器驱动程序装入。若不知道所用显示适配器名称时，可将 graphdriver 设成 DETECT，即在程序中使用"int graphdriver= DETECT;"语句，它将自动检测所用显示适配器类型，并将相应的驱动程序装入，将其最高的显示模式作为当前显示模式。

参数 graphmode 表示 Turbo C 支持的各种显示器适配器和图形模式。程序中出现的"int graphmode=CGAC0,x;"表示彩色图形适配器（CGA），图形模式为 0 模式（CGAC0），分辨率为 320*200，颜色数为 4（0——背景色，1——绿，2——红，3——黄）。

参数 path 表示图形驱动程序的路径。如果没有指定路径（即为空字符串" "时），表示就在当前目录下寻找。

（2）cleardevice( )函数

说明原型：void far cleardevice(void);

该函数是清屏函数。画图前一般需要清除屏幕，使屏幕如同一张空白纸，此函数作用范围为整个屏幕。

（3）clearviewport( )函数

说明原型：void far clearviewport(void);

该函数是清除图视窗口函数，它仅清除利用 setviewport()函数定义的图视窗口区域内的内容。

（4）closegraph( )函数

说明原型：void far closegraph(void);

该函数关闭图形模式。由于进入 C 环境进行编程时，默认进入文本方式，因而为了在画图程序结束后恢复最初状态，一般在画图程序结束前调用该函数，使其恢复到文本方式。

2．颜色控制

需显示的点、线、面的颜色称为前景；而衬托它们的背景称为背景色。

（1）setcolor( )函数

说明原型：void far setcolor(int color);

该函数设置绘图颜色（前景色）为 color 所指定的颜色。对于 CGA，当为 CGAC0 分辨率模式时，只能选 0、1、2、3。

（2）setbkcolor( )函数

说明原型：void far setbkcolor(int color);

该函数设置背景色为 color 所指定的颜色。下表列出了颜色值 color 对应的颜色。使用此函数时，color 既可用颜色值表示，也可用相应的大写颜色名来表示。

颜色值	颜色名	颜色	颜色值	颜色名	颜色
0	BLACK	黑	8	DARKGRAY	深灰
1	BLUE	蓝	9	LIGHTBLUE	淡蓝
2	GREEN	绿	10	LIGHTGREEN	淡绿
3	CYAN	青	11	LIGHTCYAN	淡青
4	RED	红	12	LIGHTRED	淡红
5	MAGENTA	洋红	13	LIGHTMAGENTA	淡洋红

颜色值	颜色名	颜色	颜色值	颜色名	颜色
6	BROWN	棕	14	YELLOW	黄
7	LIGHTGRAY	浅灰	15	WHITE	白

3．绘制图形

（1）putpixel( )函数

说明原型：void far putpixel (int x,int y,int color);

该函数在指定的 x，y 位置画一点。

（2）line( )函数

说明原型：void far line(int x0,int y0,int x1,int y1);

该函数从点(x0,y0)到点(x1,y1)画一条直线，当前位置不变。

（3）lineto( )函数

说明原型：void far lineto(int x,int y);

该函数从当前画笔位置到点(x,y)画一条直线，并把当前位置定位在(x,y)处。

（4）linerel( )函数

说明原型：void far linerel(int Δx,int Δy);

该函数用相对坐标(Δx, Δy)从当前位置画一条直线，并把当前位置移到新的位置。

（5）moveto( )函数

说明原型：void far moveto(int x,int y);

该函数把当前位置移到指定的(x,y)位置上。

（6）moverel( )函数

说明原型：void far moverel(int Δx,int Δy);

该函数使当前位置移动一个相对坐标(Δx, Δy)。

（7）rectangle( )函数

说明原型：void far rectangle(int x1,int y1,int x2,int y2);

该函数以(x1,y1)为左上角，(x2,y2)为右下角画一矩形框。

（8）drawpoly( )函数

说明原型：void far drawpoly(int numpoints, int *points);

该函数画折线段，顶点数为 numpoints，指针*points 指向存放顶点坐标的位置。

（9）circle( )函数

说明原型：void far circle(int x,int y,int radius);

该函数以(x,y)为圆心，以 radius 为半径画一个圆。

（10）arc( )函数

说明原型：void far arc(int x,int y,int start,int end,int radius);

该函数以(x,y)为圆心，以 radius 为半径，从 start 角到 end 角（用度表示）画一圆弧。该函数是逆时针画弧。

（11）ellipse( )函数

说明原型：void far ellipse(int x,int y,int start,int end,int xradius,int yradius);

该函数以(x,y)为中心，以 xradius 和 yradius 为半轴长，从 start 角到 end 角（用度表示）画一椭圆弧。

4．填充

（1）setfillstyle( )函数

说明原型：void far setfillstyle(int pattern,int color);

该函数设置填充模式和颜色。下表列出了填充模式 pattern 的值及其含义。

值	含义	值	含义	值	含义
0	用背景色填充	5	用反斜线"\\"填充	10	用稀疏点填充
1	填实	6	用粗反斜线"\\"填充	11	用密集点填充
2	用线"－"填充	7	用网格线填充	12	用自定义模式填充
3	用斜线"//"填充	8	用斜网格线填充		
4	用粗斜线"//"填充	9	用间隔点填充		

（2）floodfill( )函数

说明原型：void far floodfill(int x,int y,int border);

该函数以(x,y)为种子点，在边界色为 border 的区域内填充。

（3）fillellipse( )函数

说明原型：void far fillellipse(int x,int y, int xradius,int yradius);

该函数以(x,y)为中心，以 xradius 和 yradius 为半轴长画椭圆，并以当前填充方式填充椭圆。

（4）bar( )函数

说明原型：void far bar(int left,int top,int right,int bottom);

该函数以(left,top)为左上角，(right,bottom)为右下角画一个二维矩形条，按当前填充模式和颜色填充。该函数不画出矩形外轮廓。

（5）bar3d( )函数

说明原型：void far bar3d(int left,int top,int right,int bottom,int depth,int topflag);

该函数以(left,top)为左上角，(right,bottom)为右下角画一个三维矩形条，以当前画线颜色画轮廓线，并按当前填充方式填充。depth 为三维矩形条的深度（即阴影），topflag 为三维顶标记，当 topflag 为 0 时，不绘制三维矩形条的顶部，当 topflag 不为 0 时，绘制一个三维矩形条的顶部。

5．输出字符

在绘图模式下输出字符，必须包含头文件 stdio.h。

（1）settextstyle( )函数

说明原型：void far settextstyle(int font,int direction,int size);

该函数设置字体样式。参数 font 确定字体：DEFAULT_FONT，TRIPLEX_FONT，SMALL_FONT，SANSSERIF_FONT，GOTHIC_FONT，也可以用 0～4 代替；参数 direction 确定字符显示方向，其值可以是 HORIZ_DIR(0)横向或 VERT_DIR(1)竖向；参数 size 为字符大小的系数，其值为 0～10。

（2）outtext( )函数

说明原型：void far outtext(char *str);

该函数在当前位置输出字符串，*str 为要输出的字符串或其指针。

（3）outtextxy( )函数

说明原型：void far outtextxy(int x,int y,char *str);

该函数在(x,y)处输出字符串。

三、字符屏幕函数

字符屏幕函数的原型以及函数所用到的变量、类型和常量包含在头文件 conio.h 中，在使用字符屏幕函数的程序中，必须包含头文件 conio.h。

在字符模式下，屏幕的左上角点为(1,1)。

1．textcolor( )函数

该函数设置新的字符颜色。

说明原型：void textcolor(int newcolor);

Turbo C 可以显示 16 种字符颜色，具体可参见 setbkcolor()函数的颜色表。

2．textbackground( )函数

说明原型：void textbackground(int color);

该函数设置新的字符屏幕的背景色。背景色为 setbkcolor()函数的颜色表中的前 7 种。

3．gotoxy( )函数

说明原型：void gotoxy(int x, int y);

该函数把字符光标移到 x、y 坐标所指定的位置。

4．clrscr( )函数

说明原型：void clrscr(void);

该函数清除字符模式的窗口，并把光标定位在左上角(1,1)处。

5．puttext( )函数

说明原型：int puttext(int left, int top, int right, int bottom, void *source);

该函数将内存中的文本拷贝到屏幕上的一个区域，该区域以 (left,top) 为左上角，(right,bottom)为右下角，source 指针指向保存文本的内存。

附录 C　模拟试题

模拟试题一

一、判断题（每小题 1 分，共 10 分）

1．光栅扫描式图形显示器可看作是点阵单元发生器，可直接从单元阵列中的一个可编地址的像素画一条直线到另一个可编地址的像素。（　　）

2．一个逻辑输入设备可以对应多个物理输入设备。（　　）

3．计算机显示设备一般使用的颜色模型是 CMY 颜色模型。（　　）

4．DDA（微分方程法）是 Bresenham 算法的改进。（　　）

5．在种子填充算法中所提到的四向连通区域算法同时可填充八向连通区。（　　）

6．插值得到的函数严格经过所给定的数据点；逼近是在某种意义上的最佳近似。（　　）

7．若要对某点进行比例、旋转变换，首先需要将坐标原点平移至该点，在新的坐标系下作比例作旋转变换，然后再将原点平移回去。（　　）

8．齐次坐标系不能表达图形中的无穷远点。（   ）

9．B 样条曲线具有变差缩减性。（   ）

10．Phong 算法的计算量要比 Gourand 算法小得多。（   ）

二、单项选择题（每小题 1 分，共 15 分）

1．下列设备中，哪一种是图形输出设备？（   ）

    A．绘图仪   B．数字化仪   C．扫描仪   D．键盘

2．关于光栅扫描式图形显示器，下列说法中错误的是（   ）。

    A．光栅扫描式图形显示器是画点设备

    B．光栅扫描式图形显示器的图形定义保存在帧缓冲器中

    C．光栅扫描式图形显示器显示的图形可能有锯齿现象

    D．光栅扫描式图形显示器对一帧画面的显示速度与图形复杂度有关

3．在下列叙述语句中，错误的论述为（   ）。

    A．在图形文件系统中，点、线、圆等图形元素通常都用其几何特征参数来描述

    B．在图形系统中，图形处理运算的精度不取决于显示器的分辨率

    C．在光栅扫描图形显示器中，所有图形都按矢量直接描绘显示，不存在任何处理

    D．在彩色图形显示器中，使用 RGB 颜色模型

4．在扫描线与多边形顶点相交时，对于该奇点的计数，下述哪一操作不正确？（   ）

    A．当射线与多边形交于某顶点，且该点的两个邻边在射线的同一侧时，计数 0 次

    B．当射线与多边形交于某顶点，且该点的两个邻边在射线的同一侧时，计数 2 次

    C．当射线与多边形交于某顶点，且该点的两个邻边分别在射线的两侧时，计数 1 次

    D．当射线与多边形的某边重合时，计数 1 次

5．多边形填充时，下述哪个论述是错误的？（   ）

    A．多边形被两条扫描线分割成许多梯形，梯形的底边在扫描线上，腰在多边形的边上，并且相间排列

    B．多边形与某扫描线相交得到偶数个交点，这些交点间构成的线段分别在多边形内、外，并且相间排列

    C．在判断点是否在多边形内时，一般通过在多边形外找一点，若该线段与多边形的交点数目为偶数即可认为在多边形内部，若为奇数则在多边形外部，而且不需考虑任何特殊情况

    D．边的连贯性表明，多边形的某条边与当前扫描线相交时，很可能与下一条扫描线相交

6．用编码裁剪法裁剪二维线段时，判断下列直线段采用哪种处理方法。假设直线段两个端点 M、N 的编码分别为 0101 和 1010。（   ）

    A．直接保留   B．直接舍弃

    C．对 M、N 的再分割求交   D．不能判断

7．使用下列二维图形变换矩阵：

$$T = \begin{bmatrix} 2 & 0 & 0 \\ 0 & 1 & 0 \\ 1 & 1 & 1 \end{bmatrix}$$

将产生变换的结果为（　　）。

A．图形放大 2 倍

B．图形放大 2 倍，同时沿 X、Y 坐标轴方向各移动 1 个绘图单位

C．沿 X 坐标轴方向移动 2 个绘图单位

D．沿 X 坐标轴方向放大 2 倍，同时沿 X、Y 坐标轴方向各平移 1 个绘图单位

8．使用下列二维图形变换矩阵：

$$T = \begin{vmatrix} 0 & -1 & 0 \\ 1 & 0 & 0 \\ 0 & 0 & 1 \end{vmatrix}$$

将产生图形变换的结果为（　　）。

A．沿 X 坐标轴正向移动 1 个绘图单位，同时，沿 Y 坐标轴负向移动 1 个绘图单位

B．绕原点顺时针旋转 90°

C．沿 X 坐标轴负向移动 1 个绘图单位，同时，沿 Y 坐标轴正向移动 1 个绘图单位

D．绕原点逆时针旋转 90°

9．在三维齐次变换矩阵

$$\begin{pmatrix} a & b & c & l \\ d & e & f & m \\ g & h & i & n \\ p & q & r & s \end{pmatrix}$$

中，平移线性变换对应的矩阵元素的最大非零个数是（　　）。

A．3　　　　B．6　　　　C．7　　　　D．8

10．在三维齐次变换矩阵

$$\begin{pmatrix} a & b & c & l \\ d & e & f & m \\ g & h & i & n \\ p & q & r & s \end{pmatrix}$$

中，均匀的整体放大变换对应的矩阵元素的非零非 1 个数是（　　）。

A．1　　　　B．2　　　　C．3　　　　D．4

11．透视投影中主灭点的个数范围为（　　）。

A．0～3　　　　B．1～3　　　　C．0～2　　　　D．1～2

12．下列关于 Bezier 曲线的性质，哪个是错误的？（　　）

A．曲线及其控制多边形在起点处有什么几何性质，在终点处也有什么性质

B．在起点和终点处的切线方向和控制多边形第一条边和最后一条边的方向一致

C．空间 n 个控制顶点控制一条 n 次 Bezier 曲线

D．某直线与平面 Bezier 曲线的交点个数不多于该直线与控制多边形的交点个数

13．下述关于 Bezier 曲线 $P_1(t)$、$P_2(t)$，$t \in [0,1]$ 的论述，哪个是错误的？（　　）

A．$P_1(1) = P_2(0) = P$，在 P 处 $P_1(1)$、$P_2(0)$ 的切矢量方向相同，大小相等，则 $P_1(t)$、$P_2(t)$

在 P 处具有 G^1 连续

　　B．$P_1(1) = P_2(0) = P$，在 P 处 $P_1(1)$、$P_2(0)$ 的切矢量方向相同，大小相等，则 $P_1(t)$、$P_2(t)$ 在 P 处具有 C^1 连续

　　C．若保持原全部顶点的位置不变，只是把次序颠倒过来，则新的 Bezier 曲线形状不变，但方向相反

　　D．曲线的位置和形状只与特征多边形顶点的位置有关，不依赖坐标系的选择

14．在多边形面片数量很大时，消隐算法最快的应该是（　　）

　　A．Z-Buffer　　　　B．扫描线　　　　C．画家算法　　　　D．不确定

15．双线性法向插值法（Phong Shading）的优点是（　　）。

　　A．法向计算精确　　　　　　　B．高光域准确

　　C．对光源和视点没有限制　　　D．速度较快

三、多项选择题（每小题 2 分，共 10 分）

1．关于光栅扫描式图形显示器，具有下述哪些特点（　　）。

　　A．帧缓存和光栅显示器均是数字设备

　　B．需要足够的位面和帧缓存才能反映图形的颜色和灰度

　　C．对于彩色光栅显示器的 RGB 三原色需要三个位面的帧缓存和三个电子枪

　　D．颜色查找表的目的是为了提高显示的速度

2．下列两重组合变换中，不可互换的有（　　）。

　　A．比例、比例　　　　　　　　　B．平移、平移

　　C．旋转、旋转　　　　　　　　　D．比例（$a=b$）、平移

　　E．比例（$a=b$）、旋转　　　　　F．旋转、平移

3．下列有关平面几何投影的叙述，正确的为（　　）。

　　A．在平面几何投影中，若投影中心移到距离投影面无穷远处，则成为平行投影

　　B．透视投影与平行投影相比，视觉效果更有真实感，而且能真实地反映物体的精确尺寸和形状

　　C．透视投影变换中，一组平行线投影在与之平行的投影面上时，不产生灭点

　　D．三维空间中的物体进行透视投影变换，可能产生三个或者更多的灭点

4．下列有关曲线和曲面概念的叙述中，正确的为（　　）。

　　A．实体模型和曲面造型是 CAD 系统中常用的主要造型方法，曲面造型是用参数曲面描述来表示一个复杂的物体

　　B．参数形式和隐含形式都是精确的解析表示法，在计算机图形学中，它们同样好用

　　C．从描述复杂性和形状灵活性考虑，最常用的参数曲面是三次有理多项式的曲面

　　D．曲线和曲面定义时，使用的基函数应有两个重要性质：凸包性和仿射不变性

5．下列有关物体的几何表示法的叙述，正确的为（　　）。

　　A．在计算机图形学中，通常所谓"物体"是三维欧氏空间点的集合

　　B．一组三维欧氏空间点的集合都可看成一个（组）"物体"

　　C．单个孤立的点不是"物体"

　　D．一根直线段或单张曲面都是"物体"

四、问答题（1~5 小题每题 6 分，6~7 小题每题 10 分，第 8 小题 15 分，共 65 分）

1．简述帧缓存、位平面（颜色数）和分辨率之间的关系。

2．简述种子填充算法的基本思想。

3．简述深度缓存算法的原理与特点。

4．举例说明（至少两个）增量法在光栅图形学的常用算法中的应用，并说明在算法中使用增量法的原因。

5．简述三种线段裁剪方法，从速度上作比较并指明速度快慢的原因。

6．用中点画线法生成 $P_1(1,0)$，$P_2(8,3)$ 直线段。要求写出每一步递推过程的 x、y 坐标及判别式 d 的值。

7．求四边形 $ABCD$ 绕 $P(5,4)$ 旋转 $45°$ 的变换矩阵和端点坐标，画出变换后的图形。

8．写一个基于数值微分法的带线宽的画虚线程序。

模拟试题二

一、判断题（每小题 1 分，共 10 分）

1．计算机图形学标准通常是指数据文件格式标准和子程序界面标准。（   ）

2．边填充算法中是将扫描线与多边形交点右方的所有像素取补。（   ）

3．齐次坐标系能够表达图形中的无穷远点。（   ）

4．比例变换和旋转变换可交换其先后顺序，变换结果不受影响。（   ）

5．投影变换中主灭点的个数可以有无限个。（   ）

6．凡满足 C' 连续的曲线同时满足 G' 连续条件，反之则不成立。（   ）

7．Bezier 曲线具有凸包性。（   ）

8．Phong 算法的计算量要比 Gourand 算法大得多。（   ）

9．如果某形体是三维欧氏空间中非空、有界的封闭子集，且其边界是二维流形，则称该形体为正则形体。（   ）

10．基本光线跟踪算法主要跟踪漫反射光。（   ）

二、单项选择题（每小题 1 分，共 15 分）

1．计算机绘图设备一般使用什么颜色模型（   ）。

    A．RGB   B．CMY   C．HSV   D．HLS

2．灰度等级为 256 级，分辨率为 1024×1024 的显示器，至少需要的帧缓存容量为（   ）。

    A．512kB   B．1MB   C．2MB   D．3MB

3．在下列语句中，正确的论述为（   ）。

    A．在图形系统中，显示器的分辨率越高，屏幕上的像素点个数越少

    B．在彩色打印机中，使用 CMY 颜色模型

    C．光栅扫描图形显示器是画线设备

    D．光栅扫描图形显示器不需要刷新

4．下述用数值微分法（DDA）画斜率的绝对值小于 1 的直线的 C 语言子程序中，有误的是（   ）。

```
void drawLineWithDDA(int x1, int y1, int x2, int y2, int color)
{
```
A.   int x, y;

B.   float k = (float)(y2 - y1)(x2 - x1);

C.   for(x = x1; y = y1; x <= x2; x++)

```
                    {
                        drawPixel(x, y, color);
    D.                  y += k;
                    }
                }
```

5. 用编码裁剪法裁剪二维线段时，判断下列直线段采用哪种处理方法。假设直线段两个端点 M、N 的编码分别为 0000 和 0000（   ）。

    A. 直接保留   B. 直接舍弃

    C. 对 MN 再分割求交   D. 不能判断

6. 下述绕坐标原点逆时针旋转 θ 角的坐标变换矩阵中哪一项是正确的（   ）。

$$\begin{bmatrix} A & B \\ C & D \end{bmatrix}$$

A. $\begin{bmatrix} \sin\theta & \cos\theta & 0 \\ -\cos\theta & \sin\theta & 0 \\ 0 & 0 & 1 \end{bmatrix}$

B. $\begin{bmatrix} \sin\theta & \cos\theta & 0 \\ \cos\theta & \sin\theta & 0 \\ 0 & 0 & 1 \end{bmatrix}$

C. $\begin{bmatrix} \cos\theta & \sin\theta & 0 \\ -\sin\theta & \cos\theta & 0 \\ 0 & 0 & 1 \end{bmatrix}$

D. $\begin{bmatrix} \cos\theta & -\sin\theta & 0 \\ \sin\theta & \cos\theta & 0 \\ 0 & 0 & 1 \end{bmatrix}$

7. 使用下列二维图形变换矩阵：

$$T = \begin{vmatrix} 1 & 0 & 0 \\ 0 & 2 & 0 \\ 1 & 0 & 1 \end{vmatrix}$$

将产生变换的结果为（   ）

    A. 图形放大 2 倍

    B. 沿 X、Y 坐标轴方向各移动 1 个绘图单位

    C. 沿 Y 坐标轴方向放大 2 倍，同时沿 X 坐标轴方向移动 1 个绘图单位

    D. 沿 X 坐标轴方向放大 2 倍，同时沿 Y 坐标轴方向移动 1 个绘图单位

8. 使用下列二维图形变换矩阵：

$$T = \begin{bmatrix} -1 & 0 & 0 \\ 0 & -1 & 0 \\ 0 & 0 & 1 \end{bmatrix}$$

产生变换的结果为（   ）。

    A. 以 Y 坐标轴为对称轴的反射图形

    B. 以 X 坐标轴为对称轴的反射图形

    C. 绕原点旋转 180°

    D. 以 $Y=X$ 为对称轴的反射图形

9. 下列有关平面几何投影的叙述，错误的论述为（   ）。

    A. 透视投影的投影中心到投影面的距离是有限的

    B. 在透视投影中，一组平行线的投影仍保持平行

    C. 在平行投影中，不可能产生灭点

    D. 透视投影与平行投影相比，视觉效果更为真实，但不一定能真实地反映物体的精确尺寸和形状

10. n 次 B 样条曲线具有（   ）阶参数连续性。

    A. $n-2$ B. $n-1$ C. n D. $n+1$

11. 在边界表示中，对于任意的简单多面体，其面（f）、边（e）、顶点（v）的数目需满足的公式为（   ）。

    A. $v-e+f=0$ B. $v-e+f=1$

    C. $v-e+f=2$ D. $v-e+f=3$

12. 下列有关边界表示法的叙述语句中，错误的论述为（   ）。

    A. 定义了物体的边界也就唯一地定义了物体的几何形状边界

    B. 物体边界上的面是有界的，而且面的边界应是闭合的

    C. 物体边界上的面是有向的，面的法向总是指向物体的内部

    D. 物体边界上的边可以是曲线，但在两端之间不允许曲线自相交

13. 在光线跟踪（Ray Tracing）算法中，下述哪种情况下应继续跟踪光线？（   ）

    A. 光线的光强已经很弱   B. 光线深度已经很深

    C. 光线遇到某一物体   D. 光线遇到背景

14. 扫描线消隐算法在何处利用了连贯性（相关性 Coherence）（   ）？

（1）计算扫描线与边的交点；（2）计算多边形在其边界上的深度值；（3）计算多边形在视窗任意点处的深度值；（4）检测点与多边形之间的包含性。

    A. 仅在（1）和（2）处   B. 仅在（1）和（3）处

    C. 仅在（1）（2）和（3）处   D. 在（1）（2）（3）和（4）处

15. 下列有关简单光反射模型的描述，错误的为（   ）。

    A. 简单光反射模型，又称为 Phong 模型，它模拟物体表面对光的反射作用

    B. 在简单光反射模型中，假定光源是点光源，而且仅关注物体表面对光的镜面反射作用

    C. 简单光反射模型主要考虑物体表面对直射光照的反射作用

    D. 在简单光反射模型中，对物体间的光反射作用，只用一个环境光变量作近似处理

三、多项选择题（每小题 2 分，共 10 分）

1. 随机扫描图形显示器的特征有（   ）。

    A. 画线设备   B. 画点设备

    C. 支持动态图形显示   D. 短余辉（有闪烁）

    E. 与图形复杂度相关   F. 锯齿现象

2. 以下关于图形变换的论述哪些是正确的？（   ）

    A. 平移变换不改变图形大小和形状，只改变图形位置

    B. 错切变换虽然可引起图形角度的改变，但不会发生图形畸变

    C. 拓扑关系不变的几何变换不改变图形的连接关系和平行关系

　　D．旋转变换后各图形部分间的线性关系和角度关系不变，变换后直线的长度不变
3．下列有关曲线和曲面概念的叙述，错误的为（　　）。
　　A．由于曲面造型可用参数曲面描述来表示一个复杂物体，曲面造型是 CAD 系统中唯一适用的造型方法
　　B．曲线和曲面有显式、隐式和参数形式表示法，在计算机图形学中，较适用的是参数形式表示法
　　C．在曲线和曲面定义时，使用的基函数应有两种重要性质：凸包性和仿射不变性
　　D．从描述复杂性和形状灵活性考虑，最常用的参数曲线是二次有理多项式的曲线。
4．在各种消隐算法中，下列哪些论述是正确的？（　　）
　　A．画家算法的基本思想是先将屏幕赋值为背景色，然后再把物体各个面按其到视点距离远近排序
　　B．Z 缓冲算法不仅需要帧缓冲区存放像素的亮度值，还需要一个 Z 缓冲区存放每个像素的深度值
　　C．扫描线算法首先按扫描行顺序处理一帧画面，在由视点和扫描线所决定的扫描平面上解决消隐问题
　　D．区域采样算法是利用图形的区域连贯性在连续的区域上确定可见面及其颜色和亮度
5．下列哪些算法是明暗效应处理算法？（　　）
　　A．Gourand 算法　　　　　　　　B．画家算法
　　C．Phong 算法　　　　　　　　　D．Z 缓冲器算法

四、问答题（1~5 小题每题 6 分，6~7 小题每题 10 分，第 8 小题 15 分，共 65 分）
1．简述 RGB 和 CMY 方法的异同。
2．简述扫描线多边形填充算法的基本思想。
3．简述多边形逐边裁剪的基本思想。
4．简述常用消隐算法的分类。
5．说明反走样的三种常用方法，并作比较。
6．求空间四面体关于点 $P(2,-2,2)$ 整体放大 2 倍的变换矩阵，画出变换后的图形。
7．已知 Bezier 曲线上的四个点分别为 $Q_0(150,0)$，$Q_1(45,0)$，$Q_2(0,45)$,$Q_3(0,150)$，它们对应的参数分别为 0、1/3、2/3、1，反求三次 Bezier 曲线的控制顶点 C_1、C_2、C_3、C_4。
8．写一个显示一串字符的程序。

模拟试题三

一、判断题（每小题 1 分，共 10 分）
1．阴极射线管的主要技术指标是分辨率和显示速度。（　　）
2．计算机图形生成的基本单位是线段。（　　）
3．种子填充算法中所提到的八向连通区域算法同时可填充四向连通区域。（　　）
4．边填充算法中是将扫描线与多边形交点左方的所有像素取补。（　　）
5．齐次坐标提供了坐标系变换的有效方法，但仍然无法表示无穷远的点。（　　）
6．Bezier 曲线具有对称性质。（　　）
7．显式方程和参数曲线均可表示封闭曲线或多值曲线。（　　）
8．凡满足 G' 连续的曲线同时满足 C' 连续条件，反之则不成立。（　　）

9. Gourand 光照模型能够正确反映出高光部位的亮度。（　　）

10. 欧拉公式 $v-e+f=2$ 也适用于三维形体中的相关信息描述。（　　）

二、单项选择题（每小题 1 分，共 15 分）

1. 分辨率为 1024×1024 的显示器，其位平面数为 24，则帧缓存的字节数应为（　　）。

    A．3MB　　　　　　B．2MB　　　　　　C．1MB　　　　　　D．512kB

2. 计算机图形显示器一般使用什么颜色模型？（　　）

    A．RGB　　　　　　B．CMY　　　　　　C．HSV　　　　　　D．HLS

3. 下列语句中，正确的论述为（　　）。

    A．图形系统中，显示器的分辨率只影响图形显示的精度

    B．彩色打印机使用 CMY 颜色模型

    C．光栅扫描图形显示器中，所有图形都应转化为像素点来显示

    D．在图形文件中，点、线、圆、弧等图形元素都要转化为像素点来描述

4. 下面关于反走样的论述哪个是错误的？（　　）

    A．提高分辨率

    B．把像素当作平面区域进行采样

    C．采用锥形滤波器进行加权区域采样

    D．增强图像的显示亮度

5. 用编码裁剪法裁剪二维线段时，判断下列直线段采用哪种处理方法。假设直线段两个端点 M、N 的编码分别为 1000 和 0001（　　）。

    A．直接保留　　　　　　　　　　B．直接舍弃

    C．对 MN 再分割求交　　　　　　D．不能判断

6. 在多边形的逐边裁剪法中，对于某多边形的边（方向为从端点 S 到端点 P）与某裁剪线（窗口的某一边）的比较结果共有以下四种情况，分别输出一些顶点。在哪种情况下输出的顶点是错误的？（　　）

    A．S 和 P 均在可见一侧，则输出 S、P

    B．S 和 P 均在不可见一侧，则输出 0 个顶点

    C．S 在可见一侧，P 在不可见一侧，则输出线段 SP 与裁剪线的交点

    D．S 在不可见一侧，P 在可见一侧，则输出线段 SP 与裁剪线的交点和 P

7. 使用下列二维图形变换矩阵：

$$T = \begin{bmatrix} 0 & 1 & 0 \\ 1 & 0 & 0 \\ 0 & 0 & 1 \end{bmatrix}$$

产生图形变换的结果为（　　）。

    A．以 $Y=X$ 为对称轴的反射图形

    B．以 $Y=-X$ 为对称轴的反射图形

    C．绕原点逆时针旋转 90 度

    D．绕原点顺时针旋转 90 度

8. 使用下列二维图形变换矩阵：

$$T = \begin{bmatrix} 1 & 0 & 0 \\ 0 & 1 & 0 \\ 1 & 1 & 2 \end{bmatrix}$$

产生图形变换的结果为（　　）。

  A．图形放大 2 倍，同时沿 X、Y 坐标轴方向各移动 1 个绘图单位

  B．图形放大 1/2 倍，同时沿 X、Y 坐标轴方向各移动 1 个绘图单位

  C．沿 X、Y 坐标轴方向各移动 1 个绘图单位

  D．沿 X、Y 坐标轴方向各放大 2 倍

9．下面哪个不是齐次坐标的特点（　　）。

  A．用 $n+1$ 维向量表示一个 n 维向量

  B．一个 n 维向量的齐次坐标表示是唯一的

  C．将图形的变换统一为图形的坐标矩阵与某一变换矩阵相乘的形式

  D．易于表示无穷远点

10．在透视投影中，主灭点的最多个数是（　　）。

  A．1   B．2   C．3   D．4

11．下面关于深度缓冲消隐（Z-Buffer）的论断中不正确的是（　　）。

  A．深度缓冲算法不需要开辟一个与图像大小相等的深度缓存数组

  B．深度缓冲算法不能处理对透明物体的消隐

  C．深度缓冲算法可以实现并行

  D．深度缓冲算法中没有对多边形进行排序

12．在简单光反射模型中，由物体表面上点反射到视点的光强为下述哪几项之和？（　　）

  （1）环境光反射光强；（2）理想漫反射光强；

  （3）镜面反射光强；（4）物体间反射光强。

  A．（1）和（2）   B．（1）和（3）

  C．（1）（2）和（3）   D．（1）（2）（3）和（4）

13．在光亮度插值算法中，下列论述哪个是错误的？（　　）

  A．Gouraud 明暗模型计算中，多边形与扫描平面相交区段上每一采样点的光亮度值是由扫描平面与多边形边界交点的光亮度插值得到的

  B．Phong 明暗处理模型中，采用了双线性插值和构造法向量函数的方法模拟高光

  C．Gouraud 明暗模型和 Phong 明暗处理模型主要是为了处理由多个平面片近似表示曲面物体的绘制问题

  D．Phong 明暗模型处理的物体表面光亮度呈现不连续跃变

14．基本光线跟踪方法中所考虑的光线包括（　　）。

  A．漫射、反射，不包括折射 B．折射、反射，不包括漫射

  C．漫射、折射，不包括反射 D．反射、漫射、折射

15．双线性光强插值法（Gouraud Shading）存在哪些问题？（　　）

  A．光照效果在数值上不连续

  B．生成多面体真实感图像效果差

  C．生成曲面体真实感图像效果差

  D．速度仍不够快

三、多项选择题（每小题 2 分，共 10 分）

1. 下列两重组合变换中，可互换的有（   ）。
  A．比例、比例
  B．平移、平移
  C．旋转、旋转
  D．比例（$a=b$）、平移
  E．比例（$a=b$）、旋转
  F．旋转、平移

2. 光栅扫描图形显示器的特征有（   ）。
  A．画线设备
  B．画点设备
  C．支持动态图形显示
  D．短余辉（有闪烁）
  E．与图形复杂度相关
  F．锯齿现象

3. 下列有关平面几何投影的叙述中，正确的为（   ）。
  A．在平面几何投影中，若投影中心移到距离投影面无穷远处，则成为平行投影
  B．透视投影与平行投影相比，视觉效果更有真实感，而且能真实地反映物体的精确尺寸和形状
  C．透视投影变换中，一组平行线投影在与之平行的投影面上不产生灭点
  D．三维空间中的物体进行透视投影变换，可能产生三个或更多的灭点

4. 下列有关 Bezier 曲线性质的叙述中，错误的结论为（   ）。
  A．Bezier 曲线可用其特征折线集（多边形）来定义
  B．Bezier 曲线必须通过其特征折线集（多边形）的各个顶点
  C．Bezier 曲线两端点处的切线方向必须与起特征折线集（多边形）的相应两端线段走向一致
  D．n 次 Bezier 曲线端点处的 r 阶导数只与 r 个相邻点有关

5. 包围盒的主要用途在于（   ）。
  A．多边形裁剪
  B．区域填充
  C．消隐
  D．上述三种中的一个

四、问答题（1～5 小题每题 6 分，6～7 小题每题 10 分，第 8 小题 15 分，共 65 分）

1. 简述扫描线种子填充算法的基本思想。
2. 为了在显示器等输出设备上输出字符，系统中必须装备有相应的字库。字库中存储了每个字符的形状信息，字库分为哪两种类型？各有什么特点？
3. 解释走样和反走样的概念，常见的走样方式有哪些？
4. 解释什么叫曲线的插值、曲线的逼近和曲线的拟合？其中哪种不必通过所有给定的型值点列？
5. 简述任意三种消除隐藏面的常用方法，并比较每种算法的优缺点。（从时间、空间、图形质量三方面比较）。
6. 计算利用中点画线法生成(1,1)到(9,6)的直线所经过的像素点。
7. 求空间四面体 $ABCD$ 三视图的变换矩阵（平移矢量均为 1），并作出三视图。
8. 写一个画饼分图的程序。

模拟试题一参考答案

一、判断题（每小题 1 分，共 10 分）
1. N   2. Y   3. N   4. N   5. N

6．Y　　　7．Y　　　8．N　　　9．Y　　　10．N

二、单项选择题（每小题 1 分，共 15 分）

1．A　　　2．D　　　3．C　　　4．D　　　5．C

6．C　　　7．D　　　8．B　　　9．C　　　10．A

11．A　　　12．C　　　13．A　　　14．C　　　15．B

三、多项选择题（每小题 2 分，共 10 分）

1．BC　　　2．DF　　　3．AC　　　4．ACD　　　5．AC

四、问答题（1～5 小题每题 6 分，6～7 小题每题 10 分，第 8 小题 15 分，共 65 分）

1．解答：

帧缓存的大小和显示器分辨率之间的关系是：

帧缓存的大小=显示器分辨率的大小×帧缓存的位平面数/8

位平面数=$\log_2$ 颜色数

例如，分辨率为 640×480 的显示器所需要的缓存大小是：

640×480×24/8=921600 字节

分辨率为 1280×1024 的显示器所需要的缓存大小是：

1280×1024×24/8=3932160 字节

分辨率为 2560*2048 的显示器所需要的缓存大小是：

2560×2048×24/3= 15728640 字节

2．解答：

种子像素入栈，当栈非空时，执行如下三步操作：

（1）栈顶像素出栈；

（2）将出栈像素置成多边形色；

（3）按左、上、右、下的顺序检查与出栈像素相邻的四个像素，若其中某个像素在边界上且未置成多边形色，则把该像素入栈。

缺点：像素入栈多次，栈要很大的空间。

3．解答：

深度缓存算法是一种典型的，也是最简单的图像空间的消隐算法。在屏幕空间坐标系中，Z 轴为观察方向，通过比较平行于 Z 轴的射线与物体表面交点的 Z 值（又称为深度值），用深度缓存数组记录下最小的 Z 值，并将对应点的颜色存入显示器的帧缓存。

深度缓存算法最大的优点是简单。它在 X、Y、Z 方向上都没有进行任何排序，也没有利用任何相关性。算法复杂性正比于 mnN。在屏幕大小，即 mn 一定的情况下，算法的计算量只与多边形个数 N 成正比。其另一个优点是算法便于硬件实现，并可以并行化。

4．解答：

直线扫描转换中的 DDA 算法，采用增量法，用加法运算代替乘法运算。

多边形填充，计算下一个扫描线和边的交点的 X 值，采用增量法以避免解方程。

5．解答：

Cohen-Suther Land 裁剪算法：根据编码，当整个线段明显都在窗口内，显示；当整个线段明显都不在窗口内，丢弃；否则求与窗口的交点，把线段一分为二，其中一段明显都不在窗口内，丢弃，对另一段重复上述处理。当整个线段明显都在/都不在窗口内，速度最快，因为以编码测试进行；当线段一端在窗口内，一端在窗口外，速度最慢，因为要进行求交运算。

中点分割法：根据编码，当整个线段明显都在窗口内，显示；当整个线段明显都不在窗口内，丢弃；否则把线段一分为二，对这两段重复上述处理。当整个线段明显都在/都不在窗口内，速度最快，因为以编码测试进行；否则，当线段一端在窗口内，一端在窗口外，速度较慢，因为要进行二分法求交点运算。

梁友栋-Barskey 算法：当线段不明显都在/都不在窗口内，速度最快，因为采用参数运算和额外测试，只有必要时才求交。

6．解答：

（1）斜率 $k=(3-0)/(8-1)=3/7$，$k>0$

（2）$F(x, y)=ax + by + c=0$，$a=-3$，$b=7$，$c=3$

（3）$d=2a+b=-6+7=1$

（4）delta1$=2×a=-6$，delta2$=2×(a+b)=8$

（5）在(1,0)画线

（6）$x=1<8$，$y=0$，$d=1>0$，推导出 $x=2$，$y=0$，$d=-5$，在(2,0)画点

（7）$x=2<8$，$y=0$，$d=-5<0$，推导出 $x=3$，$y=1$，$d=3$，在(3,1)画点

（8）$x=3<8$，$y=1$，$d=3>0$，推导出 $x=4$，$y=1$，$d=-3$，在(4,1)画点

（9）$x=4<8$，$y=1$，$d=-3<0$，推导出 $x=5$，$y=2$，$d=5$，在(5,2)画点

（10）$x=5<8$，$y=2$，$d=5>0$，推导出 $x=6$，$y=2$，$d=-1$，在(6,2)画点

（11）$x=6<8$，$y=2$，$d=-1<0$，推导出 $x=7$，$y=3$，$d=7$，在(7,3)画点

（12）$x=7<8$，$y=3$，$d=7>0$，推导出 $x=8$，$y=3$，$d=1$，在(8,3)画点

（13）$x=8$ 结束

7．解答：

变换的过程包括：

（1）平移。将点 $P(5,4)$平移至原点$(0,0)$；

（2）旋转。图形绕原点（O 点）旋转 45 度；

（3）反平移。将 P 点移回原处$(5,4)$；

（4）变换矩阵。平移－旋转－反平移。

$$T = T_t \cdot T_R \cdot T_z^{-1} = \begin{bmatrix} 1 & 0 & 0 \\ 0 & 1 & 0 \\ -5 & -4 & 1 \end{bmatrix} \begin{bmatrix} \cos45° & \sin45° & 0 \\ -\sin45° & \cos45° & 0 \\ 0 & 0 & 1 \end{bmatrix} \begin{bmatrix} 1 & 0 & 0 \\ 0 & 1 & 0 \\ 5 & 4 & 1 \end{bmatrix}$$

$$= \begin{bmatrix} \sqrt{2}/2 & \sqrt{2}/2 & 0 \\ -\sqrt{2}/2 & \sqrt{2}/2 & 0 \\ 5-\sqrt{2}/2 & 4-9\sqrt{2}/2 & 1 \end{bmatrix}$$

（5）变换过程：四边形 $ABCD$ 的规范化齐次坐标$(x,y,1)×3$ 阶二维变换矩阵

$$P' = F \cdot T = \begin{bmatrix} 4 & 1 & 1 \\ 7 & 3 & 1 \\ 7 & 7 & 1 \\ 1 & 4 & 1 \end{bmatrix} \begin{bmatrix} \sqrt{2}/2 & \sqrt{2}/2 & 0 \\ -\sqrt{2}/2 & \sqrt{2}/2 & 0 \\ 5-\sqrt{2}/2 & 4-9\sqrt{2}/2 & 1 \end{bmatrix}$$

$$= \begin{bmatrix} 5\sqrt{2} & 4-2\sqrt{2} & 1 \\ 5+3\sqrt{2}/2 & 4+\sqrt{2}/2 & 1 \\ 5-\sqrt{2}/2 & 4+5\sqrt{2}/2 & 1 \\ 5-\sqrt{2}/2 & 4-2\sqrt{2} & 1 \end{bmatrix}$$

由旋转后四边形 *ABCD* 的规范化齐次坐标(x',y',1)可写出顶点坐标：

A'(6.4,1.2)，B'(7.1,4.7)，C'(4.3,8.5)，D'(2.2,1.2)

8. 解答：

参考程序如下：

```
Draw_wide_dashed(int x0,int y0,int x1,int y1,int width,int color)
{

    int j;
    float dx,dy,k,x,y,startx,starty;
    dx=abs(x1-x0);
    dy=abs(y1-y0);
    k=dy/dx;
    if (abs(k)<=1)//如果斜率不大于1，则x的增长大于y的增长
    {
        startx=x0<x1?x0:x1;
        for (j=width;j>0;j--)
        {   y=starty;//
            for(x=startx;x<startx+dx;x+=2)
            {
                drawpixel(x,int(y+0.5),color);
                y=y+k;
            };
            starty=starty+1;//每次画一条宽为1的斜线时重新调整起点
            startx=startx-1/k;
        }
    }
    else
    {
        starty=y0<y1?y0:y1;
        for (j=width;j>0;j--)
        {   x=startx;
            for(y=starty;y<starty+dy;y+=2)
            {
                drawpixel(int(x+0.5),y,color);
```

```
                x=x+1/k;
            };
            startx=startx+1;
            starty=starty-1/k;
        }
    }
}
```

模拟试题二参考答案

一、判断题（每小题 1 分，共 10 分）

| 1．Y | 2．Y | 3．Y | 4．N | 5．N |
| 6．Y | 7．Y | 8．Y | 9．Y | 10．N |

二、单项选择题（每小题 1 分，共 15 分）

1．B	2．B	3．B	4．A	5．A
6．C	7．C	8．C	9．B	10．B
11．C	12．C	13．C	14．D	15．B

三、多项选择题（每小题 2 分，共 10 分）

1．ACDE　　　2．ACD　　3．AD　　　4．ABCD　　5．AC

四、问答题（1～5 小题每题 6 分，6～7 小题每题 10 分，第 8 小题 15 分，共 65 分）

1．解答：

计算机图形显示器是用 RGB 方法表示颜色，而绘图设备是用 CMY 方法来表示颜色的。它们之间的关系是两者都是面向硬件的颜色系统，前者是增性原色系统，后者是减性原色系统，后者是通过在黑色里加入一种什么颜色来定义一种颜色，而后者是通过指定从白色里减去一种什么颜色来定义一种颜色。

2．解答：

扫描线多边形区域填充算法是按扫描线顺序，计算扫描线与多边形的相交区间，再用要求的颜色显示这些区间的像素，即完成填充工作。区间的端点可以通过计算扫描线与多边形边界线的交点获得。对于一条扫描线，多边形的填充过程可以分为如下四个步骤：

（1）求交。计算扫描线与多边形各边的交点；

（2）排序。把所有交点按 x 值递增顺序排序；

（3）配对。第一个与第二个，第三个与第四个等，每对交点代表扫描线与多边形的一个相交区间；

（4）填色。把相交区间内的像素置成多边形颜色，把相交区间外的像素置成背景色。

3．解答：对于一个多边形，可以把它分解为边界的线段逐段进行裁剪，但这样做会使原来封闭的多边形变成不封闭的或一些离散的线段。当把多边形作为实区域考虑时，封闭的多边形裁剪后仍应是封闭的多边形，以便进行填充。为此，可以使用 Sutherland-Hodgman 算法。该算法的基本思想是一次用窗口的一条边裁剪多边形。

算法的每一步，考虑窗口的一条边以及延长线构成的裁剪线。该线把平面分成两个部分：一部分包含窗口，称为可见一侧；另一部分称为不可见一侧。假定多边形的边 SP 有方向，S 为起点，P 为终点，则：

（1）S 和 P 均在可见一侧，则输出 P；

（2）S 和 P 均在不可见一侧，则输出 0 个顶点；

（3）S 在可见一侧，P 在不可见一侧，则输出线段 SP 与裁剪线的交点；

（4）S 在不可见一侧，P 在可见一侧，则输出线段 SP 与裁剪线的交点和 P。

4．解答：

根据消隐空间的不同，消隐算法可分为两类。

（1）物体空间的消隐算法。物体空间是物体所在的空间，即规范化投影空间。这类算法是将物体表面上 k 个多边形中的每一个面与其余 $k-1$ 个面进行比较，精确求出物体上每条边或每个面的遮挡关系。计算量正比于 $k2$。

（2）图像空间的消隐算法。图像空间就是屏幕坐标空间，这类算法对屏幕的每一个像素进行判断，以决定物体上哪个多边形在该像素点上是可见的。若屏幕上有 $m \times n$ 个像素点，物体表面上有 k 个多边形，则该类消隐算法计算量正比于 mnk。

5．解答：

方法 1：提高分辨率，但不经济，有限制，而且只能减轻。

方法 2：简单的区域取样，没考虑离理想直线的距离，锯齿比方法 1 模糊，相邻两个像素有时有较大的灰度差。

方法 3：加权区域采样，效果最好，但运算复杂。

6．解答：

变换矩阵。点 $P(2,-2,2)$ 平移至原点→比例变换放大两倍→反平移回点 $P(2,-2,2)$。

$$T=\begin{bmatrix}1&0&0&0\\0&1&0&0\\0&0&1&0\\-2&2&-2&1\end{bmatrix}\begin{bmatrix}1&0&0&0\\0&1&0&0\\0&0&1&0\\0&0&0&1/2\end{bmatrix}\begin{bmatrix}1&0&0&0\\0&1&0&0\\0&0&1&0\\2&-2&2&1\end{bmatrix}=\begin{bmatrix}1&0&0&0\\0&1&0&0\\0&0&1&0\\-1&1&-1&1/2\end{bmatrix}$$

变换过程。空间四面体 $ABCD$ 的规范化齐次坐标 $(x,y,z,1)\times 4$ 阶三维比例变换矩阵

$$P'=P\cdot T=\begin{bmatrix}2&0&0&1\\2&2&0&1\\0&2&0&1\\2&2&2&1\end{bmatrix}\begin{bmatrix}1&0&0&0\\0&1&0&0\\0&0&1&0\\-1&1&-1&1/2\end{bmatrix}=\begin{bmatrix}1&1&-1&1/2\\1&3&-1&1/2\\-1&3&-1&1/2\\1&3&1&1/2\end{bmatrix}$$

空间四面体 $ABCD$ 的齐次坐标 $(x',y',z',1/2)$ 转换成规范化齐次坐标。

顶点	x y z 1
A	2，2，2，1
B	2，6，-2，1
C	-2，6，-2，1
D	2，6，2，1

由比例变换后规范化齐次坐标 $(x',y',z',1)$ 可写出顶点坐标：

$A'(2,2,-2)$，$B'(2,6,-2)$，$C'(-2,6,-2)$，$D'(2,6,2)$

7．解答：

提示：$C(0) = Q_0 = C_0$，$C(1) = Q_3 = C_3$

$C(1/3) = Q_1 = C_0 \times B_{0,3}(1/3) + C_1 \times B_{1,3}(1/3) + C_2 \times B_{2,3}(1/3) + C_3 \times B_{3,3}(1/3)$

$C(2/3) = Q_2 = C_0 \times B_{0,3}(2/3) + C_1 \times B_{1,3}(2/3) + C_2 \times B_{2,3}(2/3) + C_3 \times B_{3,3}(2/3)$

联立后两个方程，求解 C_1、C_2。

8．解答：

参考程序如下：

```
Graph_puts(int x0,int y0,char *string)
{
    char current_char;
    int font_mask[FONT_WIDTH][FONT_HEIGHT];
    int i,j;
    for (j=0;string[j]!="\0";j++)
    {current_char=string[j];
        get_font(font_mask,current_char);//从字库里取得当前的字模
        for(i=0;i<FONT_WIDTH,i++)
            for(j=0;j<FONT_HEIGHT,j++)
            if (font_mask[i][j])
                write_pixel(x0+i,y0+j,FONT_COLOR);
            else
                write_pixel(x0+i,y0+j,BACKGROUND_COLOR);
    }
}
```

模拟试题三参考答案

一、判断题（每小题 1 分，共 10 分）

1．Y	2．N	3．Y	4．N	5．N
6．Y	7．N	8．N	9．N	10．Y

二、单项选择题（每小题 1 分，共 15 分）

1．A	2．A	3．B	4．D	5．C
6．A	7．A	8．B	9．B	10．C
11．B	12．C	13．D	14．B	15．B

三、多项选择题（每小题 2 分，共 10 分）

1．ABCE	2．BCF	3．AC	4．BD	5．AC

四、问答题（1～5 小题每题 6 分，6～7 小题每题 10 分，第 8 小题 15 分，共 65 分）

1．解答：

（1）沿扫描线，在扫描线与多边形的相交区间内填充。

（2）只取一个种子像素。

（3）种子像素入栈。当栈非空时执行以下四步操作：

① 栈顶元素出栈；

② 沿扫描线对出栈像素的左右像素进行填充，直至遇到边界像素为止，即对每个出栈像素，对包含该像素的整个区间进行填充；

③ 上述区间内最左、最右的像素分别记为 xl 何 xr；

④ 在区间[xl,xr]中检查与当前扫描线相邻的上下两条扫描线的有关像素是否全为边界或已填充的像素，若存在非边界、未填充的像素，则把每一区间的最右像素作为种子像素入栈。

2．解答：

点阵字库：易显示；但存储量大，变换难，放大有锯齿。

矢量字库：存储量小，美观，变换方便；但需要光栅化后才能显示。

3．解答：

在光栅显示器上显示图形时，直线段或图形边界或多或少会呈锯齿状。原因是图形信号是连续的，而在光栅显示系统中，用来表示图形的却是一个个离散的像素。这种用离散量表示连续量引起的失真现象称为走样（Aliasing），用于减少或消除这种效果的技术称为反走样（Antialiasing）。

光栅图形的走样现象除了阶梯状的边界外，还有图形细节失真（图形中那些比像素更窄的细节变宽），狭小图形遗失等现象。

4．解答：

给定一组有序的数据点 P_i，$i=0$，1，…，n，构造一条曲线顺序通过这些数据点，称为对这些数据点进行插值，所构造的曲线称为插值曲线。

构造一条曲线使之在某种意义下最接近给定的数据点，称为对这些数据点进行逼近，所构造的曲线为逼近曲线。

插值和逼近则统称为拟合。

逼近不必通过所有给定的型值点列。

5．解答：

（1）Z 缓冲区算法。空间物体扫描转换后，每一点和显示缓冲区比较 Z 值，大则显示，小则丢弃。耗时较多，没有利用图形的相关性和连续性，需要和显示缓冲区一样大小深度缓冲区内存，但算法简单，有利于硬件实现，图像质量最好。

（2）扫描线 Z 缓冲区算法。算法复杂，数据结构复杂，需要内存比 Z 缓冲区算法少，利用图形的连续性，图像质量最好。

（3）光线追踪算法。复杂度同 Z 缓冲区算法相同，但不需深度缓冲区内存，可以采用加速算法。

6．解答：

中点画线法原理：

斜率 k	误差项 d	理想点 Q	取下一个点	d 更新
<1	<0	在中点上	取上点	$d+2\Delta x-2\Delta y$
	≥0	在中点下	取下点	$d-2\Delta y$

直线斜率：$k=(6-1)/(9-1)=5/8$，$0<k<1$

计算初值：$\Delta x=9-1=8$，$\Delta y=6-1=5$，$d=\Delta x-2\Delta y=8-2\times5=-2$

取上点：$2\Delta x-2\Delta y=2\times8-2\times5=6$，$d+2\Delta x-2\Delta y=-2+6=4$

取下点：$2\Delta y=2\times5=10$，$d-2\Delta y=4-10=-6$

x	y	误差项 d	取下一个点	d 更新
1	1	<0	取上点	$d+2\Delta x-2\Delta y=4$
2	2	>0	取下点	$d-2\Delta y=-6$
3	2	<0	取上点	$d+2\Delta x-2\Delta y=0$
4	3	=0	取下点	$d-2\Delta y=-10$
5	3	<0	取上点	$d+2\Delta x-2\Delta y=-4$
6	4	<0	取上点	$d+2\Delta x-2\Delta y=2$
7	5	>0	取下点	$d-2\Delta y=-8$
8	5	<0	取上点	$d+2\Delta x-2\Delta y=-2$
9	6			

7. 解答：

（1）主视图 V

空间四面体 $ABCD$ 的规范化齐次坐标矩阵×Y轴方向投影矩阵（不需要平移）

$$P'=P\cdot T=\begin{bmatrix}2&0&0&1\\2&2&0&1\\0&2&0&1\\2&2&2&1\end{bmatrix}\cdot\begin{bmatrix}1&0&0&0\\0&0&0&0\\0&0&1&0\\0&0&0&1\end{bmatrix}=\begin{bmatrix}2&0&0&1\\2&0&0&1\\0&0&0&1\\2&0&2&1\end{bmatrix}$$

（2）俯视图 H

Z轴方向投影矩阵×绕X轴旋转$-90°$矩阵×Z轴方向平移-1矩阵

$$T=\begin{bmatrix}1&0&0&0\\0&1&0&0\\0&0&0&0\\0&0&0&1\end{bmatrix}\cdot\begin{bmatrix}1&0&0&0\\0&0&-1&0\\0&1&0&0\\0&0&0&1\end{bmatrix}\cdot\begin{bmatrix}1&0&0&0\\0&1&0&0\\0&0&1&0\\0&0&-1&1\end{bmatrix}=\begin{bmatrix}1&0&0&0\\0&0&-1&0\\0&0&0&0\\0&0&-1&1\end{bmatrix}$$

空间四面体 $ABCD$ 的规范化齐次坐标矩阵×投影变换矩阵（可以直接写出）

$$P'=P\cdot T=\begin{bmatrix}2&0&0&1\\2&2&0&1\\0&2&0&1\\2&2&2&1\end{bmatrix}\cdot\begin{bmatrix}1&0&0&0\\0&0&-1&0\\0&0&0&0\\0&0&-1&1\end{bmatrix}=\begin{bmatrix}2&0&-1&1\\2&0&-3&1\\0&0&-3&1\\2&0&-3&1\end{bmatrix}$$

（3）侧视图 W

X轴方向投影矩阵×绕Z轴旋转$90°$矩阵×X轴方向平移-1矩阵

$$T=\begin{bmatrix}0&0&0&0\\0&1&0&0\\0&0&1&0\\0&0&0&1\end{bmatrix}\cdot\begin{bmatrix}0&1&0&0\\-1&0&0&0\\0&0&1&0\\0&0&0&1\end{bmatrix}\cdot\begin{bmatrix}1&0&0&0\\0&1&0&0\\0&0&1&0\\-1&0&0&1\end{bmatrix}=\begin{bmatrix}0&0&0&0\\-1&0&0&0\\0&0&1&0\\-1&0&0&1\end{bmatrix}$$

空间四面体 $ABCD$ 的规范化齐次坐标矩阵×投影变换矩阵（可以直接写出）

$$P' = P \cdot T = \begin{bmatrix} 2 & 0 & 0 & 1 \\ 2 & 2 & 0 & 1 \\ 0 & 2 & 0 & 1 \\ 2 & 2 & 2 & 1 \end{bmatrix} \cdot \begin{bmatrix} 1 & 0 & 0 & 0 \\ -1 & 0 & 0 & 0 \\ 0 & 0 & 1 & 0 \\ -1 & 0 & 0 & 1 \end{bmatrix} = \begin{bmatrix} -1 & 0 & 0 & 1 \\ -3 & 0 & 0 & 1 \\ -3 & 0 & 0 & 1 \\ -3 & 0 & 2 & 1 \end{bmatrix}$$

（4）三个图画在同一坐标系中，注意点与点的连接关系以及直线的可见性问题。

8. 解答：

参考程序如下：

```
Draw_pie(int x, int y,float radius ,float *percent)
{
    float seed_x,seed_y;
    int color,i;
    color=0;
    float angle=0;
    draw_circle(x,y,radius);
    draw_line(x,y,x+radius,y);
    for(i=0;percent[i]<=0;i++)
    {   seed_x=x+radius*cos(angle+PI*percent[i]/100);
        seed_y=y+radius*sin(angle+PI*percent[i]/100);
        /*在新的扇区中间找一个种子点作为填色之用*/
        angle=angle+2*PI*percent[i]/100;
        draw_line(x,y,x+radius*cos(),y+radius*sin());
        seed_filling(seed_x,seed_y,color++,BACKGROUND_COLOR);
    }
}
```

附录 D 课程实验指导

一、课程实验方案

1. 实验教学目标与基本要求

（1）通过实习培养开发一个基本图形软件包的能力。

（2）了解光栅图形显示器的工作原理和特点。

（3）掌握课本所介绍的图形算法的原理和实现。

2. 实验环境介绍

实验主要以设计程序实现各种教学课堂中讲过的图形算法为主。

程序设计语言主要以 C 语言为主，开发平台为 Turbo C 2.0。同学们也可以根据自己的喜好使用其他的语言平台，如 Visual C++、Java 语言等。

3. 课程实验内容

实验一　实验环境的熟悉及像素点的生成

实验目的：

熟悉 Turbo C 2.0 编程环境；了解光栅图形显示器的特点，了解计算机绘图的特点；利用 Turbo C 2.0 作为开发平台设计程序，实现各种教学课堂中讲过的图形算法。

实验内容：

（1）了解和使用 Turbo C 2.0 的开发环境。

（2）熟悉 Turbo C 2.0 开发环境的基本编辑命令及功能键，学会常规窗口操作；熟悉常用功能菜单命令。

（3）学习完整的 Turbo C 程序开发过程。

（4）理解简单的 Turbo C 程序结构。

（5）了解和使用 Turbo C 提供的基本图形函数。

（6）了解光栅图形显示器的特点及利用计算机绘图的特点。

（7）像素点的生成。

实验步骤：

各人根据自身对 Turbo C 的实际熟悉情况自由安排，以能够利用 Turbo C 2.0 作为开发工具进行编程为本实验的目标，以能够在屏幕上生成任意一个像素点为本实验的结束。

实验要求：

能够利用 Turbo C 作为开发工具进行简单程序的编写。

实验二　基本图形元素（直线）生成算法的实现

实验目的：

理解直线生成的基本原理，掌握几种常用的直线生成算法，利用 Turbo C 实现直线生成的 DDA 算法。

实验内容：

（1）了解直线的生成原理。

（2）掌握几种基本的直线生成算法：DDA 画线法、Bresenham 画线法、中点画线法。

（3）利用 Turbo C 实现直线生成的 DDA 算法，在屏幕上任意生成一条直线。

实验步骤：

（1）预习教材关于直线的生成原理。

（2）仿照教材关于直线生成的 DDA 算法，使用 Turbo C 实现该算法。

（3）调试、编译、运行程序。

实验要求：

在下次实验时提交本次实验的实验报告（实验报告包括实验目的、实验内容、实验实现过程、源程序、实验结果、实验体会）。

实验三　圆生成算法的实现

实验目的：

理解圆生成的基本原理，掌握几种常见的圆生成算法，利用 Turbo C 实现圆生成的中点画圆算法。

实验内容：

（1）利用中点画图算法，在屏幕上生成任意一段 1/8 圆弧。

（2）利用图的对称性，将第（1）题生成的圆弧扩展为一个整圆。

实验步骤：

（1）预习教材关于圆的生成原理。

（2）仿照教材关于圆生成的中点画圆算法，使用 Turbo C 实现该算法。

（3）调试、编译、运行程序。

实验要求：

在下次实验时提交本次实验的实验报告（实验报告包括实验目的、实验内容、实验实现过程、源程序、实验结果、实验体会）。

实验四　区域填充的实现

实验目的：

理解区域的表示和类型，能正确区分四连通和八连通的区域，了解区域填充的实现原理，利用 Turbo C 实现区域填充的递归算法。

实验内容：

（1）利用画线函数，在屏幕上定义一个封闭区域。

（2）利用种子填充算法，填充第（1）题中定义的区域。

实验步骤：

（1）预习教材关于区域填充的算法。

（2）仿照教材关于区域填充的递归算法，使用 Turbo C 实现该算法。

（3）调试、编译、运行程序。

实验要求：

在下次实验时提交本次实验的实验报告（实验报告包括实验目的、实验内容、实验实现过程、源程序、实验结果、实验体会）。

实验五　二维裁剪的实现

实验目的：

了解二维图形裁剪的原理（点的裁剪、直线的裁剪、曲线和文字的裁剪），利用 Turbo C 实现直线的裁剪算法。

实验内容：

（1）了解点的裁剪。

（2）理解直线裁剪的原理（编码裁剪算法、梁友栋-Barsky 裁剪算法）

（3）了解曲线和文字的裁剪。

（4）利用 Turbo C 实现直线的编码裁剪算法，在屏幕上用一个封闭矩形裁剪任意一条直线。

实验步骤：

（1）预习教材关于直线裁剪的原理和算法。

（2）仿照教材关于直线的编码裁剪算法，使用 Turbo C 实现该算法。

（3）调试、编译、运行程序。

实验要求：

在下次实验时提交本次实验的实验报告（实验报告包括实验目的、实验内容、实验实现过程、源程序、实验结果、实验体会）。

实验六　图形几何变换（二维、三维变换）的实现

实验目的：

进一步掌握理解二维、三维变换的数学知识、变换原理、变换种类、变换方法；进一步理解采用齐次坐标进行二维、三维变换的必要性；利用 Turbo C 实现二维、三维图形的基本变换和复合变换。

实验内容：

（1）理解采用齐次坐标进行图形变换的必要性——变换的连续性，使复合变换得以实现。

（2）掌握二维、三维图形基本变换（平移、缩放、对称、旋转、错切）的原理及数学公式。

（3）利用 Turbo C 实现二维、三维图形的基本变换、复合变换（可根据喜好重点实现其中一种变换或全部变换），在屏幕上显示变换过程或变换结果。

实验步骤：

（1）预习教材关于二维、三维图形变换的原理和算法。

（2）使用 Turbo C 实现某一种或某几种基本变换。

（3）调试、编译、运行程序。

实验要求：

在下次实验时提交本次实验的实验报告（实验报告包括实验目的、实验内容、实验实现过程、源程序、实验结果、实验体会）。

实验七　曲线生成算法的实现

实验目的：

了解曲线的生成原理，掌握几种常见的曲线生成算法，利用 Turbo C 实现 Bezier 曲线的生成算法。

实验内容：

（1）了解曲线的生成原理。

（2）掌握曲线的生成算法（三次参数样条曲线、Bezier 曲线、B 样条曲线）。

（3）利用 Turbo C 实现 Bezier 曲线的生成算法，在屏幕上任意绘制一条三次 Bezier 曲线。

实验步骤：

（1）预习教材关于曲线的生成算法。

（2）仿照教材关于三次 Bezier 曲线的生成算法，使用 Turbo C 实现该算法。

（3）调试、编译、运行程序。

实验要求：

在下次实验时提交本次实验的实验报告（实验报告包括实验目的、实验内容、实验实现过程、源程序、实验结果、实验体会）。

实验八　简单光照明模型的实现

实验目的：
了解简单光照明模型的基本原理，利用 Turbo C 实现物体的真实感图形。

实验内容：
（1）了解简单光照明模型的基本原理。
（2）利用 Turbo C 模拟物体的简单光照明效果，在屏幕上任意绘制 30 个小球的真实感图形。

实验步骤：
（1）预习教材关于简单光照明模型的基本原理。
（2）使用 Turbo C 模拟物体的简单光照明效果。
（3）调试、编译、运行程序。

实验要求：
在下次实验时提交本次实验的实验报告（实验报告包括实验目的、实验内容、实验实现过程、源程序、实验结果、实验体会）。

4．考核办法
每次实验时提交上次实验的实验报告，由指导教师对所交的作业给出 A、B、C、D、E 五个等级。

二、课程实验解决方案

实验一　实验环境的熟悉及像素点的生成

1．原理解析
本实验的主要目的是了解和使用 Turbo C 提供的基本图形函数，利用 Turbo C 2.0 作为开发工具进行图形编程，其中最基本的操作是在屏幕上生成任意一个像素点。为了方便观察，在实际程序中生成一系列像素点。

图形由点、线、面组成，Turbo C 提供了一些函数，以完成这些操作，而所谓面可由对一封闭图形填上颜色来实现。实验中用到的图形函数在本书的附录 B 部分已介绍，此处不再赘述。

本实验所给的源程序是一个画点的程序，它将在 y=20 的恒定位置上，沿 x 方向从 x=20 开始，连续画两个点（间距为 4 个像素位置），间隔 16 个点位置，再画两个点，如此循环，直到 x=300 为止，每画出的两个点中的第一个由 putpixel(x,20,1) 所画，第二个则由 putpixel(x+4,20,2) 画出，颜色值分别设为 1 和 2，它的含义在颜色设置函数中介绍过。

为了观察方便，设置适配器类型为 CGA 和 CGAC0 分辨率显示模式。由于 VGA 和它兼容，因此若显示器为 VGA，它即以兼容的仿真形式显示。第一个点显示颜色为绿，第二个点为红。

2．实现代码
```
#include<graphics.h>
main()
{
  int graphdriver=CGA;
```

```
int graphmode=CGAC0,x;
initgraph(&graphdriver,&graphmode," ");
cleardevice();
for (x=20;x<=300;x+=16)
{
  putpixel(x,20,1);
  putpixel(x+4,20,2);
}
getch();
closegraph();
}
```

实验二　基本图形元素（直线）生成算法的实现

1. 原理解析

本实验的主要目的是理解直线生成的基本原理，掌握几种常用的直线生成算法，利用 TurboC 实现直线生成的 DDA 算法。Bresenham 画线法和中点画线法的基本原理请参阅本书相关章节，这里仅以 DDA 算法为例讨论如何绘制一条直线。

数值微分（DDA）法实现原理：已知过端点 $P_0(x_0, y_0)$, $P_1(x_1, y_1)$的直线段 $L(P_0, P_1)$；斜率为 $k = \dfrac{y_1 - y_0}{x_1 - x_0}$，画线过程从 x 的左端点 x_0 开始，向 x 右端点步进，步长为 1 个像素，计算相应的 y 坐标 $y=kx+B$。

计算 $y_{i+1}=kx_{i+1}+B$

$$=kx_i+B+kx$$

$$=y_i+kx$$

当 $x=1$，$y_{i+1}=y_i+k$，即 x 每递增 1，y 递增 k（即直线斜率），如附图 1 所示。由计算过程可知，y 与 k 可能为浮点数，需要对 y 取整，源程序中 round(y)=(int)(y+0.5)，表示 y 四舍五入所得的整数值。

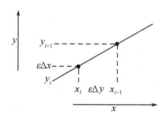

附图 1　DDA 算法原理

2. 实现代码

```
#include<graphics.h>
void linedda(int x0,int y0,int x1,int y1,int color)
{
  int x,dy,dx,y;
  float m;
  dx=x1-x0;
  dy=y1-y0;
  m=dy/dx;
```

```
    y=y0;
    for (x=x0;x<=x1;x++)
    {
      putpixel(x,(int)(y+0.5),color);
      y+=m;
    }
}
main()
{
  int a,b,c,d,e;
  int graphdriver=DETECT;
  int graphmode=0;
  initgraph(&graphdriver,&graphmode," ");
  cleardevice();
  a=0;
  b=0;
  c=200;
  d=300;
  e=2;
  linedda(a,b,c,d,e);
  getch();
  closegraph();
}
```

实验三　圆生成算法的实现

1. 原理解析

本实验的主要目的是理解圆生成的基本原理，掌握几种常见的圆生成算法。这里仅以圆生成的中点画圆算法为例讨论如何利用 Turbo C 绘制一个圆。

（1）圆的特征

圆被定义为到给定中心位置(x_c,y_c)距离为r的点集。圆心位于原点的圆有 4 条对称轴：$x=0$，$y=0$，$x=y$ 和 $x=-y$。若已知圆弧上一点(x,y)，可以得到其关于 4 条对称轴的其他 7 个点，这种性质称为八对称性。因此，只要扫描转换八分之一圆弧，就可以求出整个圆弧的像素集。

显示圆弧上的 8 个对称点的算法可参见本书第 3 章。

（2）中点画圆法实现原理

构造圆函数$F(x,y)=x^2+y^2-R^2$，并构造判别式：

$$d=F(M)=F(x_p+1,y_p-0.5)=(x_p+1)^2+(y_p-0.5)^2-R^2$$

若 $d<0$，则应取 P_1 为下一像素，而且再下一像素的判别式为

$$d=F(x_p+2,y_p-0.5)=(x_p+2)^2+(y_p-0.5)^2-R^2=d+2x_p+3$$

若 $d\geq0$，则应取 P_2 为下一像素，而且再下一像素的判别式为

$$d=F(x_p+2,y_p-1.5)=(x_p+2)^2+(y_p-1.5)^2-R^2=d+2(x_p-y_p)+5$$

这里讨论的是按顺时针方向生成第二个八分圆。则第一个像素是$(0,R)$，判别式 d 的初始值为$d_0=F(1,R-0.5)=1.25-R$，如附图 2 所示。

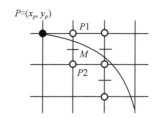

附图2　当前像素与下一像素的候选者

为了进一步提高算法的效率，可将上面算法中的浮点数改写成整数，将乘法运算改成加法运算，即仅用整数实现中点画圆法。

2. 实现代码

```
/*中点画圆法画整圆*/
#include<graphics.h>
void circlepoints(int x,int y,int color)
{
 int m,n, xasp,yasp;
 float aspectratio;
 m=200;  n=200;
 getaspectratio(&xasp,&yasp);
 aspectratio=xasp/yasp;
 putpixel(x+m,y*aspectratio+n,color);
 putpixel(y+m,x*aspectratio+n,color);
 putpixel(-y+m,x*aspectratio+n,color);
 putpixel(-x+m,y*aspectratio+n,color);
 putpixel(y+m,-x*aspectratio+n,color);
 putpixel(x+m,-y*aspectratio+n,color);
 putpixel(-x+m,-y*aspectratio+n,color);
 putpixel(-y+m,-x*aspectratio+n,color);
}
void midpointcircle(int r,int c)
{
 int x,y;
 float d;
 x=0;   y=r;  d=5.0/4-r;
 circlepoints(x,y,c);
 while(y>x)
 {
  if(d<=0)
    d+=2.0*x+3;
  else
  {
    d+=2.0*(x-y)+5;
    y--;
  }
  x++;
  circlepoints(x,y,c);
 }
```

```
}
main()
{
 int a,b;
 int graphdriver=DETECT;
 int graphmode=0;
 initgraph(&graphdriver,&graphmode," ");
 cleardevice();
 a=200;  b=2;
 midpointcircle(a,b);
 getch();
 closegraph();
}
```

实验四 区域填充的实现

1. 原理解析

本实验的主要目的是理解区域的表示和类型，能正确区分四连通和八连通的区域，了解区域填充的实现原理，利用 Turbo C 实现区域填充的递归算法。这里仅讨论如何利用 Turbo C 实现区域填充的递归算法，在屏幕上填充一个内点表示的四连通封闭区域，其余内容请自行参阅本书第 3 章。

内点表示的四连通区域的递归填充算法原理：种子填充算法假设在多边形内有一像素已知，由此出发利用连通性找到区域内的所有像素。设(x,y)为内点表示的四连通区域内的一点，oldcolor 为区域的原色，现取(x,y)为种子点，要将整个区域填充为新的颜色 newcolor，递归填充过程如下：先判别像素(x,y)的颜色，若它的值不等于 oldcolor，说明该像素位于区域之外，或者已被置为 newcolor，不需填充，算法结束；否则置该像素的颜色为 newcolor，再对与其相邻的上、下、左、右 4 个相邻像素分别作递归填充。

2. 实现代码

```
/*内点表示的四连通区域的递归填充*/
#include<graphics.h>
void floodfill4(int x,int y,int oldcolor,int newcolor)
{
  if(getpixel(x,y)==oldcolor)
  {
    putpixel(x,y,newcolor);
    delay(20000);
    floodfill4(x,y+1,oldcolor,newcolor);
    floodfill4(x,y-1,oldcolor,newcolor);
    floodfill4(x-1,y,oldcolor,newcolor);
    floodfill4(x+1,y,oldcolor,newcolor);
  }
}
main()
{
 int a,b,c,d,i,j;
 int graphdriver=DETECT;
```

```
int graphmode=0;
initgraph(&graphdriver,&graphmode," ");
cleardevice();
setcolor(14);
rectangle(50,50,70,100);
for(i=51;i<70;i++)
for(j=51;j<100;j++)
{
  putpixel(i,j,4);
  delay(1000);
}
a=57;
b=70;
c=4;
d=2;
floodfill4(a,b,c,d);
getch();
closegraph();
}
```

实验五　二维裁剪的实现

1. 原理解析

本实验的主要目的是了解二维图形裁剪的原理（点的裁剪、直线的裁剪、曲线和文字的裁剪），利用 Turbo C 实现直线的裁剪算法。这里仅讨论利用直线的编码裁剪算法，在屏幕上用一个封闭矩形裁剪任意一条直线。

编码裁剪（Cohen-Sutherland）算法原理：对于每条线段 P_1P_2 分为 3 种情况处理。①若 P_1P_2 完全在窗口内，则显示该线段，简称"取"之。②若 P_1P_2 明显在窗口外，则丢弃该线段，简称"弃"之。③若线段既不满足"取"的条件，也不满足"弃"的条件，则在交点处把线段分为两段。其中一段完全在窗口外，可弃之。然后对另一段重复上述处理。

为使计算机能够快速判断一条直线段与窗口属于何种关系，采用附图 3 所示编码方法。延长窗口的边，将二维平面分成九个区域。每个区域赋予 4 位编码 $C_tC_bC_rC_l$，其中各位编码的定义如下：

$$C_t = \begin{cases} 1 & y > y_{max} \\ 0 & \text{other} \end{cases} \qquad C_b = \begin{cases} 1 & y < y_{min} \\ 0 & \text{other} \end{cases} \qquad C_r = \begin{cases} 1 & x > x_{max} \\ 0 & \text{other} \end{cases} \qquad C_l = \begin{cases} 1 & x > x_{min} \\ 0 & \text{other} \end{cases}$$

1001	1000	1010
0001	0000	0010
0101	0100	0110

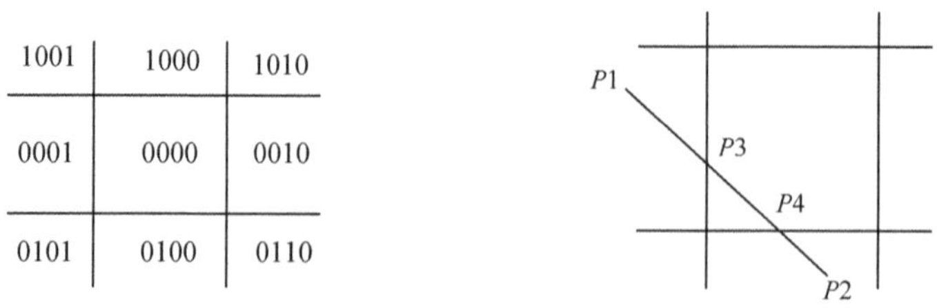

附图 3　线段编码裁剪

裁剪一条线段时，先求出 P_1P_2 所在的区号 code1 和 code2。若 code1=0 且 code2=0，则线段 P_1P_2 在窗口内，应取之。若按位与运算 code1&code2≠0，则说明两个端点同在窗口的上方、下方、左方或右方。可判断线段完全在窗口外，弃之，否则，按第③种情况处理。求出线段与窗口某边的交点，在交点处把线段一分为二，其中必有一段在窗口外，可弃之，对另一段重复上述处理。实现本算法时，不必把线段与每条窗口边界依次求交，只有按顺序检测到端点的编码不为 0，才把线段与对应的窗口边界求交。

2. 实现代码

```
/*  编码裁剪法  */
#include<graphics.h>
typedef struct{  unsigned all;
                unsigned left,right,top,bottom;
          }outcode;
typedef struct{  float xmin,xmax,ymin,ymax;
          }Rectangle;
          Rectangle *rect;
void cohensutherlandlineclip(float x0,float y0,
                float x1,float y1,Rectangle *rect)
{
    void compoutcode(float,float,Rectangle *,outcode *);
    int accept,done;
    outcode outcode0,outcode1;
    outcode *outcodeout;
    float x,y;
    accept=0;
    done=0;
    compoutcode(x0,y0,rect,&outcode0);
    compoutcode(x1,y1,rect,&outcode1);
    do{
        if(outcode0.all==0&&outcode1.all==0)
        {
            accept=1;
            done=1;
        }
        else if(outcode0.all&outcode1.all!=0)
            done=1;
        else
        {
            if(outcode0.all!=0)
                outcodeout=&outcode0;
            else
                outcodeout=&outcode1;
            if(outcodeout->left)
            {
                y=y0+(y1-y0)*(rect->xmin-x0)/(x1-x0);
                x=(float)rect->xmin;
            }
            else if(outcodeout->top)
            {
                x=x0+(x1-x0)*(rect->ymax-y0)/(y1-y0);
```

```
                    y=(float)rect->ymax;
                }
                else if(outcodeout->right)
                {
                    y=y0+(y1-y0)*(rect->xmax-x0)/(x1-x0);
                    x=(float)rect->xmax;
                }
                else if(outcodeout->bottom)
                {
                    x=x0+(x1-x0)*(rect->ymin-x0)/(y1-y0);
                    y=(float)rect->ymin;
                }
                if(outcodeout->all==outcode0.all)
                {
                    x0=x;
                    y0=y;
                    compoutcode(x0,y0,rect,&outcode0);
                }
                else
                {
                    x1=x;
                    y1=y;
                    compoutcode(x1,y1,rect,&outcode1);
                }
            }
        }while(! done);
        if(accept)
            line((int)x0,(int)y0,(int)x1,(int)y1);
    }
    void compoutcode(float x,float y,Rectangle *rect,outcode *outcode)
    {
        outcode->all=0;
        outcode->top=outcode->bottom=0;
        if(y>(float)rect->ymax)
        {
            outcode->top=1;
            outcode->all+=1;
        }
        else if(y<(float)rect->ymin)
        {
            outcode->bottom=1;
            outcode->all+=1;
        }
        outcode->right=outcode->left=0;
        if(x>(float)rect->xmax)
        {
            outcode->right=1;
            outcode->all+=1;
```

```
    }
    else if(x<(float)rect->xmin)
    {
        outcode->left=1;
        outcode->all+=1;
    }
}


main()
{
 int x0,y0,x1,y1;
 int i;
 int graphdriver=DETECT;
 int graphmode=0;
 initgraph(&graphdriver,&graphmode," ");
 cleardevice();
 x0=450;y0=0;x1=0;y1=450;

 rect->xmin=100;
 rect->xmax=300;
 rect->ymin=100;
 rect->ymax=300;

 setcolor(2);
 rectangle(rect->xmin,rect->ymin,rect->xmax,rect->ymax);
 line(x0,y0,x1,y1);
 outtextxy(100,400,"press any key to clip!");
 i=getch();
 clearviewport();
 rectangle(rect->xmin,rect->ymin,rect->xmax,rect->ymax);
 cohensutherlandlineclip(x0,y0,x1,y1,rect);
 outtextxy(100,400,"the result of the clip");
 getch();
 closegraph();
 }
```

实验六 图形几何变换（二维、三维变换）的实现

1. 原理解析

本实验的主要目的是掌握二维、三维图形基本变换（平移、缩放、对称、旋转、错切）的变换原理及数学公式，利用 Turbo C 实现二维、三维图形的基本变换和复合变换，并在屏幕上显示变换过程或变换结果。源程序分别实现了对二维图形（直线）进行的平移变换——基本变换；对三维图形（立方体）进行的绕某一坐标轴旋转变换以及相对于立方体中心的比例变换——复合变换，其余变换类型可自行尝试编程实现。下面介绍的公式也仅为程序中用到的变换类型公式，其余变换类型公式请自行参考教材。

（1）二维变换矩阵

$$[x' \quad y' \quad 1] = [x \quad y \quad 1] \cdot T_{2D} = [x \quad y \quad 1] \cdot \left[\begin{array}{cc:c} a & b & p \\ c & d & q \\ \hline l & m & s \end{array}\right]$$

平移变换。平移是指将 P 点沿直线路径从一个坐标位置移到另一个坐标位置的重定位过程，如附图4所示。

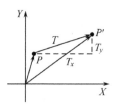

附图4　平移变换

变换矩阵为：

$$\begin{bmatrix} 1 & 0 & 0 \\ 0 & 1 & 0 \\ T_x & T_y & 1 \end{bmatrix}$$

其中 T_x，T_y 称为平移矢量。

（2）三维几何变换

$$[x' \quad y' \quad z' \quad 1] = [x \quad y \quad z \quad 1] \cdot T_{3D} = [x \quad y \quad z \quad 1] \cdot \left[\begin{array}{ccc:c} a & b & c & p \\ d & e & f & q \\ h & i & j & r \\ \hline l & m & n & s \end{array}\right]$$

（1）比例变换

● 局部比例变换

$$T_s = \begin{bmatrix} a & 0 & 0 & 0 \\ 0 & e & 0 & 0 \\ 0 & 0 & j & 0 \\ 0 & 0 & 0 & 1 \end{bmatrix}$$

其中 a，b，j 分别为在 x，y，z 方向的比例系数。

● 整体比例变换

$$T_s = \begin{bmatrix} 1 & 0 & 0 & 0 \\ 0 & 1 & 0 & 0 \\ 0 & 0 & 1 & 0 \\ 0 & 0 & 0 & s \end{bmatrix}$$

其中 s 为在 x，y，z 方向的等比例系数。$s>1$ 时，整体缩小；$s<1$ 时，整体放大。

（2）旋转变换

旋转变换的角度方向如附图 5 所示。

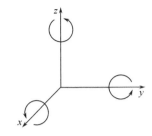

附图 5　旋转变换的角度方向

- 绕 z 轴旋转

$$T_{RZ} = \begin{bmatrix} \cos\theta & \sin\theta & 0 & 0 \\ -\sin\theta & \cos\theta & 0 & 0 \\ 0 & 0 & 1 & 0 \\ 0 & 0 & 0 & 1 \end{bmatrix}$$

- 绕 x 轴旋转

$$T_{RX} = \begin{bmatrix} 1 & 0 & 0 & 0 \\ 0 & \cos\theta & \sin\theta & 0 \\ 0 & -\sin\theta & \cos\theta & 0 \\ 0 & 0 & 0 & 1 \end{bmatrix}$$

- 绕 y 轴旋转

$$T_{RY} = \begin{bmatrix} \cos\theta & 0 & -\sin\theta & 0 \\ 0 & 1 & 0 & 0 \\ \sin\theta & 0 & \cos\theta & 0 \\ 0 & 0 & 0 & 1 \end{bmatrix}$$

（3）三维复合变换

三维复合变换是指图形作一次以上的变换，变换结果是每次变换矩阵相乘。

$$P' = P \cdot T = P \cdot (T_1 \cdot T_2 \cdot T_3 \cdots T_n) \qquad (n > 1)$$

1）相对任意参考点的三维变换

相对于参考点 $F(x_f, y_f, z_f)$ 作比例、旋转、错切等变换的过程分为以下三步：

- 将参考点 F 移至坐标原点；
- 针对原点进行三维几何变换；
- 进行反平移。

2）绕任意轴的三维旋转变换

针对任意方向轴的变换可通过以下五个步骤来完成：

- 使任意方向轴的起点与坐标原点重合，此时进行平移变换；
- 使方向轴与某一坐标轴重合，此时需进行旋转变换，且旋转变换可能不止一次；
- 针对该坐标轴完成变换；
- 用逆旋转变换使方向轴回到其原始方向；

● 用逆平移变换使方向轴回到其原始位置。

为了能进行复合变换，引入齐次坐标，把原来的 2×2 矩阵扩展到 3×3，原来的 3×3 矩阵扩展到 4×4。

回顾变换方式可发现，其实二维、三维图形的几何变换不过是一些矩阵的运算罢了，如附图 6 所示。

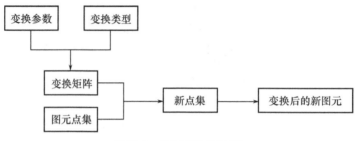

附图 6　几何变换的过程

因此在算法的实现中，我们就要重点考虑怎样实现矩阵的运算（矩阵的表示、矩阵的初始化、矩阵的相乘）。

2.　实现代码

```c
/* 二维图形（直线）平移变换 */
#include <stdio.h>
#include <graphics.h>
#include <conio.h>
int initjuzhen(m)
int m[3][3];
{ int i,j;
  for(i=0;i<3;i++)
    for(j=0;j<3;j++)
      m[i][j]=0;
  for(i=0;i<3;i++)
    m[i][i]=1;
}
main()
{   int x0,y0,x1,y1,i,j;
    int a[3][3];
    char key;
    int graphdriver=DETECT;
    int graphmode=0;
    initgraph(&graphdriver,&graphmode," ");
    cleardevice();
    x0=250;y0=120;x1=350;y1=220;
    line(x0,y0,x1,y1);
    for(;;)
    { outtextxy(100,400,"<-:left ->:right ^:up v:down Esc->exit");
      key=getch();
      initjuzhen(a);
      switch(key)
```

```
    {
        case 75:  a[2][0]=-10;break;
        case 77:  a[2][0]=10;break;
        case 72:  a[2][1]=-10;break;
        case 80:  a[2][1]=10;break;
        case 27:   exit();break;
    }
    x0=x0*a[0][0]+y0*a[1][0]+a[2][0];
    y0=x0*a[0][1]+y0*a[1][1]+a[2][1];
    x1=x1*a[0][0]+y1*a[1][0]+a[2][0];
    y1=x1*a[0][1]+y1*a[1][1]+a[2][1];
    clearviewport();
    line(x0,y0,x1,y1);
    }
    closegraph();
}
/*三维图形（立方体）旋转变换、比例变换*/
#include <stdio.h>
#include <math.h>
#include <graphics.h>
#include <conio.h>
#include <time.h>
#include <ctype.h>
#define  ZOOM_IN 0.9
#define  ZOOM_OUT 1.1
int turn1[3];    /* [0] rx,[1] ry, [3] zoom  */
typedef struct
 { float x;
    float y;
    float z;
   } point;
typedef struct
 { float x;
    float y;
 } point2d;
typedef struct
{   float x;
    float y;
    float h;
    point biao[8];
} fanti;
void make_box(float x,float y,float h,fanti *p)
{
   p->x=x;p->y=y;p->h=h;
   p->biao[0].x=x/2;
   p->biao[0].y=y/2;
   p->biao[0].z=h/2;
   p->biao[1].x=-x/2;
```

```
    p->biao[1].y=y/2;
    p->biao[1].z=h/2;
    p->biao[2].x=-x/2;
    p->biao[2].y=-y/2;
    p->biao[2].z=h/2;
    p->biao[3].x=x/2;
    p->biao[3].y=-y/2;
    p->biao[3].z=h/2;
    p->biao[4].x=x/2;
    p->biao[4].y=y/2;
    p->biao[4].z=-h/2;
    p->biao[5].x=-x/2;
    p->biao[5].y=y/2;
    p->biao[5].z=-h/2;
    p->biao[6].x=-x/2;
    p->biao[6].y=-y/2;
    p->biao[6].z=-h/2;
    p->biao[7].x=x/2;
    p->biao[7].y=-y/2;
    p->biao[7].z=-h/2;
}
void trun2d(point *p,point2d *q)
{
    q->x=p->x+p->z*cos(0.25);
    q->y=p->y+p->z*sin(0.25);
}
void initm(float mat[][4])
 {
  int count;
  for(count=0;count<4;count++)
   {
    mat[count][0]=0.;
    mat[count][1]=0.;
    mat[count][2]=0.;
    mat[count][3]=0.;
    mat[count][count]=1.;
    }
   return;
  }
void transfrom(point *p,point *q,float tm[][4])
 {
float xu,yv,zw,h;
xu=tm[0][0]*p->x+tm[1][0]*p->y+tm[2][0]*p->z+tm[3][0];
yv=tm[0][1]*p->x+tm[1][1]*p->y+tm[2][1]*p->z+tm[3][1];
zw=tm[0][2]*p->x+tm[1][2]*p->y+tm[2][2]*p->z+tm[3][2];
    p->x=xu;
    p->y=yv;
    p->z=zw;
```

```
      return;
  }

void rotationx(point *p,float alfa,float tm[][4])
 {
  float rad=0.0174532925;
  initm(tm);
  tm[1][1]=cos(rad*alfa);
  tm[1][2]=sin(rad*alfa);
  tm[2][1]=-tm[1][2];
  tm[2][2]=tm[1][1];
  return;
 }
void rotationz(point *p,float alfa,float tm[][4])
 {
  float rad=0.0174532925;
  initm(tm);
  tm[0][0]=cos(rad*alfa);
  tm[0][1]=sin(rad*alfa);
  tm[1][0]=-tm[0][1];
  tm[1][1]=tm[0][0];
  return;
 }
void rotationy(point *p,float alfa,float tm[][4])
 {
  float rad=0.0174532925;
  initm(tm);
  tm[0][0]=cos(rad*alfa);
  tm[2][0]=sin(rad*alfa);
  tm[0][2]=-tm[2][0];
  tm[2][2]=tm[0][0];
  return;
 }
void adjust(point *p,point *q)
{  float t[4][4];
   switch(turn1[0])
   { case 1:
     rotationy(p,2,t);
     transfrom(p,q,t);
     break;
   case -1:
     rotationy(p,-2,t);
     transfrom(p,q,t);
     break;
    default: break;
   }
   switch(turn1[1])
   { case 1:
```

```
        rotationz(p,2,t);
        transfrom(p,q,t);
        break;
      case -1:
        rotationz(p,-2,t);
        transfrom(p,q,t);
        break;
       default: break;
      }
      switch(turn1[2])
      { case 1:
          q->x=ZOOM_IN*p->x;
          q->y=ZOOM_IN*p->y;
          q->z=ZOOM_IN*p->z;
          break;
      case -1:
          q->x=ZOOM_OUT*p->x;
          q->y=ZOOM_OUT*p->y;
          q->z=ZOOM_OUT*p->z;
          break;
       default: break;
      }
}

void drawbox(fanti *p)
{  point2d fan2d[8];
   int i;
   for(i=0;i<=7;i++)
   {  adjust(&p->biao[i],&p->biao[i]);
      trun2d(&p->biao[i],&fan2d[i]);
      fan2d[i].x+=300;
      fan2d[i].y+=200;
   }
   clearviewport();
   outtext("\n  ->  :right
   \n  <-  :left
   \n  ^   :up
  \n  v   :down");
   moveto(0,10);
   outtext("\n  page up :zoom in
\n  page down :zoom out
\n  space :Redraw
\n  Esc :exit");
   for(i=0;i<=3;i++)
   {  if(i==3)
      {  line(fan2d[i].x,fan2d[i].y,fan2d[0].x,fan2d[0].y);
          line(fan2d[i+4].x,fan2d[i+4].y,fan2d[4].x,fan2d[4].y);
      }
```

```
        else
        {   line(fan2d[i].x,fan2d[i].y,fan2d[i+1].x,fan2d[i+1].y);
            line(fan2d[i+4].x,fan2d[i+4].y,fan2d[i+5].x,fan2d[i+5].y);
        }
        line(fan2d[i].x,fan2d[i].y,fan2d[i+4].x,fan2d[i+4].y);
    }
}
void main()
{
    int gd=DETECT,gm,i,j;
    char key;
    float x,y,h;
    fanti a1;
    x=100;
    y=100;
    h=100;
    initgraph(&gd,&gm," ");
    make_box(x,y,h,&a1);
    drawbox(&a1);
    for(;;)
    {   turn1[0]=0;
        turn1[1]=0;
        turn1[2]=0;
        key=getch();
        switch(key)
        {
            case 77:    turn1[0]=1;
                    break;      /* RIGHT */
                case 75:    turn1[0]=-1;
                    break;      /* LIFT  */
                case 72:    turn1[1]=1;
                    break;      /* UP    */
                case 80:    turn1[1]=-1;
                    break;      /* DOWN  */
                case 73:    turn1[2]=1;
                    break;      /* Zoom In */
            case 81:    turn1[2]=-1;
                    break;      /* Zoom Out */
            case 32:    make_box(x,y,h,&a1);
                    break;      /* Redraw   */
            case 27:    exit();
                        break;          /* Esc    */
            default :   key=0;
                        break;
        }
        if(key!=0) drawbox(&a1);
    }
    closegraph();
}
```

实验七　曲线生成算法的实现

1. 原理解析

本实验的主要目的是了解曲线的生成原理，掌握几种常见的曲线生成算法，利用 Turbo C 实现 Bezier 曲线的生成算法。这里仅以在屏幕上任意绘制一条三次 Bezier 曲线为例说明曲线的绘制过程。

（1）Bezier 曲线定义

$$P(t) = \sum_{i=0}^{n} P_i B_{i,n}(t) \qquad t \in [0,1]$$

Bernstein 基函数具有如下形式：

$$B_{i,n} = C_n^i t^i (1-t)^{n-i} = \frac{n!}{i!(n-i)!} t^i (1-t)^{n-i} \qquad t \in [0,1]$$

（2）三次 Bezier 曲线（$n=3$）

由 4 个特征顶点构成的特征多边形可绘制一条三次 Bezier 曲线。

● 三次 Bezier 曲线的数学表示为：

$$p(t) = (1-t)^3 P_0 + 3t(1-t)^2 P_1 + 3t^2(1-t)P_2 + t^3 P_3 \qquad t \in [0,1]$$

● 三次 Bezier 曲线的矩阵表示为：

$$p(t) = \begin{bmatrix} t^3 & t^2 & t & 1 \end{bmatrix} \begin{bmatrix} -1 & 3 & -3 & 1 \\ 3 & -6 & 3 & 0 \\ -3 & 3 & 0 & 0 \\ 1 & 0 & 0 & 0 \end{bmatrix} \begin{bmatrix} P_0 \\ P_1 \\ P_2 \\ P_3 \end{bmatrix} \qquad t \in [0,1]$$

$$= T \cdot M_{be} \cdot G_{be}$$

其中，$P_i=(x_i,y_i)$ 是其特征多边形的 4 顶点矢量。

2. 实现代码

```
/*三次 Bezier 曲线*/
#include<graphics.h>
#include<conio.h>
#include<stdio.h>
char msg[1];
float px[10]={30,60,90,120,150,190,220,250,280,310};
float py[10]={150,200,200,170,100,100,170,200,200,180};
main()
{ float a0,a1,a2,a3,b0,b1,b2,b3;
  int k,x,y,w;
  float i,t,dt,n=10;
  int graphdriver=DETECT;
  int graphmode=0;
  initgraph(&graphdriver,&graphmode," ");
  setbkcolor(BLUE);
  setcolor(YELLOW);
  dt=1/n;
/* 绘制特征多边形*/
```

```
for(k=0;k<10-1;k++)
{
    moveto(px[k],py[k]);
    lineto(px[k+1],py[k+1]);
}
```
/* 方法一：根据矩阵表示法绘制三次 *Bezier* 曲线*/
```
setlinestyle(0,0,3);
for(k=0;k<10-3;k+=3)
{
  a0=px[k];
  a1=-3*px[k]+3*px[k+1];
  a2=3*px[k]-6*px[k+1]+3*px[k+2];
  a3=-px[k]+3*px[k+1]-3*px[k+2]+px[k+3];
  b0=py[k];
  b1=-3*py[k]+3*py[k+1];
  b2=3*py[k]-6*py[k+1]+3*py[k+2];
  b3=-py[k]+3*py[k+1]-3*py[k+2]+py[k+3];
  for(i=0;i<=n;i+=0.1)
  {
    t=i*dt;
    x=a0+a1*t+a2*t*t+a3*t*t*t;
    y=b0+b1*t+b2*t*t+b3*t*t*t;
    if(i==0)
      moveto(x,y);
    lineto(x,y);
    delay(10000);
  }
}
getch();
closegraph();
}
```

上面这个程序是根据三次 Bezier 曲线的矩阵表示方法进行绘制的，另外也可以根据其数学表示方法进行绘制，只需将上面程序中的斜体部分替换为下述源代码即可。

/* 方法二：根据数学表示法绘制三次 Bezier 曲线*/
```
setlinestyle(0,0,3);
  for(k=0;k<10-3;k+=3)
  {
    for(i=0;i<=n;i+=0.1)
    {
    t=i*dt;
    x=px[k]*(1-t)*(1-t)*(1-t)+px[k+1]*3*t*(1-t)*(1-t)
        +px[k+2]*3*t*t*(1-t)+px[k+3]*t*t*t;
    y=py[k]*(1-t)*(1-t)*(1-t)+py[k+1]*3*t*(1-t)*(1-t)
        +py[k+2]*3*t*t*(1-t)+py[k+3]*t*t*t;
    if(i==0)
      moveto(x,y);
    lineto(x,y);
```

```
            delay(10000);
        }
    }
```

实验八　简单光照明模型的实现

1. 原理解析

Phong 光照明模型是由物体表面上一点 P 反射到视点的光强 I，它是环境光的反射光强 I_e、理想漫反射光强 I_d 和镜面反射光 I_s 的总和。

取无穷远光源的单位向量(0.5,0.5,0.707)，无穷远视线单位向量(0,0,1)。

2. 实现代码

```
/*简单光照明模型程序*/
void CGraphView::OnPaint()
{
  float mo;
  Light.fx=0.50;Light.fy=0.50;
  Light.fz=sqrt(1-(Light.fx*Light.fx)-(Light.fy*Light.fy));
  Eye.fx=0;Eye.fy=0;Eye.fz=1;
  H.fx=Light.fx+Eye.fx;
  H.fy=Light.fy+Eye.fy;
  H.fz=Light.fz+Eye.fz;
  mo=sqrt(H.fx*H.fx+H.fy*H.fy+H.fz*H.fz);
  H.fx=(H.fx/mo);H.fy=(H.fy/mo);H.fz=(H.fz/mo);
  MidCircle();
}


void CGraphView::MidCircle()
{
  CPaintDC dc(this);
  int x,y,deltax,deltay,d,i,j,m,x0,y0,r,n;
  int degree[5]={1,5,10,20,40};
  float Kd;
  DWORD mColor;
  r=40;
  for(m=0;m<5;m++)
  {
    y0=m*85+50;;n=degree[m];
    for(j=0;j<6;j++)
    {
      x=0;y=r;x0=j*100+50;Kd=1-j*0.2;
      deltax=3;deltay=2-r-r;d=1-r;
      for(i=-x;i<=x;i++)
      {
        mColor=phong(x0,y0,r,i+x0,y+y0,0,Kd,n);
        dc.SetPixel(i+x0,y+y0,mColor);
      }
      for(i=-y;i<=y;i++)
```

```
{
  mColor=phong(x0,y0,r,i+x0,x+y0,0,Kd,n);
  dc.SetPixel(i+x0,x+y0,mColor);
}
for(i=-y;i<=y;i++)
{
    mColor=phong(x0,y0,r,i+x0,-x+y0,0,Kd,n);
    dc.SetPixel(i+x0,-x+y0,mColor);
}
for(i=-x;i<=x;i++)
{
    mColor=phong(x0,y0,r,i+x0,-y+y0,0,Kd,n);
    dc.SetPixel(i+x0,-y+y0,mColor);
}

while(x<y)
{
  if(d<0)
  {
    d+=deltax;
    deltax+=2;
    x++;
  }
  else
  {
    d+=(deltax+deltay);
    deltax+=2;deltay+=2;
    x++;y--;
  }
  for(i=-x;i<=x;i++)
  {
    mColor=phong(x0,y0,r,i+x0,y+y0,0,Kd,n);
    dc.SetPixel(i+x0,y+y0,mColor);
  }
  for(i=-y;i<=y;i++)
  {
    mColor=phong(x0,y0,r,i+x0,x+y0,0,Kd,n);
    dc.SetPixel(i+x0,x+y0,mColor);
  }
  for(i=-y;i<=y;i++)
  {
    mColor=phong(x0,y0,r,i+x0,-x+y0,0,Kd,n);
    dc.SetPixel(i+x0,-x+y0,mColor);
  }
  for(i=-x;i<=x;i++)
  {
    mColor=phong(x0,y0,r,i+x0,-y+y0,0,Kd,n);
    dc.SetPixel(i+x0,-y+y0,mColor);
```

```
            }
          }
        }
      }
    }

COLORREF CGraphView::phong(int x0, int y0, int r, int x, int y,
                DWORD mRGB,float Kd,int n)
{
  Vector N;
  float Ipr,Ipg,Ipb,z,alpha,theta,Ks;
  float Ir,Ig,Ib,KaIa;  KaIa=160*0.5;
  Ipr=0;Ipg=175;Ipb=0;
  Ks=1.0-Kd;
  z=sqrt(r*r-(x-x0)*(x-x0)-(y-y0)*(y-y0));
  N.fx=(x-x0)*1.0/r;
  N.fy=(y-y0)*1.0/r;
  N.fz=z*1.0/r;
  theta=N.fx*Light.fx+N.fy*Light.fy+N.fz*Light.fz;
  if(theta<0)
  theta=0;
  alpha=H.fx*N.fx+H.fy*N.fy+H.fz*N.fz;
  if(alpha<0)
    alpha=0;
 Ir=KaIa+Ipr*Kd*theta+Ipr*Ks*pow(alpha,n);
 Ig=KaIa+Ipg*Kd*theta+Ipg*Ks*pow(alpha,n);
 Ib=KaIa+Ipb*Kd*theta+Ipb*Ks*pow(alpha,n);
 return(RGB((int)Ir,(int)Ig,(int)Ib));}
}
```

习题参考答案

习题一

一、选择题

1．C　　2．ABCD　　3．ABCD

二、简答题

1．计算机图形学与图像处理有何联系？有何区别？

答：计算机图形学与图像处理都是用计算机来处理图形和图像，结合紧密且相互渗透，但其属于两个不同的技术领域。计算机图形学是通过算法和程序在显示设备上构造图形，是从数据到图像的处理过程；而图像处理是对景物或图像的分析技术，是从图像到图像的处理过程。

2．简述计算机图形学的发展过程。

答：略。（参考：本书 P3～4）

3．简述你所理解的计算机图形学的应用领域。

答：略。（参考：本书 P4～5）

4．你使用过哪些商业化图形软件？请分析对比它们的功能和优、缺点。

答：略。

5．在网上搜索运用计算机图形学的电影。

答：略。

习题二

一、选择题

1．C　　2．D　　3．A

二、计算题

1．什么是图像的分辨率？计算一幅有 1024×768 个像素且大小为 4×3 英寸的图像的分辨率。

答：在水平和垂直方向上每单位长度所包含的像素点的数目。

分辨率为 1024/4=768/3=256（像素/英寸）。

2．在 CMY 坐标系里找出与 RGB 坐标系的颜色(0.2,1,0.5)相同的坐标。

答：1-0.2=0.8，1-1=0，1-0.5=0.5

坐标为(0.8, 0, 0.5)

3．在 RGB 坐标系里找出与 CMY 坐标系的颜色(0.15,0.75,0)相同的坐标。

答：1-0.15=0.85，1-0.75=0.25，1-0=1

坐标为(0.85, 0.25, 1)

4．如果使用每种基色占 2 比特的直接编码方式表示 RGB 颜色的值，每一像素有多少种可能的颜色？

答：$2^2 \times 2^2 \times 2^2 = 64$

5．如果使用每种基色占 10 比特的直接编码方式表示 RGB 颜色的值，每一像素有多少种可能的颜色？

答：$2^{10} \times 2^{10} \times 2^{10} = 1024^3 = 1073741824$

6．如果每个像素的红色和蓝色都用 5 比特表示，绿色用 6 比特表示，一共用 16 比特表示，总共可以表示多少种颜色？

答：$2^5 \times 2^5 \times 2^6 = 65536$

三、简答题

1．解释水平回扫、垂直回扫的概念。

答：水平回扫：电子束从 CRT 屏幕右边缘回到屏幕左边缘的动作。

垂直回扫：电子束到达每次刷新周期末尾，从 CRT 屏幕右下角回到屏幕左上角的动作。

2．为什么很多彩色打印机使用黑色颜料？

答：彩色颜料（青、品红、黄）相对来说较贵，并且在技术上很难通过多种颜色产生高质量的黑色。

3．简述随机扫描显示器和光栅扫描显示器的简单工作原理和各自的特点。

答：随机扫描显示器的工作原理：要显示的图形定义是一组画线命令，存放在刷新缓存中，由显示控制器控制电子束的偏移，周期性地按画线命令依次画出其组成线条，从而在屏幕上产生图形。

特点：其显示的图形质量好，刷新缓存中的内容可局部或动态修改，分辨率和对比度高，并且图形不会产生锯齿状线条。

光栅扫描显示器的工作原理：将 CRT 屏幕分成由像素构成的光栅网格，其中像素的灰度和颜色信息保存在帧缓存中。电子束在水平和垂直偏转磁场的作用下从左向右，从上向下扫描荧光屏，产生一幅幅光栅，并由显示内容来控制所扫描的像素点是否发亮，从而形成具有多种彩色及多种明暗度的图像。

特点：图形显示上会有走样，但是其成本低，能够显示的图像色彩丰富，并且图形的显示速度与图形的复杂程度无关，易于修改图形，可以显示二维或三维实体图形和真实感图像。

4．什么是余辉时间？

答：余辉时间就是指电子束离开某点后，该点亮度值衰减到初始值的 1/10 所需的时间。

四、编程题

1．尝试对本章例 2-4 程序进行修改，使图像窗口的背景颜色调整为红色。

答：略。

2．尝试对本章例 2-4 程序进行修改，使图像窗口的大小调整为 800×300。

答：略。

习题三

一、选择题

1．A　　2．C　　　3．ABD　　　4．AB　　5．D

二、计算题

1．请指出用 Bresenham 算法扫描转换从像素点(1,1)到(8,5)的线段时的像素位置。

答：(1,1), (2,2), (3,2), (4,3), (5,3), (6,4), (7,4), (8,5)。

2．写出待裁剪线段 P_1P_2（从 $P_1(x_1,y_1)$ 到 $P_2(x_2,y_2)$）与：

（a）垂直线 $x=a$；（b）水平线 $y=b$ 的交点。

答：线段的参数方程为 $\begin{cases} x = x_1 + t(x_2 - x_1) \\ y = y_1 + t(y_2 - y_1) \end{cases}$　　$0 \leqslant t \leqslant 1$

（a）将 $x=a$ 代入该方程，得交点为 $\begin{cases} x_c = a \\ y_c = y_1 + \left(\dfrac{a - x_1}{x_2 - x_1} \right)(y_2 - y_1) \end{cases}$

（b）将 $y=b$ 代入该方程，得交点为 $\begin{cases} x_c = x_1 + \left(\dfrac{b - y_1}{y_2 - y_1} \right)(x_2 - x_1) \\ y_c = b \end{cases}$

3．设 R 是左下角为 $L(1,2)$，右上角为 $R(9,8)$ 的矩形窗口，用梁友栋-Barsky 算法裁剪下列各线段。

AB：$A(11,6)$，$B(11,10)$

CD：$C(3,7)$，$D(3,10)$

EF：$E(2,3)$，$F(8,4)$

GH：$G(6,6)$，$H(8,9)$

IJ：$I(-1,7)$，$J(11,1)$

答：AB 线段完全在右边界之右；

　　CD 线段经裁剪后的两个端点是(3,7)和(3,8)；

　　EF 线段完全在裁剪窗口内；

　　GH 线段经裁剪后的两个端点是(6,6)和(26/3,8)；

　　IJ 线段经裁剪后的两个端点是(1,6)和(9,2)。

三、简答题

1．当使用 8 路对称方法从 $0°\sim45°$ 或 $90°\sim45°$ 的 8 分圆中生成整个圆时，有些像素被设置或画了两次，这种现象称为重击（Overstrike）。请说明如何判断重击发生？如何彻底避免重击？除了浪费时间外，重击还有其他坏处吗？

答：在初始坐标为$(r,0)$或$(0,r)$时的位置，因为$(0,r)=(-0,r)$，$(0,-r)=(-0,-r)$，$(r,0)=(r,-0)$，$(-r,0)=(-r,-0)$。

另外，如果最后生成的像素在对角线上，坐标为(m_r,m_r)，其中 m 约为$1/\sqrt{2}$，则在(m_r,m_r)，$(-m_r,m_r)$，$(m_r,-m_r)$，$(-m_r,-m_r)$都会发生重击。

在写像素之前检查每个像素点，如果某个点已经写了像素点，则不再写第二次，这样可以避免重击。还有更好的方法，即设计不会重击的扫描转换算法。

重击通常不会有什么坏处，因为对像素重新设置相同的值，并不会影像存储在帧缓冲区里的图像。但是，如果像素值直接送出，如控制摄影媒体的曝光，幻灯片或胶卷，重击会在相应的位置上曝光两次。更严重的是，如果使用像素的补色设置，重击会使它们不起变化，因为设置两次补色等于产生本身的颜色。

2. 扫描转换的四个主要缺点是什么？

答：阶梯现象、狭小图形遗失、细节失真和斜线的不等光亮度问题。

3. 设 R 是左下角为 L(-3,1)，右上角为 R(2,6)的矩形窗口。请写出下列各线段端点的区域编码。

AB：$A(-4,2)$，$B(-1,7)$

CD：$C(-1,5)$，$D(3,8)$

EF：$E(-2,3)$，$F(1,2)$

GH：$G(1,-2)$，$H(3,3)$

I J：$I(-4,7)$，$J(-2,10)$

答：编码方法如本章图 3-42 所示，因此：

A（0001）B（1000）、C（0000）D（1010）、E（0000）F（0000）、G（0100）H（0010）、I（1001）J（1000）

4. 给出第 3 题中的线段分类。

答：直接保留：*EF*

直接舍弃：*IJ*

需求交点：*AB*、*CD*、*GH*

5. 如何确定一个点 P 在观察点的内部还是外部？

答：一个平面将空间分成两部分。平面的一般方程是：

$$n_1(x-x_0)+n_2(y-y_0)+n_3(z-z_0)=0$$

对于任意点$P(x,y,z)$，若定义一个标量函数$f(P)$，有：

$$f(P)\equiv f(x,y,z)=n_1(x-x_0)+n_2(y-y_0)+n_3(z-z_0)$$

如果$\operatorname{sign} f(P)=\operatorname{sign} f(Q)$，则说明 P 点和 Q 点在同一边（相对平面而言）。令f_T、f_B、f_R、f_L、f_N、f_F分别表示顶平面、底平面、右平面、左平面、前平面、后平面。

另外，L 和 R 分别是窗口的左下角点和右上角点，且P_b和P_f分别是后裁剪平面和前裁剪平面的参考点。

如果下面都成立，则 P 点在观察体内：

对于平面f_T来说，P 和 L 在同一边；

对于平面f_B来说，P 和 R 在同一边；

对于平面f_R来说，P 和 L 在同一边；

对于平面 f_L 来说，P 和 R 在同一边；

对于平面 f_N 来说，P 和 P_b 在同一边；

对于平面 f_F 来说，P 和 P_f 在同一边。

相当于：

$$\text{sign } f_T(P) = \text{sign } f_T(L) \qquad \text{sign } f_L(P) = \text{sign } f_L(R)$$
$$\text{sign } f_B(P) = \text{sign } f_B(R) \qquad \text{sign } f_N(P) = \text{sign } f_N(P_b)$$
$$\text{sign } f_R(P) = \text{sign } f_R(L) \qquad \text{sign } f_F(P) = \text{sign } f_F(P_f)$$

6．将梁友栋-Barsky 线段裁剪算法推广到三维，写出对下述三维观察体所要满足的不等式：

（a）平行规范化观察体；

（b）透视规范化观察体。

答：设 $P_1(x_1, y_1, z_1)$ 和 $P_2(x_2, y_2, z_2)$ 是线段的两个端点。线段的参数方程是：

$$\begin{cases} x = x_1 + u\Delta x \\ y = y_1 + u\Delta y \qquad 0 \leqslant u \leqslant 1 \\ z = z_1 + u\Delta z \end{cases}$$

平行规范化观察体是由平面 $x=0$，$x=1$，$y=0$，$y=1$，$z=0$ 和 $z=1$ 组成的单位立方体；

透视规范化观察体是由平面 $x=z$，$x=-z$，$y=z$，$y=-z$，$z=z_f$（前）和 $z=1$（后）组成的被截断的部分棱锥。

（a）对于平行规范化观察体，内部点满足：

$$x_{\min} \leqslant x_1 + u\Delta x \leqslant x_{\max}$$
$$y_{\min} \leqslant y_1 + u\Delta y \leqslant y_{\max}$$
$$z_{\min} \leqslant z_1 + u\Delta z \leqslant z_{\max}$$

其中，$x_{\min} = y_{\min} = z_{\min} = 0$，$x_{\max} = y_{\max} = z_{\max} = 1$

六个不等式为：

$$up_k \leqslant q_k \quad k = 1,\ 2,\ 3,\ 4,\ 5,\ 6$$

其中：

$$p_1 = -\Delta x, \quad q_1 = x_1 - x_{\min} = x_1, \quad p_2 = \Delta x, \quad q_2 = x_{\max} - x_1 = 1 - x_1$$
$$p_3 = -\Delta y, \quad q_3 = y_1 - y_{\min} = y_1, \quad p_4 = \Delta y, \quad q_4 = y_{\max} - y_1 = 1 - y_1$$
$$p_5 = -\Delta z, \quad q_5 = z_1 - z_{\min} = z_1, \quad p_6 = \Delta z, \quad q_6 = z_{\max} - z_1 = 1 - z_1$$

（b）对于透视规范化观察体，内部点满足：

$$-z \leqslant x \leqslant z$$
$$-z \leqslant y \leqslant z$$
$$z_f \leqslant z \leqslant 1$$

即：

$$-z_1 - u\Delta z \leqslant x_1 + u\Delta x \leqslant z_1 + u\Delta z$$
$$-z_1 - u\Delta z \leqslant y_1 + u\Delta y \leqslant z_1 + u\Delta z$$
$$z_f \leqslant z_1 + u\Delta z \leqslant 1$$

六个不等式为：

$$up_k \leqslant q_k \quad k = 1,\ 2,\ 3,\ 4,\ 5,\ 6$$

其中：

$$p_1 = -\Delta x - \Delta z, \quad q_1 = x_1 + z_1, \quad p_2 = \Delta x - \Delta z, \quad q_2 = z_1 - x_1$$
$$p_3 = -\Delta y - \Delta z, \quad q_3 = y_1 + z_1, \quad p_4 = \Delta y - \Delta z, \quad q_4 = z_1 - y_1$$
$$p_5 = -\Delta z, \quad q_5 = z_1 - z_f, \quad p_6 = \Delta z, \quad q_6 = 1 - z_1$$

四、编程题

1. 请用伪代码程序描述使用 DDA 算法扫描转换一条斜率介于 45° 和 -45°（即 $|m|>1$）之间的直线所需的步骤。

答：假设线段的两个端点为 (x_1, y_1) 和 (x_2, y_2)，并且 $y_1 < y_2$，程序如下：

```
int x1,x2.y1,y2,x,y=y1;
float xf=x1,m=(x2-x1)/(y2-y1);
while(y<=y2)
{
    x=floor(xf+0.5);
    setPixel(x,y);
    xf=xf+m;
    y++;
}
```

习题四

一、选择题

1．ABD　　2．D　　3．ABD　　　4．ACD

二、计算题

1．将三角形 $A(0,0),B(1,1),C(5,2)$ 旋转 45°：

（a）绕原点；

（b）绕点 $P(-1,-1)$，

求变换后的三角形 3 顶点坐标。

答：三角形矩阵 $S = \begin{bmatrix} 0 & 0 & 1 \\ 1 & 1 & 1 \\ 5 & 2 & 1 \end{bmatrix}$，设旋转之后的三角形矩阵为 S'

逆时针旋转矩阵 $R = \begin{bmatrix} \cos 45° & \sin 45° & 0 \\ -\sin 45° & \cos 45° & 0 \\ 0 & 0 & 1 \end{bmatrix} = \begin{bmatrix} \frac{\sqrt{2}}{2} & \frac{\sqrt{2}}{2} & 0 \\ -\frac{\sqrt{2}}{2} & \frac{\sqrt{2}}{2} & 0 \\ 0 & 0 & 1 \end{bmatrix}$

$$平移矩阵 P_1 = \begin{bmatrix} 1 & 0 & 0 \\ 0 & 1 & 0 \\ 1 & 1 & 1 \end{bmatrix} \qquad 反平移矩阵 P_2 = \begin{bmatrix} 1 & 0 & 0 \\ 0 & 1 & 0 \\ -1 & -1 & 1 \end{bmatrix}$$

（a）$S' = S \cdot R$，得 $A' = (0,0)$，$B' = (0,\sqrt{2})$，$C' = (\frac{3}{2}\sqrt{2}, \frac{7}{2}\sqrt{2})$

（b）$S' = S \cdot P_1 \cdot R \cdot P_2$，得

$$A' = (-1, \sqrt{2}-1), \quad B' = (-1, 2\sqrt{2}-1), \quad C' = (\frac{3}{2}\sqrt{2}-1, \frac{9}{2}\sqrt{2}-1)。$$

2．将三角形 $A(0,0)$，$B(1,1)$，$C(5,2)$放大两倍，保持 $C(5,2)$不变，求变换后的三角形 3 顶点坐标。

答：

$$S' = S \cdot P_1 \cdot R \cdot P_2 = \begin{bmatrix} 0 & 0 & 1 \\ 1 & 1 & 1 \\ 5 & 2 & 1 \end{bmatrix} \cdot \begin{bmatrix} 1 & 0 & 0 \\ 0 & 1 & 0 \\ -5 & -2 & 1 \end{bmatrix} \cdot \begin{bmatrix} 2 & 0 & 0 \\ 0 & 2 & 0 \\ 0 & 0 & 1 \end{bmatrix} \cdot \begin{bmatrix} 1 & 0 & 0 \\ 0 & 1 & 0 \\ 5 & 2 & 1 \end{bmatrix} = \begin{bmatrix} -5 & -2 & 1 \\ -3 & 0 & 1 \\ 5 & 2 & 1 \end{bmatrix}$$

得：$A' = (-5, -2)$，$B' = (-3, 0)$，$C' = (5, 2)$。

3．将类似菱形的多边形 $A(-1,0)$，$B(0,-2)$，$C(1,0)$，$D(0,2)$进行如下的反射变换：

（a）相对于水平线 $y=2$；

（b）相对于垂直线 $x=2$；

（c）相对于直线 $y=x+2$，求变换后的多边形 4 顶点坐标。

答：

（a）$A' = (-1, 4)$，$B' = (0, 6)$，$C' = (1, 4)$，$D' = (0, 2)$

（b）$A' = (5, 0)$，$B' = (4, -2)$，$C' = (3, 0)$，$D' = (4, 2)$

（c）$A' = (-2, 1)$，$B' = (-4, 2)$，$C' = (-2, 3)$，$D' = (0, 2)$

4．请写出一个图例变换，将正方形 $A(0,0)$，$B(1,0)$，$C(1,1)$，$D(0,1)$一半大小的复本放到主图形的坐标系中，且正方形的中心在$(-1,-1)$点。

答：原正方形的中心在 $P(1/2,1/2)$，首先进行关于 P 点的缩放变换，变换矩阵为 M：

$$M = \begin{bmatrix} 1/2 & 0 & 0 \\ 0 & 1/2 & 0 \\ 1/4 & 1/4 & 1 \end{bmatrix}$$

然后要进行平移变换将中心点从 P 移到 $P'(-1,-1)$，此时水平和垂直方向的平移量均为 $-3/2$，变换矩阵为 N：

$$N = \begin{bmatrix} 1 & 0 & 0 \\ 0 & 1 & 0 \\ -3/2 & -3/2 & 1 \end{bmatrix}$$

则有变换矩阵：

$$T = M \cdot N = \begin{bmatrix} 1/2 & 0 & 0 \\ 0 & 1/2 & 0 \\ -5/4 & -5/4 & 1 \end{bmatrix}$$

三、简答题

1. 假设有一条从 P_1 到 P_2 的直线上有任意一点 P，证明对任何组合变换，变换后的点 P 都在 P_1 到 P_2 之间。

答：设 $P_1'(x_1', y_1')$ 是 $P_1(x_1, y_1)$ 的变换，$P_2'(x_2', y_2')$ 是 $P_2(x_2, y_2)$ 的变换。又设组合变换表示

为：$\begin{bmatrix} a & d & 0 \\ b & e & 0 \\ c & f & 1 \end{bmatrix}$

则有：
$$x_1' = ax_1 + by_1 + c \qquad y_1' = dx_1 + ey_1 + f \qquad (1)$$
$$x_2' = ax_2 + by_2 + c \qquad y_2' = dx_2 + ey_2 + f \qquad (2)$$

对 P_1 到 P_2 直线上的任意点 $P(x, y)$，要证明 $P'(x', y')$ 在 P_1' 和 P_2' 连接的直线上，其中 P_1' 是 P 的变换，且
$$x' = ax + by + c, \quad y' = dx + ey + f \qquad (3)$$

即要证明：
$$\frac{y_2' - y_1'}{x_2' - x_1'} = \frac{y_2' - y'}{x_2' - x'}, \qquad (4)$$

将公式（1）（2）（3）代入公式（4），经整理得：

$$\frac{d + e\dfrac{y_2 - y_1}{x_2 - x_1}}{a + b\dfrac{y_2 - y_1}{x_2 - x_1}} = \frac{d + e\dfrac{y_2 - y}{x_2 - x}}{a + b\dfrac{y_2 - y}{x_2 - x}}$$

(x, y) 满足：$\dfrac{y_2 - y_1}{x_2 - x_1} = \dfrac{y_2 - y}{x_2 - x}$

由此得到，P' 在 P_1' 和 P_2' 连接的直线上。

2. 二次旋转变换定义为先绕 x 轴旋转再绕 y 轴旋转的变换：

（a）写出这个变换的矩阵；

（b）旋转的先后顺序对结果有影响吗？

答：设三维图形绕 x 轴逆时针旋转 θ_x 角度，绕 y 轴逆时针旋转 θ_y 角度，变换矩阵为：

$$T = \begin{bmatrix} 1 & 0 & 0 & 0 \\ 0 & \cos\theta_x & \sin\theta_x & 0 \\ 0 & -\sin\theta_x & \cos\theta_x & 0 \\ 0 & 0 & 0 & 1 \end{bmatrix} \cdot \begin{bmatrix} \cos\theta_y & 0 & -\sin\theta_y & 0 \\ 0 & 1 & 0 & 0 \\ \sin\theta_y & 0 & \cos\theta_y & 0 \\ 0 & 0 & 0 & 1 \end{bmatrix}$$

$$
=\begin{bmatrix}
\cos\theta_y & 0 & \sin\theta_y & 0 \\
\sin\theta_x \sin\theta_y & \cos\theta_x & -\sin\theta_x \cos\theta_y & 0 \\
-\cos\theta_x \sin\theta_y & \sin\theta_x & \cos\theta_x \cos\theta_y & 0 \\
0 & 0 & 0 & 1
\end{bmatrix}
$$

3. 写出关于某个给定平面对称的镜面反射变换。（注：用一个法向量 N 和 $P_0(x_0, y_0, z_0)$ 参考点确定一个参考平面。）

答：

（1）将 P_0 平移到原点，变换矩阵为 T_1。

（2）使法线向量 N 平行于 xy 平面的法线向量 K，变换矩阵为 T_2。

（3）进行关于 xy 平面的镜面反射变换，变换矩阵为 T_3。

（4）进行步骤（2）和（1）的逆变换，变换矩阵为 T_4 和 T_5。

设向量 $N = n_1 I + n_2 J + n_3 K$，则有 $|N| = \sqrt{n_1^2 + n_2^2 + n_3^2}$，$\lambda = \sqrt{n_2^2 + n_3^2}$，所以变化矩阵为：

$$
T = T_1 \cdot T_2 \cdot T_3 \cdot T_4 \cdot T_5 =
\begin{bmatrix}
1 & 0 & 0 & 0 \\
0 & 1 & 0 & 0 \\
0 & 0 & 1 & 0 \\
-x_0 & -y_0 & -z_0 & 1
\end{bmatrix}
\cdot
\begin{bmatrix}
\dfrac{\lambda}{|N|} & 0 & \dfrac{n_1}{|N|} & 0 \\
\dfrac{-n_1 n_2}{\lambda |N|} & \dfrac{n_3}{\lambda} & \dfrac{n_2}{|N|} & 0 \\
\dfrac{-n_1 n_3}{\lambda |N|} & \dfrac{-n_2}{\lambda} & \dfrac{n_3}{|N|} & 0 \\
0 & 0 & 0 & 1
\end{bmatrix}
$$

$$
=
\begin{bmatrix}
1 & 0 & 0 & 0 \\
0 & 1 & 0 & 0 \\
0 & 0 & -1 & 0 \\
0 & 0 & 0 & 1
\end{bmatrix}
\cdot
\begin{bmatrix}
\dfrac{\lambda}{|N|} & \dfrac{-n_1 n_2}{\lambda |N|} & \dfrac{-n_1 n_3}{\lambda |N|} & 0 \\
0 & \dfrac{n_3}{\lambda} & \dfrac{-n_2}{\lambda} & 0 \\
\dfrac{n_1}{|N|} & \dfrac{n_2}{|N|} & \dfrac{n_3}{|N|} & 0 \\
0 & 0 & 0 & 1
\end{bmatrix}
\cdot
\begin{bmatrix}
1 & 0 & 0 & 0 \\
0 & 1 & 0 & 0 \\
0 & 0 & 1 & 0 \\
x_0 & y_0 & z_0 & 1
\end{bmatrix}
$$

4. 矩阵 $\begin{bmatrix} 1 & b & 0 \\ e & 1 & 0 \\ 0 & 0 & 1 \end{bmatrix}$ 被称为同时错切变换，在 $b=0$ 的特例下称为沿 X 轴方向错切变换；$e=0$ 时叫沿 Y 轴方向错切变换。请说明在 $e=2$ 和 $b=3$ 时，对正方形 $A(0,0)$，$B(1,0)$，$C(1,1)$，$D(0,1)$ 分别进行 X 方向错切、Y 方向错切和同时错切变换的结果。

答：如下图所示，图中（a）是原始正方形，图（b）是 X 方向错切变换，图（c）是 Y 方向错切变换，图（d）是在两个方向上的同时错切变换。

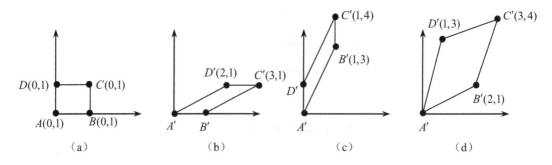

（a） （b） （c） （d）

5．同时错切的效果与先沿某一方向错切然后再沿另一方向错切的效果相同吗？为什么？
答：效果不同。因为：

先沿 X 轴方向错切，再沿 Y 轴方向错切：$\begin{bmatrix}1&0&0\\e&1&0\\0&0&1\end{bmatrix}\begin{bmatrix}1&b&0\\0&1&0\\0&0&1\end{bmatrix}=\begin{bmatrix}1&b&0\\e&eb+1&0\\0&0&1\end{bmatrix}$

先沿 Y 轴方向错切，再沿 X 轴方向错切：$\begin{bmatrix}1&b&0\\0&1&0\\0&0&1\end{bmatrix}\begin{bmatrix}1&0&0\\e&1&0\\0&0&1\end{bmatrix}=\begin{bmatrix}1+be&b&0\\e&1&0\\0&0&1\end{bmatrix}$

同时错切：$\begin{bmatrix}1&b&0\\e&1&0\\0&0&1\end{bmatrix}$

由知可知三种错切方式的变换矩阵不同，带来的错切效果也不相同。

四、编程题

1．编写一段程序，实现对物体的平行投影。
答：略。
2．编写一段程序，实现对物体的透视投影。
答：略。

习题五

一、选择题

1．B　　2．C　　3．D

二、简答题

1．何谓曲线的插值、逼近和拟合？
答：如果曲线顺序通过每一个控制点，称为对这些控制点进行插值。
如果曲线在某种意义下最接近每一个控制点，称为对这些控制点进行逼近。

插值和逼近统称为拟合。

2．用参数表示法来描述自由曲线或曲面有的优点。为什么通常用三次参数方程来表示自由曲线？

答：用参数表示法来描述自由曲线或曲面，其优越性主要体现在曲线的边界容易确定、点动成线、具有几何不变性、参数方程的形式与坐标系的选取无关、易于变换、易于处理斜率为无穷大的情形和具有直观的几何意义等方面。

由于参数方程次数太低会导致控制曲线的灵活性降低，曲线不连续；而次数太高则会导致计算复杂，存储开销增大。因此，为了在计算速度和灵活性之间寻找一个合理的折衷方案，多采用三次参数方程来表示自由曲线。

3．请给出 Hermite 形式曲线的曲线段 i 与曲线段 i-1 及曲线段 i+1 实现 C^1 连续的条件。

答：参见本章 5.1.3 小节。

4．Bezier 曲线具有哪些特性？

答：Bezier 曲线的端点性质：曲线的起/终点与控制多边形的起/终点重合，曲线在起/终点与控制多边形相切，且切线方向与控制多边形的第一条边和最后一条边的走向一致。

除此之外，Bezier 曲线还具有对称性、几何不变性、变差缩减性和凸包性等特性。

5．Bernstein 基函数具有哪些特性？

答：正性、端点性质、权性、对称性、递推性等。

6．试推导三次 Bezier 曲线的 Bernstein 基函数。

答：推导过程（略），推导结果为：

$$B_{0,3}(t) = (1-t)^3$$

$$B_{1,3}(t) = 3t(1-t)^2$$

$$B_{2,3}(t) = 3t^2(1-t)$$

$$B_{3,3}(t) = t^3$$

7．B 样条曲线具有哪些特性？

答：B 样条曲线具有端点特性、连续性、凸包性、局部性、扩展性等。具体参见本章 5.4.2 小节。

8．B 样条曲线与 Bezier 曲线之间如何互相转化？

答：在实际应用中可以对 B 样条曲线和 Bezier 曲线互相进行转换。对于同一段曲线而言，既可用 n 次的 Bezier 曲线来表示，也可用 n 次的 B 样条曲线段来表示。通常给出一种控制多边形的顶点（如 Bezier 曲线的控制多边形顶点）就可求出另一种控制多边形的顶点（如 B 样条曲线的控制多边形顶点）。

9．如何定义 Coons 曲面？

答：参见本章 5.5.2 小节。

三、编程题

1．上机编程实现绘制一条二次 Bezier 曲线。

答：略。

2．上机编程实现绘制一条双三次 Bezier 曲面。

答：略。

习题六

一、选择题

1．ABCD　　2．ABCD

二、简答题

1．平面立体的拓扑关系有哪几种？

答：平面立体的拓扑关系分为九种，参见本章 6.1.2 小节中的图 6-1。

2．经常用来描述形体的模型有哪几种？它们各有何特点？

答：在几何造型系统中，经常用来描述形体的模型有三种，它们是：线框模型、表面模型和实体模型。其各自特点参见本章 6.2 节。

3．试简述形体的几种常用表示方法。

答：常用的实体模型表示方法有分解表示、构造表示和边界表示三大类。具体参见本章 6.3.节。

习题七

一、选择题

1．AC　　2．ABCD

二、简答题

1．已知点 $P_1(1,2,0)$、$P_2(3,6,20)$ 和 $P_3(2,4,6)$，试判断从点 $C(0,0,-10)$ 观察 P_1、P_2、P_3 时，哪个点遮挡了其他点。

答：连接观察点 C 和点 P_1 的直线是：

$$x = x_0 + (x_1 - x_0)t, \quad y = y_0 + (y_1 - y_0)t, \quad z = z_0 + (z_1 - z_0)t$$

即：

$$x = t, \quad y = 2t, \quad z = -10 + 10t$$

将点 P_2 的坐标值带入上述方程，得 $x=3$ 时 $t=3$，在 $t=3$ 时 $x=3$，$y=6$，$z=20$，所以 P_2 在过点 C 和点 P_1 的投影线上。

以 C 为基准，C、P_1、P_2 分别在这条线的 $t=0,1,3$ 位置上。可知，P_1 遮挡住 P_2。

接着判断 P_3 是否在这条线上。$x=2$ 时 $t=2$，$y=4$，$z=10$，所以 P_3 不在这条投影线上，既没有遮挡 P_1、P_2，也没有被 P_1、P_2 遮挡。

2．为什么需要隐藏面消隐算法？

答：因为需要用隐藏面消隐算法来判断哪些物体和表面遮挡了放在它们后面的物体和表面，从而产生更逼真的图像。

3．Z 缓冲区算法是怎样判断哪个面应消隐的？

答：Z 缓冲区算法设计了两个缓冲区（数组），一个是帧缓冲区 FB，用于存贮各像素点的颜色和亮度值，另一个是深度缓冲区 ZB，用于存储对应于该像素点的 z 坐标值（深度值），ZB 中所有单元的初始值置为最小值。在判断像素(x,y)上的哪个平面更靠近观察者时，就可以简单地比较 ZB 中的深度值和当前平面的深度值。如果当前平面的值比 ZB 中的值大（即距观察点更近），则用新值替换原 ZB 中的值，像素的颜色值也变成新平面的颜色值。

4．如何用边界连贯性减少计算量？

答：基于这样的假设：如果一个边或线与给定的扫描线相交，它很可能也与下一条扫描线相交。因而，如果要求出扫描线与一条边相交的像素点，不需要求出每条扫描线和边的交点，只需确定一个相交的像素点，再用边的斜率求出其他的像素点。

5．区域连贯性是如何减少计算量的？

答：基于这样的假设：足够小的一块像素区域很可能在单个多边形内。如区域分割算法，区域连贯性在判断给定屏幕区域（即像素区域）中的所有可能可见的多边形时，计算量减少了。

6．如何判断空间连贯性？

答：通过确定物体的范围判断空间连贯性。由确定物体所在的最小和最大 x、y、z 坐标值，给出物体的矩形范围（包围盒）。范围是由平面包围的长方体区域。

7．画家算法的基本概念是什么？

答：画家算法把各个面（多边形）按深度排序，然后从最远的多边形开始，把每个多边形绘制（即扫描转换）到屏幕上。

8．实现画家算法所遇到的困难是什么？

答：主要是多边形的"深度"问题，当两个多边形具有同样的深度，应先绘制哪一个；或者当多边形与 xy 平面是斜交关系时，如何绘制。

9．如果多边形 P 和 Q 有同样的深度值，哪个多边形优先级高，即先画哪个多边形？

答：

第一步，确定 P 和 Q 的多边形的范围。

多边形的 z 范围是平面 $z=z_{min}$ 和 $z=z_{max}$ 之间的区域，z_{min} 是所有多边形顶点的 z 坐标的最小值，z_{max} 是最大值。与此类似，定义多边形的 x 和 y 范围。x、y 和 z 范围的交集称为多边形的范围或包围盒。

第二步，定义六种测试方法。

测试 0：P 和 Q 的 z 范围没有相互重叠，且 Q 的 z_{Qmax} 小于 P 的 z_{Pmin}。

测试 1：P 和 Q 的 y 范围没有相互重叠。

测试 2：P 和 Q 的 x 范围没有相互重叠。

测试 3：P 的所有顶点在包含 Q 的平面上，且离观察点最远。

测试 4：Q 的所有顶点在包含 P 的平面上，且离观察点最近。

测试 5：P 和 Q 在观察平面上的投影没有相互重叠。判断多边形是否相互重叠的方法是：用一个多边形的每条边与另一个多边形的每条边比较，判断是否有相交。

第三步，顺序执行以上测试，判断 P 是否遮挡了 Q。

顺序执行测试 0、1、2、3、4、5，如果任何测试都为 True，则认为多边形 P 没有遮挡 Q，故先画多边形 P。

如果所有测试都不为 True，则交换 P 和 Q，重新执行测试 0、1、2、3、4、5。如果其中有一个测试为 True，则 Q 没有遮挡 P，先画 Q。

如果仍为所有测试都不为 True，则以包含多边形 P 的平面为分割面，将多边形 Q 分割为两个多边形 Q_1 和 Q_2。

10. 区域分割算法的基本概念是什么？

答：首先，如果多边形的投影覆盖了显示屏幕的给定区域，那么从给定区域内可以看见那个多边形；其次，对于覆盖了给定屏幕区域的所有多边形，在区域内可见的某个多边形一定是最前面的一个多边形；再次，如果不能判断给定区域内的哪个多边形可见（是否在其他多边形前面），则分割该区域为更小的子区域，直到可以判断多边形可见性为止（或分割到一个像素为止）。

习题八

一、选择题

1. BD　　2. C

二、简答题

1. 局部光照模型和整体光照模型的不同之处是什么？

答：局部光照模型主要是考虑光源发出的光对物体的直接影响。另外，全局光照模型除了处理光源发出的光之外，还考虑其他辅助光的影响，如光线穿过透明或半透明物体，以及光线从一个物体表面反射到另一个表面等。

2. 当光源距离多面体较远时，每个多边形表面上的漫反射（由 Phong 公式确定的）变化很小。为什么？

答：一个多边形表面上的所有点有相同的法向量 N。当光源相对较远时，从一个表面点到另一个表面点的 L（见本书图 8-1）变化很小。（如果光源非常远，如太阳，则 L 变成了一个恒定的向量）。从而 $N \cdot L$ 在每个多边形表面内变换很小，称为 Phong 公式中确定漫反射的项。

3. 假设点 P_1 在扫描线 y_1 上且亮度为 I_1，点 P_2 在扫描线 y_2 上且亮度为 I_2。给出 y 方向上的递推公式，该公式可以用线性插值计算 P_1 和 P_2 之间所有扫描线的亮度值 I'。

答：以 P_1 为开始点，则从一条扫描线到下一条扫描线的亮度变化值为：

$$\Delta I = \frac{I_1 - I_2}{y_1 - y_2}$$

所以有
$$\begin{cases} I'_1 = I_1 \\ I'_k = I'_{k-1} + \Delta I \quad k = 2, 3, \cdots, y_2 - y_1 \end{cases}$$

4. 第 3 题中，如果第 5 条线上的点 P_1 有 RGB 颜色$(1,0.5,0)$，在第 15 条线上的点 P_2 有 RGB 颜色$(0.2,0.5,0.6)$。那么在第 8 条线上的点是什么颜色？

答：由于
$$\begin{cases} \Delta R = (1 - 0.2)/(5 - 15) = -0.08 \\ \Delta G = (0.5 - 0.5)/(5 - 15) = -0.08 \\ \Delta B = (0 - 0.6)/(5 - 15) = -0.08 \end{cases}$$

可知第 8 条线上点的颜色为

$$[1+3\times(-0.08),0.5+3\times0,0+3\times0.06]=(0.76,0.5,0.18)$$

5．当用逻辑运算 AND 混合物体原来的颜色和纹理图的颜色时，如果原来的颜色是白色，品红色的纹理区没有什么变化，但是如果原来的颜色是黄色，则品红色的纹理区将变成红色的纹理区。为什么？

答：各种品红色颜色可以用 RGB 颜色向量描述为$(m,0,m)$。

白色$(1,1,1)$AND$(m,0,m)$，结果是$(m,0,m)$。

黄色$(1,1,0)$AND$(m,0,m)$，结果是$(m,0,0)$，所以表现为红色。

6．在一个几乎什么都看不见的黑暗房子里，为什么任何东西看起来都是灰色或黑色的？

答：因为人眼的视网膜锥状细胞对颜色敏感，但对低亮度光不敏感。另外，人眼的视网膜杆状细胞对低亮度光敏感，但对颜色却是色盲。

7．试说明如何将隐藏面消隐和投影集成到光线跟踪算法中。

答：每个主光线作为一个投影面把表面上的点 P 映射到观察平面上的点 P'。如果所有主光线从观察点 C 发出，则得到透视投影的效果。如果所有主光线互相平行，则得到平行投影的效果。此外，如果一个主光线与几个物体表面相交，则只选择最靠近观察平面的表面，且对应的像素点显示该表面的颜色，而所有其他表面被视为隐藏面并被删除（即不显示）。

8．试描述一个包围盒技术不适用的场景，并说明为什么。

答：许多球体分散于场景中。

首先，不存在更简单的包围盒用于相交测试。此外，任何包围几个球体的包围盒都将占据场景中一个相对较大的部分，这使得光线与包围盒相交的概率相对较高，从而需对封闭球体再次测试（假设在第一次测试时包围盒帮助避开了某些物体）。

参考文献

[1] 银红霞，杜四春，蔡立军编著. 计算机图形学. 北京：中国水利水电出版社，2005.

[2] 童若锋，耿卫东，唐敏，王强，张宏鑫编著. 计算机图形学. 杭州：浙江大学出版社，2011.

[3] 唐敏，童若锋编著. 计算机图形学课程设计. 杭州：浙江大学出版社，2008.

[4] 张康，Leen Ammeraal，王长波编著. 计算机图形学原理. 北京：机械工业出版社，2012.

[5] 陈元琰，张睿哲，李建华编著. 计算机图形学实用技术. 第3版. 北京：清华大学出版社，2012.

[6] Steve Cunningham 著. 计算机图形学. 石教英，潘志庚，等译. 北京：机械工业出版社，2008.

[7] Hong Zhang, Y. Daniel Liang 著. 计算机图形学应用 Java 2D 和 3D. 孙正兴，张岩，蒋维，等译. 北京：机械工业出版社，2008.

[8] Zhigang Xiang, Roy A.Plastock 著. 计算机图形学学习指导与习题解答. 第2版. 龚亚萍，等译. 北京：清华大学出版社，2011.

[9] 项志钢编著. 计算机图形学. 北京：清华大学出版社，2008.

[10] James D.Foley, Andries van Dam, Steven K.Feiner, John F.Hughes，Richard L.Phillips 著. 计算机图形学导论. 董士海，唐泽圣，李华，吴恩华，汪国平，等译. 北京：机械工业出版社，2004.

[11] 贾艾晨编著. 计算机图形学. 哈尔滨：哈尔滨工业大学出版社，2009.

[12] 孙家广，等编著. 计算机图形学. 第三版. 北京：清华大学出版社，1998.

[13] 孙家广，杨长贵编著. 计算机图形学（新版）. 北京：清华大学出版社，1995.

[14] 唐泽圣，周佳玉，李新友编著. 计算机图形学基础. 北京：清华大学出版社，1995.

[15] 王飞编著. 计算机图形学基础. 北京：北京邮电大学出版社，2000.

[16] 倪明田，吴良芝编著. 计算机图形学. 北京：北京大学出版社，1999.

[17] 孙立镌编著. 计算机图形学. 哈尔滨：哈尔滨工业大学出版社，2000.

[18] 刘静华，王永生主编. 新编计算机绘图. 北京：北京航空航天大学出版社，1998.

[19] 彭成生编著. 计算机绘图. 长沙：湖南科学技术出版社，1993.

[20] Donald Hearn, M. Pauline Baker 著. 计算机图形学. 第三版. 蔡士杰，宋继强，蔡敏译. 北京：电子工业出版社，2005.